W0269879

Weber · Schiefer
Automatisierung von Anlagen der Stahlindustrie

W. Weber · P. Schiefer

Automatisierung von Anlagen der Stahlindustrie

Redaktionelle Bearbeitung
Dipl.-Ing. Hartmut Himstedt

1976

Springer-Verlag Berlin Heidelberg New York

Verlag Stahleisen m.b.H. Düsseldorf

Dr.-Ing. WOLFGANG WEBER
o. Professor an der Ruhr-Universität Bochum

Ing. (grad.) PETER SCHIEFER
Mannesmann-Datenverarbeitungs GmbH

Dipl.-Ing. HARTMUT HIMSTEDT
wiss. Assistent am Lehrstuhl für Datenverarbeitung
der Ruhr-Universität Bochum

Mit 161 Abbildungen

ISBN-13:978-3-642-47463-7   e-ISBN-13:978-3-642-47461-3
DOI: 10.1007/978-3-642-47461-3

Weber, Wolfgang, 1937- Automatisierung von Anlagen der Stahlindustrie.
Bibliography: p. Includes index. 1. Iron industry and trade- -Automation. 2. Steel-works- -Automation.
I. Schiefer, Peter 1934- joint author. II. Title. TN707.W37   669.1   76-23127

Offsetdruck: fotokop wilhelm weihert kg, Darmstadt · Einband: Konrad Triltsch, Würzburg

Vorwort

Die ersten Erfolge der Automatisierungstechnik waren geprägt von Prozessen, die sich in ihrem Verhalten mathematisch leicht und sauber beschreiben ließen. So ist es kein Wunder, daß insbesondere die elektrische Antriebstechnik sowie das Gebiet der Regelung und Steuerung mechanisch bewegter Objekte die Leistungsfähigkeit der modernen Automatisierungstechnik besonders früh erwiesen. Diese Erfolge führten daher an vielen anderen Stellen der Technologie ebenfalls zu Automatisierungsanstrengungen. Insbesondere das Gebiet der chemischen, thermischen und mechanischen Verfahrenstechnik wurde ein immer wichtigeres Betätigungsfeld für Automatisierungstechniker.

Es zeigte sich jedoch sehr bald, daß hier die Prozesse nur sehr viel schwerer durch mathematische Modelle beschrieben werden können. Extreme Nichtlinearität und Zeitvarianz oder fehlende Reproduzierbarkeit des Übergangsverhaltens von verfahrenstechnischen Prozessen bedingten den Einsatz immer komplizierterer, z.B. adaptiver und lernender Automatisierungseinrichtungen. Parallel zu dem wachsenden Bedarf an Automatisierungseinrichtungen entwickelte sich die Leistungsfähigkeit von digitalen Steuerungen wie auch der modernen Digitalrechnersysteme.

Zu den konventionellen Regelungen und Steuerungen traten zur Bewältigung schwieriger Aufgaben in der Verfahrenstechnik auch komfortablere Automatisierungseinrichtungen wie Prozeßrechner u.ä.. Aufwendigere Analogschaltungen konnten nun durch Algorithmen in Digitalrechnern abgelöst werden, wenn auch nach wie vor Analog- und Digitaltechnik nebeneinander im Einsatz sind.

Besonders zentrale Gebiete der Verfahrenstechnik sind in den Betrieben der Eisenhütten- und Stahlindustrie zu finden, wo chemische, thermische und mechanische Verfahren (Umwandlungsprozesse von Energie und Stoffen) neben Antriebs- und Transporteinrichtungen zu automatisieren sind. Gerade hier waren in der Anfangszeit der Automatisierungstechnik die

Erfolge bei den geregelten Antrieben der Warm- und Kaltwalzwerke besonders groß, so daß recht früh der Wunsch entstand, auch die anderen Betriebe der Erzeugung von Eisen und Stahl stärker zu automatisieren.

Eine moderne Übersicht über den Stand der Automatisierungstechnik in diesen Betrieben ist nach Kenntnis der Autoren derzeit nicht vorhanden. Daher soll mit diesem Buch versucht werden, eine solche Übersicht in einer Gliederung zu geben, die an den einzelnen Betrieben von Unternehmen der Eisenhütten- und Stahlindustrie orientiert ist.

Die Autoren haben sich zum Ziel gesetzt, einen größeren Kreis von Interessenten, die eine Einführung in die Verfahren der Eisen- und Stahlindustrie suchen, anzusprechen. Es sollen sowohl Betriebsingenieure in Betrieben, deren Automatisierungseinrichtungen in diesem Buch beschrieben sind, angesprochen werden, um ihnen Anregungen für neuere Techniken zu vermitteln, als auch die Hersteller von Automatisierungssystemen, für die die Beschreibung von Prozessen der Eisenhütten- und Stahlindustrie im Zusammenhang mit Automatisierungsbestrebungen interessant ist und für die sich mit fortschreitender Technologie neue Realisierungsmöglichkeiten auftun.

Das Buch soll sich aber auch an die Anlagenplaner in den Betrieben der Eisenhütten- und Stahlindustrie wenden, um hier einige der Orientierungshilfen zu liefern, die nötig sind, um die Basis für Investitionen auf dem Gebiet der Automatisierungstechnik zu geben. Insbesondere erscheint hierbei z.B. die wirtschaftliche Rechtfertigung des Rechnereinsatzes besonders wichtig. Es geht dabei ja sowohl um die Automatisierung von Routinearbeiten in der Verwaltung, um die Schaffung von Informationssystemen für eine schnelle und umfassende Übersicht als Mittel zur Unternehmenssteuerung als auch um die Rationalisierung von Fertigungsabläufen, mit dem Ziel der Fertigungskostensenkung und Qualitätsverbesserung.

Der Stoff ist in 6 Kapitel gegliedert, wobei in jedem Kapitel eine bestimmte Gruppe von zusammengehörigen Anlagen, Betrieben oder Problemen behandelt wird.

Nach dem einführenden Kapitel 1 werden im Kapitel 2, "Einsatzstoffe und Energieversorgung", Automatisierungsaufgaben in Sintereien, Kokereien und Energienetzen behandelt, wie sie in typischen Betrieben der Eisenhütten- und Stahlindustrie anzutreffen sind. Die Kapitel 3 und 4

sind Betrieben der Roheisenerzeugung um den Hochofen herum und verschiedenen Betrieben der Stahlerzeugung gewidmet. Betriebe der Warm-
walztechnik wie Wärmeöfen, Block-Brammenwalzwerke, Grobblechstraßen
und Breitbandwalzwerke werden in ihren Automatisierungsproblemen in
Kapitel 5 behandelt. Das abschließende Kapitel 6 geht auf Automatisierungsaufgaben bei Kaltwalzwerken und damit verbundenen Anlagen ein.

An das Ende des Buches sind ausführliche Literaturangaben gestellt
worden, auf die sowohl in den einzelnen Kapiteln Bezug genommen wird,
auf die der Leser aber auch zur weiteren Vertiefung in spezielle Rich-
tungen zurückgreifen kann.

Es ist natürlich, daß der abgehandelte Stoff den Stand der Automatisierungstechnik nur in einem bestimmten zeitlichen Querschnitt wieder-
geben kann. So wird es den informierten Leser sicher auch nicht wun-
dern, wenn an einigen Stellen der Stand der Technik in einer Weise
dargestellt ist, die in besonders modernen Betrieben bereits durch zusätzliche Automatisierungsanstrengungen überholt ist, an anderer Stelle jedoch ein Bild des Standes der Technik gegeben wird, das bisher
nur an wenigen Stellen der Eisenhütten- und Stahlindustrie erreicht
ist, während bei anderen Betrieben und Firmen noch konservativere
Techniken vorherrschen. Es muß weiterhin klar sein, daß manche Spezialgebiete auf diesem Sektor nicht erschöpfend dargestellt werden
konnten, da es sich ja nur um eine Übersicht über besonders wesentliche Techniken handeln soll. Durch die ausführlichen Literaturangaben
soll jedoch die Einarbeitung in solche Spezialgebiete erleichtert werden.

Die Autoren möchten sich bei verschiedenen Personen, die bei diesem
Projekt Pate gestanden haben oder hilfreich waren, herzlich bedanken.
Herrn Loske, Geschäftsführer der Mannesmann-Datenverarbeitung sei für
die vielen wertvollen Hinweise gedankt, die er den Autoren aus seiner
persönlichen Erfahrung bei dem Einsatz von Automatisierungsverfahren
in den Betrieben zuteil werden ließ. Herrn Professor Dr. Heidepriem,
heute ordentlicher Professor der Gesamthochschule Wuppertal, sei für
seine kritische Durchsicht des Manuskriptes und für eine größere Anzahl von Änderungsvorschlägen und Anregungen herzlich gedankt. Vielen Studenten, die wertvolle Zuarbeit bei der Beschaffung und Aufbereitung von Material geleistet haben, kann hier nur pauschal Dank gesagt werden.

In besonderem Maße sind die Autoren Herrn Dipl.-Ing. Hartmut Himstedt
zu Dank verpflichtet, der die umfangreiche redaktionelle Bearbeitung
des Buches mit größtem persönlichen Engagement durchgeführt hat.

Dank sagen die Autoren schließlich Frau Doris Göbel für die sorgfältige Anfertigung der zum großen Teil schwierigen Zeichnungen, Frau
Lore Dader für ihre Arbeit und Konzentration bei der Herstellung des
offsetfähigen Manuskriptes und den Verlagen für die erfreuliche und
konstruktive Zusammenarbeit bei diesem Projekt.

Bochum und Düsseldorf
im Sommer 1976   W. Weber, P. Schiefer

Inhaltsverzeichnis

1. Einführung in die Automatisierungsprobleme der Eisen- und Stahlindustrie

1.1 Stand der Automatisierungstechnik

In der Eisen- und Stahlindustrie ist die Einführung der elektronischen Datenverarbeitung (DV) nicht in allen Bereichen der Verfahrenstechnik und Verwaltung gleichzeitig und einheitlich erfolgt. Die kommerzielle DV hat sich vor Jahren auf administrativem Gebiet eingeführt, während der Bedarf an Prozeßrechnern zur Steuerung von Betriebsanlagen erst in den letzten Jahren sprunghaft angewachsen ist. Allein in den letzten Jahren, sieht man von konjunkturellen Schwankungen ab, erreichten die Zuwachsraten für die Erstellung von DV-Anlagen 20% und mehr.

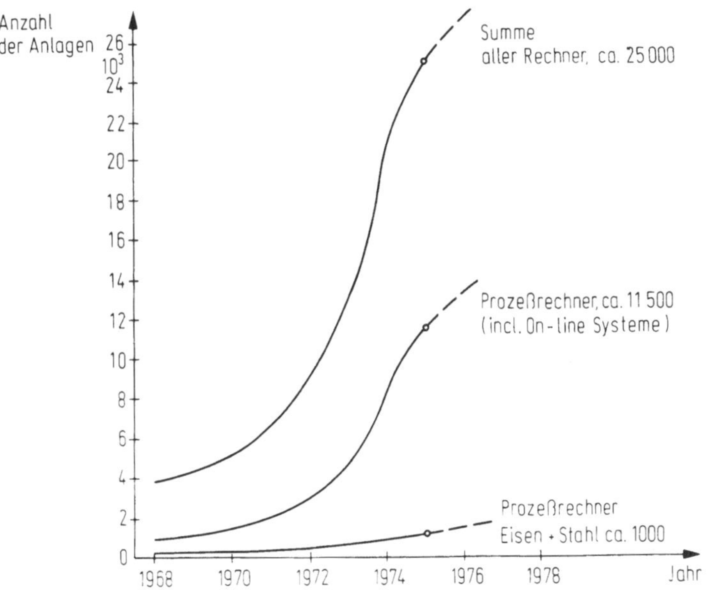

Abb.1.1. Anzahl der in der BRD installierten Rechner

In der BRD waren 1975 etwa 25000 Rechner installiert. Der Anteil der On-line-Rechnersysteme wurde mit 11500 angegeben und davon sind ca. 1000 Rechner in der Eisen- und Stahlindustrie im Einsatz (Abb.1.1).

Die Abgrenzung der Einzelsysteme untereinander ist sehr schwierig, da
in zunehmendem Maße Verbundsysteme mit gemischten Aufgabenverteilungen
anzutreffen sind. Bezogen auf die zu erwartenden Wachstumsraten an DV-
Anlagen in den nächsten Jahren ist für die Prozeßrechner (PR) der
größte Zuwachs zu erwarten. Die Stahlindustrie schätzt ihre Aufwendungen für die Datenverarbeitung auf 2,5 DM/t Roheisen.

Die wirtschaftliche Absicherung des Rechnereinsatzes ist erklärtes
Ziel, hierbei stehen für die DV folgende Aufgaben im Vordergrund:

1. Abwicklung administrativer Aufgaben zur Entlastung von Routinearbeiten.
2. Schaffung von Informationssystemen für eine schnelle und umfassende Übersicht über Auftrags-, Fertigungs- und Finanzsituation eines
   Unternehmens zur Unternehmenssteuerung.
3. Rationalisierung von Fertigungsabläufen zur Fertigungskostensenkung und Qualitätssicherung.

Die Aufgaben von 1 und 2 werden bei der allgemeinen Datenverarbeitung
bewältigt, während in der Fertigung der PR seine Hauptanwendung hat.
Die Einordnung der PR in das Netz der gesamten Datenverarbeitung zeigt
Abb.1.2. Lenkungs- und Verwaltungsebene sowie Planungs- und operative
Ebene haben kaum PR-Anwendungen.

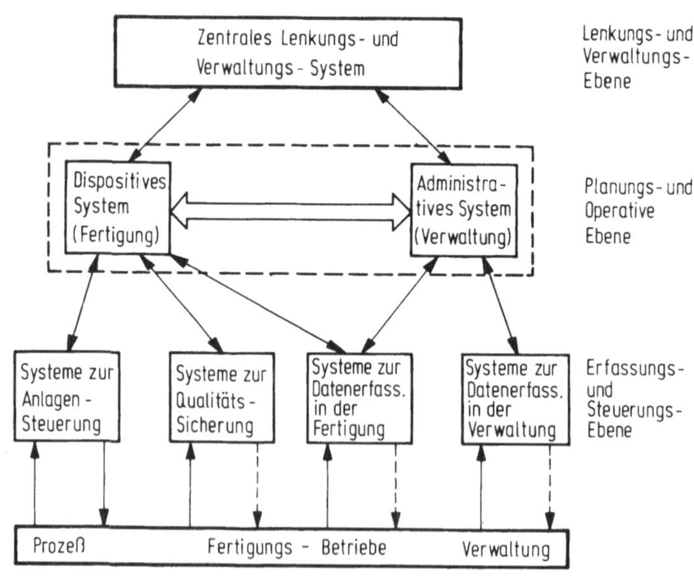

Abb.1.2. Verkettung der Informations-Systeme

Diese Systeme werden über On-line-Rechner mit den notwendigen Informationen aus der Fertigung und Verwaltung versorgt.

Der Unterschied zwischen einem dispositiven Rechnersystem und einem Prozeßrechnersystem ist nicht groß. Der PR mit einem Unterbrechungssteuerwerk ermöglicht die simultane Bearbeitung mehrerer Vorgänge mit festgelegten Prioritäten synchron zum Arbeitsablauf.

Dabei hat der PR im wesentlichen 3 Aufgaben zu erfüllen:

- On-line-Datenerfassung als Hilfsmittel für die Fertigungssteuerung und für die betriebswirtschaftliche Auswertung.
- On-line-Datenerfassung als Hilfsmittel zur Qualitätssicherung.
- On-line-Datenerfassung mit direkter Kopplung zum Prozeß als Mittel zur Steuerung von Prozessen mit dem Ziel der aktiven Qualitätsverbesserung und Kostensenkung.

Eine Aufteilung der Prozeßrechnereinsätze nach dieser Aufgabenteilung zeigt, daß nur 20% der PR zur direkten Prozeßsteuerung eingesetzt sind.

1.1.1 Entwicklung der Prozeßrechnersysteme

Die Zentraleinheiten der Rechner sind in den letzten Jahren ständig weiterentwickelt worden, wobei höhere Verarbeitungsgeschwindigkeiten und billigere Arbeitsspeicher durch Fortschritte auf dem Gebiet der Halbleitertechnik ermöglicht wurden. Das Ergebnis dieser Entwicklung zeigt Abb.1.3. Speicherkosten und Zykluszeit haben sich in 5 Jahren etwa halbiert. Die Entwicklung der integrierten Schaltelemente mit geringerem Raumbedarf, kleinerer Verlustleistung und höherer Arbeitsgeschwindigkeit hat dies unterstützt. Neben diesem technologischen Fortschritt ist auch die interne Rechnerorganisation fortentwickelt worden. Die Wortstruktur der PR ist erhalten geblieben, die Wortlänge jedoch je nach Hersteller unterschiedlich, z.B. 25 Bit, 16 Bit und 8 Bit.

Heute hat sich auf breiter Basis die 16Bit-Wortlänge durchgesetzt, was durch die LSI-Technik der großen Halbleiterhersteller begünstigt wird. Die früher kompaktverdrahteten Rechnersysteme mit fester Organisation der Einzelmodule, wie Rechen-, Steuer- und Speicherwerk, sind einer modularen Anordnung der Einzelelemente nach dem Sammelschiene-Prin-

zip (bus-line) gewichen. Diese modernen Rechnerkonzeptionen gestatten
eine asynchrone Betriebsweise aller Funktionsblöcke.

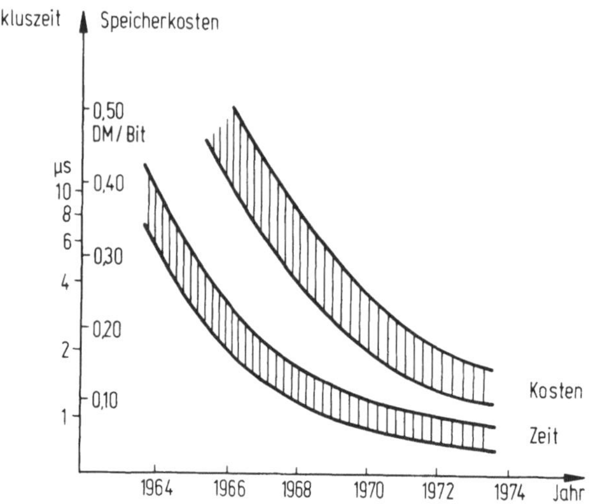

Abb.1.3. Entwicklung der Zykluszeiten und Speicherkosten
          von Prozeßrechnern

Geräte und Einrichtungen des Prozeßkoppelelementes zur Ankopplung des
PR an den Prozeß sind in nur unbedeutendem Maße verbessert worden. Man
muß daher bei komplexen PR-Systemen nach wie vor einen hohen Kostanan-
teil für diese Prozeßkoppelwerke aufwenden.

1.1.2 Entwicklung der Programmsysteme und Verfahren

Der PR stand mit seinen Gerätekosten bis etwa 1970 im Vordergrund,
während die Software nur einen geringen Anteil an dem gesamten Inve-
stitionsvorhaben hatte. Heute ist dieses Verhältnis von Hardware zu
Software im Mittel bereits 50:50. Bei gleichbleibender Entwicklung
der Rechnertechnik wird in wenigen Jahren dieses Verhältnis bei 30:70
liegen. Darüberhinaus sind die heutigen PR-Anwendungen auch planungs-
intensiver geworden. Bisher wurden die Programme für PR überwiegend
in der Maschinensprache erstellt. Aus der zunehmenden Komplexität der
Anwenderprobleme und den nachträglich notwendigen Anpassungen der Systeme als Folge der betrieblichen Umstellung folgte zwangsläufig der
Einsatz von höheren Programmsprachen.

Die Hersteller von PR haben diese Notwendigkeit erkannt und bieten in
zunehmendem Maße problemorientierte Sprachen und Standardlösungen für

die Anwendung an. Darüberhinaus ist erkennbar, daß der Betreiber von
PR seine spezifischen Anwenderprogramme selbst erstellt oder voll be-
zahlt. Damit ist sichergestellt, daß das bei der Einsatzplanung erar-
beitete Wissen (Brainware) dem Anwender erhalten bleibt.

1.2 Prozeßtypen und Methoden zu ihrer Steuerung

Die Stahlindustrie kennt eine große Vielfalt verschiedenartiger Prozesse und Anlagentypen, die sich zum Teil nur eingeschränkt für eine
Automatisierung eignen. So ist häufig die wichtigste Voraussetzung
einer Automatisierung nur unvollständig erfüllt, nämlich die exakte
und verzögerungsfreie Erfassung aller Meßwerte. Kann diese Forderung
erfüllt werden, ist damit noch nicht in allen Fällen sichergestellt,
daß der Prozeß durch geeignete Strategien auch gesteuert werden kann.
Die meisten Produktionsprozesse der Stahlindustrie sind diskontinuierlich und nichtlinear und haben kleine Reaktionszeiten. Schwankende An-
fangsbedingungen und wechselnde Kapazitätsauslastungen bringen erhebliche Erschwerungen mit sich, aufgrund derer ein Erreichen der gewünschten Zielgrößen nur mit iterativer Berechnung der Einsatzstoffe
möglich ist.

Daneben gibt es in Walz- und Verformungsbetrieben eine Reihe von
schnellen Prozessen mit bekanntem fast linearem Übertragungsverhalten, bei denen bereits ein hoher Automatisierungsgrad erreicht ist.
So existieren Anlagen mit sehr unterschiedlichem Automatisierungsgrad
nebeneinander. Systeme mit der Möglichkeit der direkten Zielgrößenmessung sind einer Automatisierung besonders zugänglich. Überall dort,
wo Menschen den Prozeß beobachten und bewerten, fließen dagegen sub-
jektive Einflüsse ein, die keine Grundlage für eine Automatisierung
bieten. Komplexe Prozesse verlangen aber eine systematische Behand-
lung bei der Einrichtung von Automatisierungssystemen unter folgenden Aspekten:

1. Prozeßtyp: Chargenprozeß, kontinuierlicher Prozeß, Stückgutprozeß
2. Zielgrößen: direkte und indirekte Messung, statisches Verhalten,
          dynamisches Verhalten, Genauigkeit, Meßverzögerung
3. Prozeßverhalten: Zeitverhalten (variant oder invariant), konzen-
          trierte und verteilte Parameter, Kopplungen,
          linearer und nichtlinearer Prozeß

4. Beeinflussung, Steuerbarkeit: Prozeßeingangsgrößen, Stellgrößen
5. Strategie: Steuerung, Regelung
6. Hilfsmittel für die Strategie: Modell, Adaption

Basis aller Informations- und Automatisierungssysteme ist eine
schnelle und sichere Datenerfassung mit Datenaufbereitung. Zur Schaffung dieser Grundlagen werden zwei verschiedene Betriebsarten der Datenerfassung unterschieden:

1. Integrierende Datenerfassungssysteme:
   Erfassen von Summendaten der Betriebe asynchron zum Betriebsgeschehen. Hauptanwendung in der Betriebsdatenerfassung.
2. Differentielles Datenerfassungssystem:
   Erfassen von zeitspezifischen Mengen- und Gütekriterien synchron
   zum Betriebsgeschehen. Hauptanwendung in der Qualitätssicherung
   und Prozeßsteuerung.

Über die Aufgabe der Datenerfassung hinaus stellt sich die Frage nach
geeigneten Strategien zur Prozeßsteuerung. Abb.1.4 faßt verschiedene
solcher möglichen Strategien zusammen.

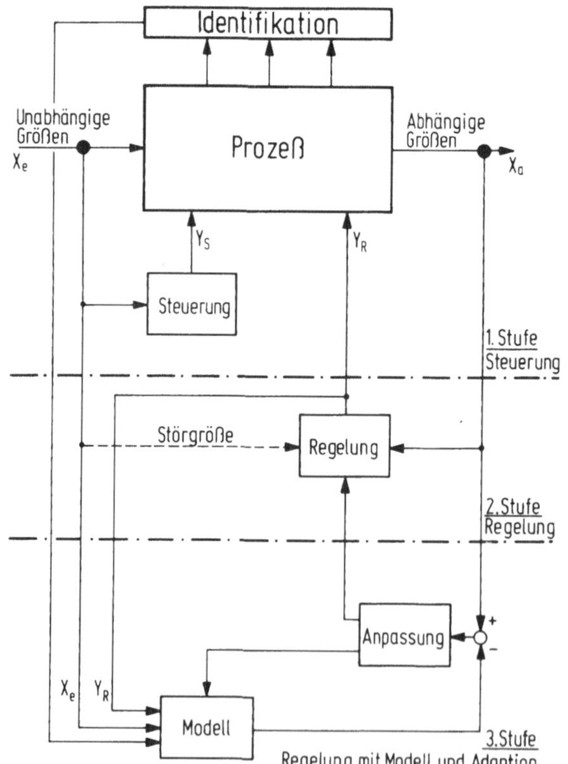

Abb.1.4. Verfahren zur
         Prozeßsteuerung

In zunehmendem Maße werden Prozesse mit Hilfe von Modellen geregelt,
die das Verhalten des Systems abbilden. Analytische Modelle komplexer
Prozesse verlangen detaillierte Kenntnisse des Systems, während empirische Modellbeschreibungen des Systems, gewonnen mit statistischen
Verfahren, in der Praxis schneller einen Teilerfolg bei der Automatisierung garantieren.

Die Anpassung dieser Modelle an den Eigenschaften der Anlage erfolgt
mit Verfahren der adaptiven Regelungstechnik. In den letzten Jahren
sind die adaptiven Verfahren für Prozesse ohne Zielgrößenmessung an-
wendungsreif geworden.

1.3 Übersicht über Prozeßrechneranwendungen

Für verschiedene Unternehmens- und Betriebsbereiche hat sich trotz
unterschiedlicher Rechner-Architektur eine hierarchische Gliederung
der Aufgabenbearbeitung herauskristallisiert. Hierbei werden Aufgaben
zur Unternehmenslenkung zentral gelöst, während Aufgaben zur Disposition in dezentrale Systeme delegiert werden. Diesen dispositiven de-
zentralen Systemen sind kleinere Systeme zur Betriebsdatenerfassung
und Qualitätssicherung unterlagert.
Der wirtschaftliche Einsatz der Rechnersysteme ist nur dann gegeben,
wenn

- Ausbringungsverbesserungen,
- Durchsatzerhöhungen,
- Qualitätsverbesserungen,
- optimale Disposition der Fertigung,
- gesicherte Anlagen

erreicht werden. Aus diesem Grund sollte vor der Investitionsentschei-
dung die Wirtschaftlichkeit aller Systeme eingehend geprüft werden.
Überlegungen zur Abgrenzung der Wirtschaftlichkeit werden durch das
vereinfachte Analysenbaum-Verfahren erleichtert, wie es in vereinfachter Form in Abb.1.5 wiedergegeben ist.

Ausgehend von den betrieblichen Anforderungen lassen sich die PR-Systeme mit den Aufgaben der Datenerfassung, Datenaufbereitung und di-

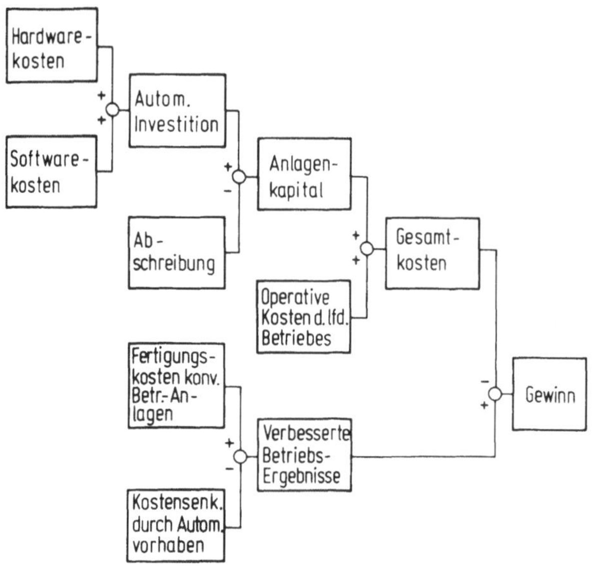

Abb.1.5. Vereinfachtes Analysenbaum-Verfahren

rekten Informationsausgabe in drei unterschiedliche Anwendungspunkte
gliedern:

1. Systeme zur Fertigungssteuerung,
2. Systeme zur Qualitätssicherung,
3. Systeme zur Verfahrensautomatisierung.

1.3.1 Betriebs-Datenerfassungssysteme

PR-Systeme zur Betriebsdatenerfassung gewinnen zunehmend an Bedeutung. Ihr Anwendungsanteil liegt in Bezug auf alle installierten PR-
Systeme bei über 70%. Die Aufwendungen für die peripheren Datenerfas-
sungsgeräte haben sich erheblich vergrößert. Ihr Anteil, gemessen am
Gesamtaufwand der Datenverarbeitung, lag um 1970 bei 15%, 1975 beträgt
er 35% und wird 1980 > 50% sein. Diese Einrichtungen der Datenerfassung sind heute ein fester Bestandteil von Abrechnungs- und Planungs-
systemen. Über diese Systeme korrespondieren in der Fertigung fast
alle Abteilungen vom Wareneingang bis zum Versand (Abb.1.6).

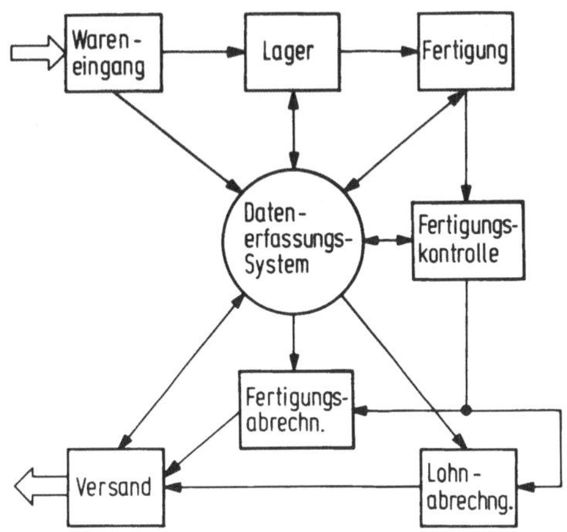

Abb.1.6. Mit einem Datenerfassungssystem korrespondierende Abteilungen

Erfaßt werden hierbei alle wichtigen Daten von Zeit-, Mengen- und Gütekriterien der zu fertigenden Produkte. Hierbei sind folgende Be-
triebsmerkmale von Bedeutung:

- Bereitstellen der Informationen durch Meßgeräte,
- On-line-Erfassung,
- direkte Datenaufbereitung und Weiterverarbeitung.

Ausgehend von der Gliederung des Produktionsbetriebes und von dem In-
formationsbedürfnis der Arbeitsplätze und Fachabteilungen werden an
Datenerfassungssystemen sehr unterschiedliche Anforderungen gestellt.
Abb.1.7 gibt schematisch die Verknüpfung zwischen Fertigungsprozeß
und Datenerfassungssystem wieder. Hierbei spielt die Arbeitsvorbere-
itung als Dispositionszentrale eine entscheidende Rolle. Die Einführung und Entwicklung solcher Systeme erfolgt in 3 Stufen:

1. Dateneingabe-Systeme
2. Systeme zur Dateneingabe und Datenvorgabe über Datenträger
3. Dialog-Systeme.

Eine Grundlage für die Auslegung der gerätetechnischen Einrichtungen
ist die Organisation der Systeme, hierbei müssen die Struktur des Betriebes und die zu erfassenden Datenmengen der einzelnen Arbeitsplätze mit den daraus abgeleiteten Verkehrsleistungen berücksichtigt wer-

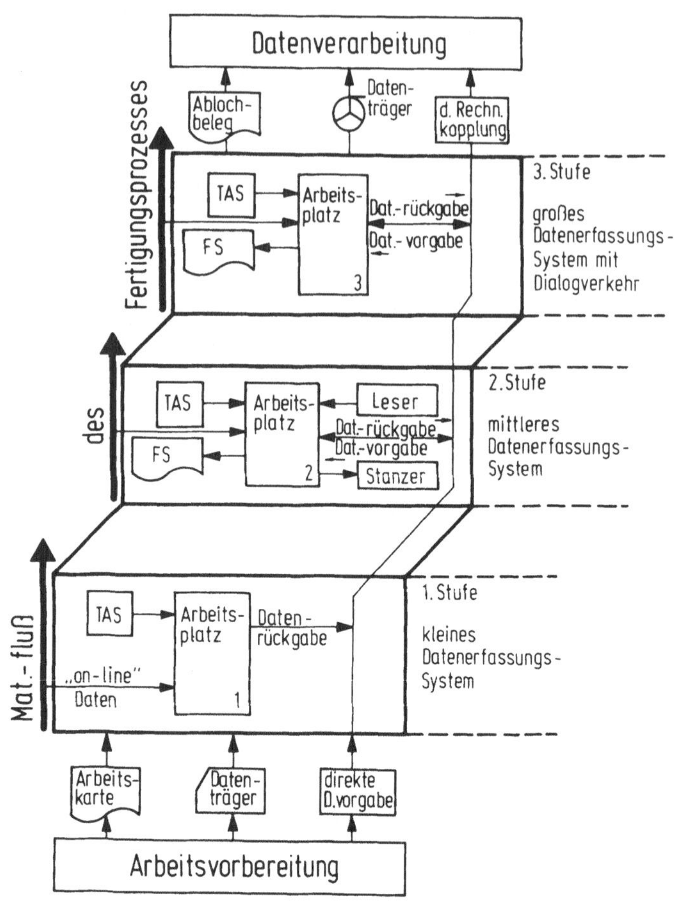

Abb.1.7. Organisation für Datenerfassungssysteme

den. Zur Ermittlung dieser Verkehrsleistungen ist der Datenfluß zwischen Arbeitsplatz und Zentrale genau zu analysieren.

Aufgrund steigenden Bedarfs sind modular einheitlich aufgebaute Systeme entwickelt worden. Moderne Systeme (Abb.1.8) sind nach dem Sammelschienen-Prinzip (bus-line) organisiert.

Die Aufteilung dieser Sammelschiene in Adreß-, Daten- und Interrupt-Kanal bietet ein Höchstmaß an Flexibilität für den Ausbau durch nachgeschaltete Untergruppen zur Datenerfassung. In einem solchen System gibt es drei getrennte Einzelfunktionsblöcke mit aufeinander abgestimmten Aufgabengebieten.

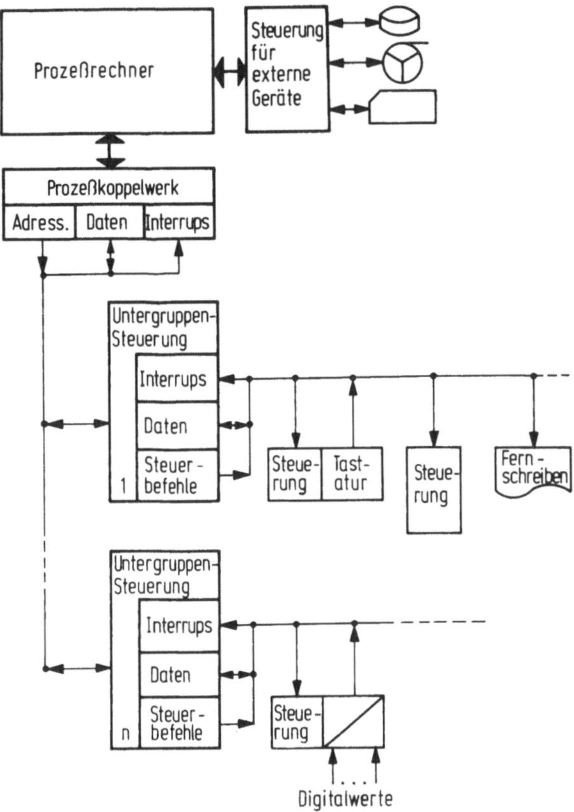

Abb.1.8. Aufbau eines Datenerfassungssystems

1. PR mit Standard-Ein-Ausgabeperipherie, aktive Steuerzentrale zur
   Datenverwaltung.
2. Untergruppe, Anschlußeinheit zur Sammelschiene, Steuerung der Da-
   ten-Ein-Ausgabegeräte.
3. Geräte für die Informations-Ein- und -Ausgabe.

Mit diesen Systemen ist ein Datenverkehr zwischen Gerät und Zentrale
möglich. Die gesamte Organisation der Adressen-, Daten- und Steuer-
leitungen ist einheitlich, so daß sich daraus große Erleichterungen
für die Erstellung des Betriebssystems ergeben.

Eine derartige direkte Betriebsdatenerfassung gestattet es, die Ein-
zelinformationen des Arbeitsplatzes zu sammeln, alle Daten zu über-
prüfen und nachfolgende Arbeitsplätze mit den notwendigen Vorgabeda-
ten zu versorgen. Dadurch können die nachgeschalteten Verarbeitungs-
systeme optimal mit Daten versorgt werden.

1.3.2 Systeme zur Qualitätssicherung

Steigende Ansprüche an die Qualität der Produkte verlangen Kontroll-
systeme. Sie müssen in der Lage sein, Informationen über die Produkt-
qualität zu erfassen und zu verarbeiten und dabei Anweisungen zur Feh-
lerbehebung geben. Voraussetzung dafür ist die Erfassung von Material-
fehlern durch entsprechende Meßverfahren.

Diese Meßverfahren sollen die Produkte synchron zum Fertigungsfluß
prüfen und Informationen zur Bewertung mit Hilfe nachgeschalteter Da-
tenverarbeitungssysteme bereitstellen. Ziele der Automatisierung sind
hierbei:

1. Direkte Fehlererkennung, Anweisungen zur Fehlerbeseitigung,
2. Einschränkung redundanter Prüfverfahren,
3. Schaffung abnahmefähiger Prüfprotokolle.

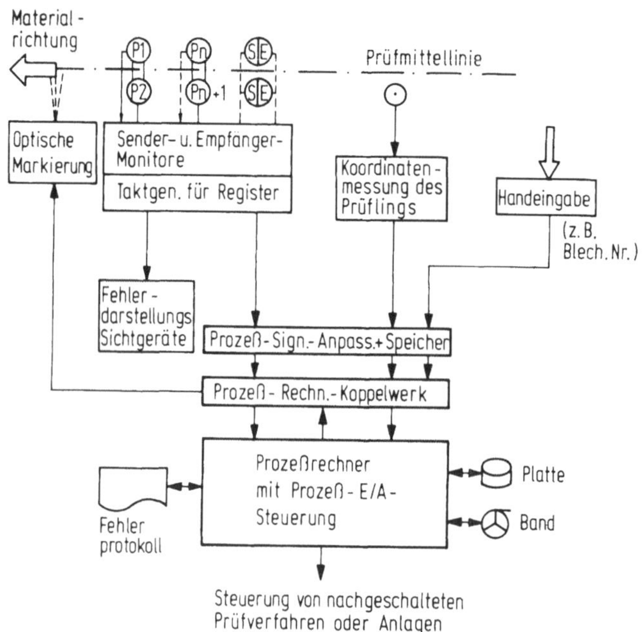

Abb.1.9. Ultraschall-Prüfanlage mit Prozeßrechner

Ein zur kontinuierlichen Überwachung der Qualität, z.B. von Blechen
und Rohren, häufig eingesetztes Verfahren ist das Ultraschallprüfver-
fahren. Neue Ultraschallanlagen erlauben eine sehr differenzierte Aus-
sage über Fehler und deren Ausdehnung. Abb.1.9 zeigt eine typische An-

lagenkonfiguration für ein Ultraschallprüfsystem mit Rechneranschluß.
Das eigentliche Ultraschallsystem mit Prüfköpfen, Signalaufbereitung
und -anzeige gibt während des Prüfdurchlaufes eine solche Fülle von
Informationen über den Prüfling ab, daß die Erfassung der Einzelin-
formationen und die Verknüpfung dieser Signale nur mit PR realisierbar ist. Die koordinatengerechten Signale der Ultraschallanlage und
die Identitätsnummern des Prüflings werden über ein PR-Koppelwerk in
einen PR eingegeben und dort so ausgewertet, daß ein aussagefähiges
Fehlerprotokoll ausgegeben werden kann. Daneben ist es möglich, nachgeschaltete Bearbeitungsvorgänge in Abhängigkeit vom Prüfungsergeb-
nis direkt zu steuern.

Derartige Qualitätssicherungssysteme sind durch hohe technische Anforderungen gekennzeichnet:

- Schnelle, koordinatengetreue Fehlerübernahme,
- Einzelsignal-Aufbereitung, Bildung von Fehlerkollektiven,
- Klassifizierung nach Fehlerarten und Größe,
- Protokollausgabe oder direkte Anlagensteuerung.

Die Anforderungen an die Verfügbarkeit solcher PR-Systeme zur Datenübernahme sind außerordentlich hoch. Die Interrupt-Bearbeitungszeit
liegt bei 100 µs und die Datenmengen liegen bei einigen tausend Zei-
chen pro Prüfling. Die Bearbeitung der abgespeicherten Daten soll re-
dundante Daten unterdrücken und signifikante Daten (ca. 1% der ursprünglichen erfaßten Datenmenge) zur Bewertung durch das Bedienungspersonal
ausgeben.

1.3.3 Systeme zur Verfahrensautomatisierung

Zur Automatisierung von Walzwerken mit ihren näherungsweise linearen
und schnellen Regelstrecken sind PR besonders häufig herangezogen worden. Zwei Anwendungsschwerpunkte können dabei unterschieden werden:

1. PR-Systeme zur Disposition von Walzwerkstraßen vom Einsatzlager bis
   zum Versandlager. Sie erfassen Einsatzöfen, Walzenstraßen, Nachbe-
   arbeitungsstationen und Adjustagen.

2. Kleine Einzweck-PR-Systeme zur Steuerung bestimmter Anlagenteile.
   Diese Kleinrechner arbeiten häufig mit festem Programm und erhalten ihr Führungsverhalten vom überlagerten PR.

Mit großem Erfolg sind in verschiedenen Unternehmen die Grobblechstraßen mit ihren Hauptantrieben, Oberwalzenanstellungen und einigen
Nebenaggregaten automatisiert worden.

Für eine solche 5m-Grobblechstraße mit einem Brammeneinsatzgewicht
bis zu 45 Tonnen, Blechen von 5m Breite und 8 bis 300mm Dicke, sollte durch den PR-Einsatz ein automatisierter Fertigungsbetrieb mit dem
Ziel der

- Qualitätsverbesserung (genaue Einhaltung der Grobblechabmessungen),
- Durchsatzsteigerung (Minimierung der Zahl der Laststiche),
- Vermeidung von Überlastungen für das Walzgerüst

ermöglicht werden.
Zur Lösung dieser Aufgaben wurde (in einer Anlage der Mannesmann AG)
ein PR-System mit 16K Worten Kernspeicherumfang, einer Trommel mit
256K Worten und mit entsprechender Bedienungs- und Prozeßperipherie
gewählt.

Die zurückliegende Betriebszeit hat gezeigt, daß eine Einengung der
Toleranzbänder erreichbar ist, ebenso die Vermeidung mechanischer
Überlastungen.

Zu den Optimierungsstrategien des PR gehört die Vorausberechnung der
optimalen Abnahme für jeden Stich unter Berücksichtigung der Gerüst-
grenzdaten. Das Einhalten der sehr engen Meßtoleranzen der Bleche ist
aufgrund der vorliegenden Gerüstkenndaten (Auffederung, Walzendurch-
biegung) nur mit einer Adaption des Modells unter Berücksichtigung
auch dieser Größen möglich. Abb.1.10 zeigt das Blockschaltbild der
adaptiven Steuerung des Gerüstes. Es handelt sich um eine Zweipunkt-
regelung mit Speicherverhalten, wobei die Sollgrößen für das Walzgerüst zu Beginn eines Stiches vorgegeben werden. Die bisher installierten PR arbeiten mit Adaptionsverfahren, die eine Parameteridentifika-
tion und Anpassung vornehmen. Neue Versuche haben gezeigt, daß in diesen Systemen auch Strukturveränderungen vorkommen, die über die Para-
meteradaption nicht optimal auszugleichen sind.

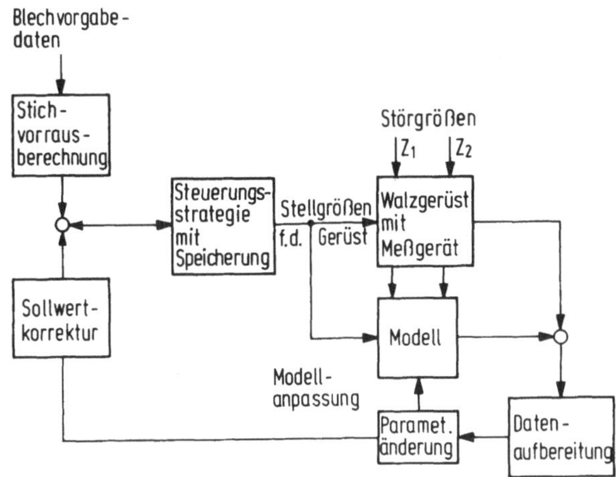

Abb.1.10. Adaptive Steuerung für Grobblechwalzwerk

Die mit diesem System erreichten Genauigkeiten der Blechdicken sind
durch einen Handbetrieb nicht sicherzustellen: Erreichbar sind bei
Handbetrieb $2\sigma=\pm0,4$mm und bei Automatikbetrieb $2\sigma=\pm0,21$mm.
Der Vergleich zeigt die Vorteile des PR aufgrund der objektiven Beobachtung des Prozesses, der Toleranzvorgabe und des schnellen Rea-
gierens auf Veränderungen im System.

Im Schmelzbetrieb hat der PR zwar auch Eingang gefunden, jedoch nicht,
wie zunächst geplant, in der Form der direkten Prozeßsteuerung. Die
starke Einschränkung der bisherigen Anwendungen ist begründet in der
häufig fehlenden direkten und genauen Zielgrößenmessung des Prozesses.

So gilt für den Hochofen, daß eine kontinuierliche Messung der Roheisenzusammensetzung bis heute nicht möglich ist. Hier wird ersatz-
weise versucht, über die Gichtgas-Analyse die technologischen Zusammenhänge des Prozesses zu erfassen. Bei den Chargenprozessen der
Stahlwerke gibt es keine Meßverfahren für die kontinuierliche Stahl-
analyse und für die einzuhaltende Endtemperatur des Stahles. Eine
kontinuierliche Beobachtung des Prozeßablaufes ist etwa beim Aufblas-
verfahren nur mit Hilfe der Konverterabgasbewertung näherungsweise
möglich. Zwei sich ergänzende Modellsysteme für die Aufblasstahlwerke
sind in der Erprobung (1975):

1. Statische Einsatzstoffberechnung, Vorausberechnung der Roheisen-
   Schrott-, Sauerstoffmenge und der Blaszeit.

2. Dynamische Prozeßführung, Führen des Kohlenstoffabbrandes und der
   Sauerstoffverteilung über die Abgasbewertung.

Die Prozeßführung mit derartigen Modellen erlaubt keine schnellig-
keits- und energieoptimale Stahlherstellung, da die einzuhaltenden
Zielgrößen Restkohlenstoff und Temperatur des Stahles mit außeror-
dentlicher Präzision angefahren werden müssen. Hieraus erklärt sich
auch der hohe Prozentsatz der nachgeblasenen Chargen.

1.3.4 Einsatzschwerpunkte für Prozeßrechner und wirtschaftlich-technische Gesichtspunkte

Von den bislang installierten PR-Systemen sind ungefähr 50% in Walzwerken, 20% in Sauerstoffaufblas-Stahlwerken und 30% in den anderen
Betrieben zu finden.

Die größten Vorteile für den Betrieb durch den Einsatz von PR sind
offenbar in Walzwerken zu erreichen. Bei einer Umfrage wurde ermittelt, daß von über 20 befragten Werken in Europa 46% die Gleichförmig-
keit der Erzeugnisse und ca. 42% die verbesserte Qualität als den entscheidenden Vorteil der Automatisierung erwarteten.

Abb.1.11 gibt eine Übersicht über die wirtschaftlich und technisch
interessanten Anwendungsgebiete für PR. Daraus ist abzulesen, daß ca.
75% der Systeme für die Betriebs- und Qualitätsdatenerfassung im Einsatz sind und ca. 25% für die Verfahrensautomatisierung. Die Betriebsdatenerfassung ist für fast alle Bereiche von großem Interesse, während die Qualitätsdatenerfassung überall dort, wo Endprodukte entstehen, wichtig wird.

Zusammenfassend kann man sagen, daß in der Eisen- und Stahlindustrie
Systeme zur Unternehmenssteuerung heute eindeutigen Vorrang vor Systemen zur Verfahrensautomatisierung haben. Hieran wird sich erst etwas ändern, wenn es gelingt, statisch und dynamisch genügend genaue
Prozeßmodelle zu schaffen, die bei einem Automatikbetrieb durch größere Produktgenauigkeit und Stückzahlen Vorteile schaffen.

| | in % d. ges. Prozeßanwendungen | Schmelzbetrieb | | Verformung und Weiterverarbeitung | | | Weiterbearbeitung | Hilfs.und Nebenbetrieb | | | |
		HO	Stahlwerke + Gießbetriebe	Vormat	Flach	Profil+ Rohr		Wärme beh.	Transp.	Energie	Labor
Betriebsanwendung %	≤100 / Σ100		ca. 20	ca.50	überwiegend		30%	sämtl. Erzeugungseinheiten incl. Hochofen			
Betriebsdatenerfassung	ca. 70-75	+	+	+	+	+	+	+	+	+	+
Qualitätsdatenerfassung		−	O	O	+	+	+	+	−	−	+
Verfahrensautomatisierung	ca. 25-30	O	O	+	+	O	−	−	−	O	−

Einsatzmöglichkeiten :   + gute technisch-und wirtschaftlich interessante

O eingeschränkte

− kaum

Abb.1.11. Übersicht über die Prozeßrechnereinsatzmöglichkeiten

1.4 Prozeßrechner als integrierter Bestandteil der Betriebe

Das Hauptkennzeichen eines PR ist die Vielzahl der Nahtstellen zum
Prozeß. Er greift Daten aus dem Prozeß auf, verarbeitet sie und gibt
Anweisungen an den Prozeß zurück. Die Steuerung dieses Datenverkehrs
erfolgt über ein Interruptsteuerwerk. Die Definition der Nahtstellen
macht bereits in der Planungsphase erhebliche Schwierigkeiten. Die
genaue statische und dynamische Abgrenzung hat einen starken Einfluß
auf die Sicherheit des PR-Systems. Abb.1.12 zeigt die Nahtstellen des
PR mit seinen vier Hauptdatenkanälen:

- Prozeßdaten (on-line), synchrone schnelle Übernahme von Informationen des Prozesses.
- Prozeßdaten (off-line), asynchrone Übernahme von Informationen nach
  visueller Datenerfassung durch den Menschen.

- Bedienungsdaten (off-line), Systemdaten zur Bedienung des Systems
  in periodischen oder nicht-periodischen Zeitabständen.
- Datenübernahme über On-line-Anschluß des PR-Systems an überlagerte
  Dispositionsrechner.

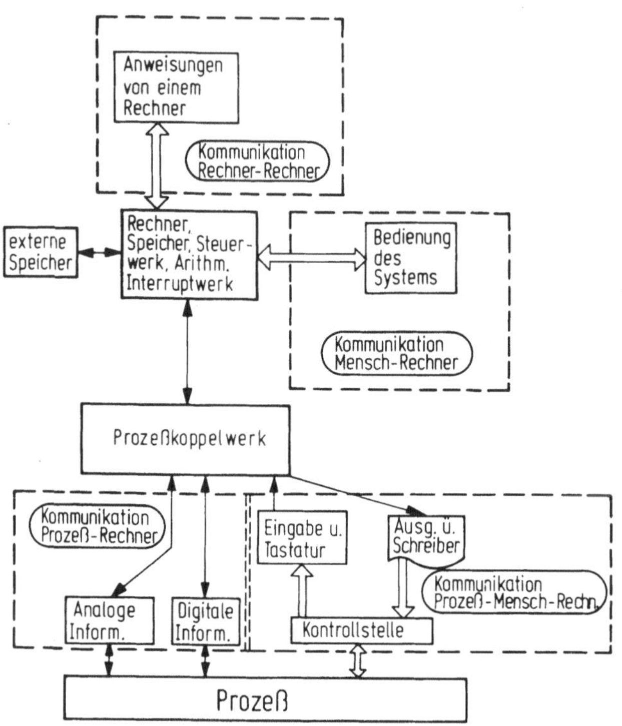

Abb.1.12. Kommunikationsnahtstellen des Prozeßrechners

Alle Datenkanäle mit ihren teilweise großen Datenmengen stellen an
die Bereitschaft des Rechners zur Übernahme mehr oder weniger hohe
Anforderungen. Die Störung eines Datenkanals führt zu starken Ein-
schränkungen des PR-Betriebes und gefährdet die Gesamtleistung. Diese Erkenntnis erfordert besondere Einrichtungen zur Sicherung des
Betriebsablaufes:

On-line-closed-loop-Betrieb. Bei dieser Betriebsart hat die Handsteuerung Vorrang vor dem Automatik-Betrieb. Falsch interpretierte Meßwerte dürfen nicht zu falschen Anweisungen an den Prozeß führen. Eine
ständige Überwachung der Einzelrechnerfunktionen synchron zum Betriebsgeschehen ist erforderlich. Zwei voneinander getrennte Rech-
nerfunktionen erleichtern den Übergang von Hand- auf Automatikbetrieb:

Passive Funktionen: Meßwerterfassung, Aufbereitung und Datenspeicherung. Dieser Teil läuft auch bei Handsteuerung weiter, womit der aktuelle Datenbestand im Rechner jederzeit gewährleistet ist.

Aktive Funktionen: Verarbeitung der erfaßten Daten, Ausgabe von Stellbefehlen und Anweisungen, Parallellauf von Bearbeitungs- und Überwachungsprogrammen.

On-line-open-loop-Betrieb. Bei diesen Datenerfassungssystemen muß entweder zeitlich oder betrieblich lokal definiert eine Synchronisation zwischen Betriebsgeschehen und Rechnerabbild erfolgen (Zwangssynchronisation).

Die Sicherung des Betriebsablaufes erfordert besondere Aufwendungen zur Erhaltung der Arbeitsbereitschaft von PR-Systemen (Hard- und Software). Die Kennzeichnung dieser Arbeitsbereitschaft ist durch folgende 3 Größen möglich:

MTBF = mean time between failures
MTTR = mean time to repair

$$\text{Verfügbarkeit} = \frac{\text{MTBF} \cdot 100}{\text{MTBF} + \text{MTTR}} \, \%$$

Aus betrieblicher Sicht ist eine MTBF größer als 3000 Stunden und eine Verfügbarkeit von 99,6% wünschenswert. Eine Umfrage des NAMUR (Normenausschuß Meß- und Regeltechnik) ergab, daß im Mittel eine Verfügbarkeit von 99,5%, eine längste ungestörte Betriebszeit von 160 Tagen und eine MTBF von 55 Tagen erreichbar sind. Bessere Werte sind nur bei optimaler Anpassung der Hard- und Software an die gestellte Aufgabe möglich. Dabei sind für die Hard- und Software folgende Punkte bedeutungsvoll:

1. Hardware: Ausgetestete Rechner mit modulierbarem Aufbau, Prozeßelement-Ein/Ausgänge mit hoher Leistung und galvanischer Trennung, Unempfindlichkeit des Rechners gegen seine Umwelt (Klima, Temperatur, Streufelder, Erschütterungen usw.).
2. Software: Klar gegliederte Anwender-Software mit definierten Nahtstellen der Einzelprogramm-Module, Sicherung der Datenerfassung mit Prüfprogrammen, Überwachung der Stellbefehlsausgänge, automatischer Systemstart bei Unterbrechungen, aussagefähige Prüfprotokolle, gute Programm-Dokumentation.

3. Wartungsanforderungen:
 - Personal: Einweisung des Bedienungs-, Betriebs- und Wartungspersonals in das Gesamtsystem mit differenzierter Dokumentation für die verschiedenen Aufgaben.
 - Geräte des Prozesses (Meß- und Stellgeräte): Vorbeugende Wartung aller Meß- und Eingabegeräte, ständige Überwachung der Funktionen im laufenden Betrieb.
 - Wartungsvertrag: Zur Aufrechterhaltung der operativen Nutzung des Systems sollte mit dem Lieferanten des Rechners ein Wartungsvertrag abgeschlossen werden, der folgende Punkte umfaßt: Vorbeugende Wartung, Störungsbeseitigung, Bereithaltung von Reservegeräten des installierten Systems.
4. Systempflege: Erst eine klar abgegrenzte Verantwortung der Teilbereiche des Gesamtsystems, der Hardware, der Prozeßperipherie, der Softwaresystempflege wird die Leistung des Gesamtsystems auf lange Sicht im Betrieb sicherstellen.

1.5 Methoden der Planung und Einführung

Die PR-Installationen haben gezeigt, daß die Aufwendungen für Software, gemessen an den Aufwendungen für die Hardware, immer umfangreicher werden. Daraus ist abzuleiten, daß die Planung künftiger Projekte teurer wird, oder daß die einfachen PR-Anwendungen bereits realisiert sind und die schwierigen Aufgaben noch vor uns liegen. Um unnötige Kosten durch Problemunterschätzung oder überdimensionierte Systeme zu vermeiden, muß die Planung heute mehr denn je zielorientiert sein. Es können drei Planungsphasen unterschieden werden:

1. Basisanalyse: Erforschung der Prozesse,
2. Zielgrößenermittlung: Festlegung der Zielgrößen und Abwägung des erforderlichen sowie des wirtschaftlich vertretbaren Automatisierungsgrades,
3. Festlegung der Lösungsstrategie: Aufbau eines Automatisierungskonzeptes und optimale Auslegung von Hardware und Software.

Zur Veranschaulichung des Zeit- und Personalbedarfs ist in Abb.1.13 der Planungsaufwand für 5 Realisierungsstufen als Vielfaches der Kosten der Meßtechnik, umfassend die Arbeiten von der Analyse bis zur

Abnahme, dargestellt. Daraus ist abzulesen, daß der Planungsaufwand
für ein Prozeßautomatisierungssystem der Stufe 5 vier- bis achtfach
höher ist als für ein reines Datenerfassungssystem.

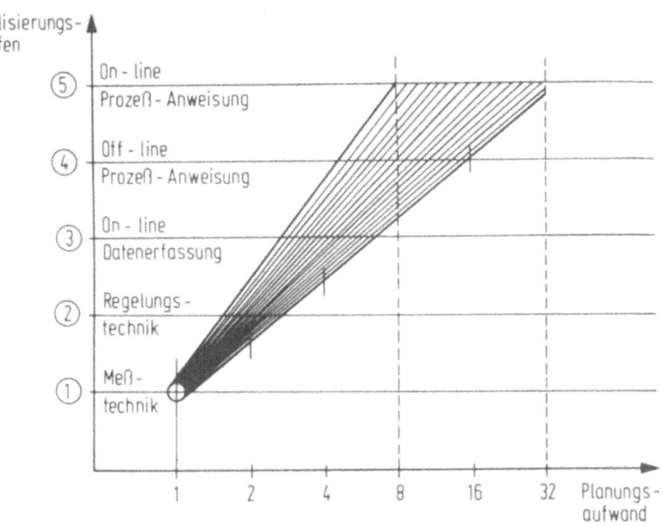

Abb.1.13. Planungskosten als Vielfaches der Kosten der Meßtechnik

1.6 Entwicklungstendenzen bei den Prozeßrechnersystemen

1.6.1 Technologische Fortschritte bei der Hardware

Die Fortschritte der Halbleitertechnologie werden in der heutigen
Rechnertechnik genutzt. Die Entwicklung ist noch nicht abgeschlossen,
und es ist zu erwarten, daß kleine PR mit Arbeitsspeicherkapazität von
4K Worten zu 16 Bit in integrierter Technik künftig für weniger als
1000 DM verfügbar sein werden. Die Tendenz der letzten Entwicklungen
zeigt deutlich, daß sich die Wortlänge von 16 Bit auch aus Gründen der
Ankopplung an überlagerte Dispositionsrechnersysteme mit Bytestruktur
durchgesetzt hat. Die wirtschaftliche Herstellung der integrierten
Schaltelemente verlangt Großserien, und damit werden künftig in vielen Rechnern ähnliche Baugruppen für Arithmetik, Steuerwerte und Ar-

beitsspeicher enthalten sein. Dies wird eine größere Befehlskompatibilität und Befehlswirksamkeit mit sich bringen. Die Erweiterung des Arbeitsspeichers nach dem Prinzip der virtuellen Speicherung ist für PR-Systeme schon eingeführt. Weiterhin ist zu erwarten, daß moderne PR-Systeme mehrere Prozessoren haben werden, die eine Arbeitsteilung für reine Rechenaufgaben und Ein/Ausgabe-Operationen zulassen.

Aufgrund der in den letzten Jahren entstandenen Mini- und Mikrorechner ist zu erwarten, daß die Eisen- und Stahlindustrie vor einem neuen Aufschwung ihrer Automatisierungsmöglichkeiten steht. Insbesondere ist zu erwarten, daß die durch die Mikrorechner mögliche Dezentralisierung zu einer wesentlich stärkeren Datenvorverarbeitung "vor Ort" führen wird. Standardlösungen existieren allerdings noch nicht.

Besondere Entwicklungen für Prozeßkoppelwerke sind nicht zu erwarten, da hier durch das Vielkanalprinzip mit direkter Zuordnung zu Meßwertgebern und Ausgabegeräten Grenzen gesetzt sind.

1.6.2 Entwicklungsrichtungen bei der Software

Software-Engineering ist noch keine ausgereifte Disziplin. Es gibt häufig Klagen über schlecht struktuierte und schwer zu verstehende Software. Termine und Kosten werden bei der Softwareerstellung häufig überschritten. Anzustreben ist, daß Software genau so geplant werden kann, wie andere Projekte des Ingenieurwesens.

Es ist zu erwarten, daß die von den Herstellern angebotenen Betriebssysteme größer, komfortabler und sicherer werden. Für die jeweiligen Anwendungen müssen die Betriebssysteme, abhängig von der Anlagenausstattung, optimal generiert werden. Fast alle Hersteller bieten Fortran-Compiler an, implementiert für Mini- und Großcomputer, ohne daß ein Trend auf eine Standardisierung hin erkennbar wäre.

Für die schnellere und kostengünstigere Erstellung der Anwenderprogramme sind einige problemorientierte Sprachen in der Entwicklung. So werden etwa in einer Arbeitsgemeinschaft von Rechnerfirmen die Grundlagen für die problemorientierte Prozeßsprache PEARL definiert. Diese Sprache verlangt klar definierte Nahtstellen der Betriebssysteme.

1.6.3 Personalbedarf

Parallel zu den Rechner-Umsatzsteigerungen entwickelt sich der Personalbedarf. Die Hersteller von Prozeßrechnersystemen rechnen mit einer jährlichen Personalzuwachsrate von 15%. 1975 waren insgesamt ca. 100000 Fachkräfte in der Datenverarbeitung tätig, davon 60% betriebswirtschaftlich, 10% administrativ und 20% technisch-wissenschaftlich. Die Bundesregierung hat im Rahmen des zweiten DV-Programms den Personalbedarf für 1978 auf 250000 bis 400000 Fachkräfte geschätzt. Dabei wird davon ausgegangen, daß bei den Herstellern ca. 50000 bis 70000 und bei den Anwendern ca. 200000 bis 330000 Fachkräfte beschäftigt sind. Der Personalbedarf für die Prozeßrechnereinsatzplanung wird 1978, unter der Annahme, daß 15-18% des gesamten Personals auf diesem Gebiet tätig sein werden, bei 35000 bis 50000 Fachkräften liegen.

2. Einsatzstoffe und Energieversorgung

2.1 Die Kokserzeugung

2.1.1 Gütekriterien und Auswahl des Hochofenkokses

Die Anforderungen an den Hochofenkoks sind in jüngster Zeit sehr stark
gestiegen. Dies liegt in erster Linie an wesentlichen Veränderungen in
der Arbeitsweise der Hochöfen. Als wesentliche chemische Qualitäts-
merkmale gelten die Gehalte an Asche, Schwefel, Wasser, Phosphor und
flüchtigen Bestandteilen. In physikalischer Hinsicht sind Stückgröße,
-form, Festigkeit und auch die Schüttdichte entscheidend. Die Erfahrungen der Hüttenwerke können folgendermaßen beschrieben werden:

Einerseits erfordert der gleichmäßige Kornaufbau der Möllerstoffe den
Einsatz eines nicht zu groben Kokses, der wie die übrigen Einsatzstoffe eng klassifiziert sein sollte.

Andererseits schafft aber ein grobstückiger Koks die Möglichkeit, Koks
bei höheren Betriebstemperaturen zu erzeugen. Das wird für die künfti-
ge Entwicklung der Kokereitechnik von Bedeutung sein und zu höheren
Leistungen der Koksöfen führen.

Der Koks soll möglichst fest und dicht sein und nur einen geringen Ab-
rieb aufweisen. Hinsichtlich der chemischen Eigenschaften gelten die
bekannten Forderungen nach niedrigen Feuchte- und Schwefelgehalten [1].

Der Koks hat im Hochofen drei Hauptfunktionen zu erfüllen: Er ist
Heizmittel, Reduktionsmittel und Stützgerüst bzw. Lockerungsmittel für
die Beschickung.

Für die beiden ersten Zwecke ist der Kohlenstoffgehalt ausschlaggebend.
Er sollte möglichst hoch und gleichmäßig sein. Dies ist nur möglich,

wenn Feuchtigkeit und Aschegehalt niedrig sind und wenig schwanken.
Der Aschegehalt vermindert nicht nur die Kohlenstoffgehalte, sondern
beeinflußt auch die Vorgänge im Hochofen, insbesondere die Schlackenbildung.

Für die Gasdurchlässigkeit der Beschickung ist ausschlaggebend, daß
der Koks im Ofenschacht einen großen Teil des Raumes ausfüllt, in der
Rast und im Gestell sogar den größten Teil. Durch die Füllung kann der
Gasstrom nur dann mit der notwendigen Geschwindigkeit strömen, wenn
der Koks auch bei hoher Temperatur genügend fest ist, und zwar sowohl
gegen die Druckbeanspruchung der Beschickungssäule als auch gegen Ab-
rieb. Daher sind die Druck- und Abriebfestigkeit bestimmend für die
Verwendbarkeit des Kokses im Hochofen.

Ein weiteres Kriterium stellt die zweckentsprechende Körnung des Kokses dar. Sie sollte eng begrenzt sein und im Bereich 25 bis 80mm, möglichst jedoch bei 40 bis 80mm liegen [2].

Für den Strömungswiderstand der Einsatzstoffe im Hochofen ist die
Schüttdichte des Kokses von Bedeutung. Sie ist abhängig von der schein-
baren Stückdichte, der Form der Koksstücke, dem Körnungsaufbau sowie
dem Wassergehalt.

Die Ermittlung des Aschegehaltes von Koks geschieht nach genormten Methoden wie bei allen festen Brennstoffen (DIN 51719). Die Bestimmung
der flüchtigen Bestandteile in Koks nach DIN 51720 ergibt nur relative
Werte. Da die Koksfeuchte für den Hochofen von großer Bedeutung ist,
wird mit einer Neutronenmeßeinrichtung der Wassergehalt von grobstük-
kigem Koks kontinuierlich gemessen [1].

2.1.2 Kokereitechnik und Automatisierungsmöglichkeiten

Grundsätzlich wird entsprechend der Ausstoßrichtung des Kokses zwi-
schen Vertikal- und Horizontalkammeröfen unterschieden. Im 20. Jahr-
hundert hat sich der Horizontalkammerofen immer mehr durchgesetzt.
Bei diesem Ofentyp werden als Füllverfahren der Schüttbetrieb und der
Stampfbetrieb angetroffen. Beim Schüttbetrieb fällt die Kohle aus den
Trichtern des Füllwagens in die Koksofenkammer. Die für jeden Ofen er-
forderliche Kokskohlenmenge wird unter dem Kohlenturm abgewogen. Der
Stampfbetrieb wird bei solchen Kohlenarten angewandt, bei denen der

aus ihnen erzeugte Koks im Schüttbetrieb zu hohe Abriebfestigkeiten
aufweist. Bei dieser Betriebsart läuft auf einer Seite der Anlage eine
Druckmaschine, die an einen Kasten gekoppelt ist, der die Abmessungen
des Füllvolumens des Ofens hat. Lagenweise wird die Kohle in diesem
Kasten auf die erwünschte Stampfdichte gebracht und der fertige Kohle-
kuchen in die leere Ofenkammer eingeschoben [3].

Je nach Beheizungsart gibt es unterschiedliche Bautypen der Koksöfen.
Seit etwa 1950 werden hauptsächlich Regenerativ-Verbundkoksöfen gebaut,
die wahlweise mit Kokereigas oder Schwachgas (Generatorgas, Gichtgas)
betrieben werden können (daher die Bezeichnung Verbundofen). Da jeder
moderne Koksofen mit Regeneratoren zum Wärmetausch versehen ist, wird
der Verbundofen als Regenerativ-Verbundkoksofen bezeichnet. Die Öfen
sind so angelegt, daß nachträglich die für eine andere Gasart erforderlichen Armaturen eingebaut werden können [4]. In Abb.2.1 ist ein
Regenerativ-Verbundofen schematisch dargestellt.

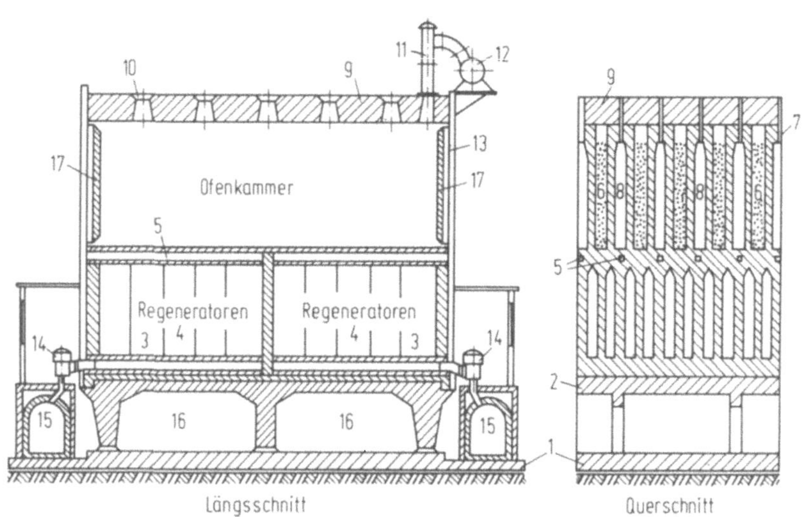

Abb.2.1. Schema eines Regenerativ-Verbundkoksofens [5]

Die dampf- und gasförmigen Verkokungsprodukte ziehen durch das Steig-
rohr (11) in die Vorlage (12) und werden von dort über eine Gassammelleitung den Kohlenwertstoff- und Gasreinigungsbetrieben zugeführt.

Die den Koksofen verlassenden Gase haben Temperaturen von 750-850°C
und werden in der Sammelvorlage durch direkte Wasserberieselung auf
80-150°C gekühlt. Ein großer Teil der hierbei kondensierenden Teere
wird in der Gassammelleitung abgeschieden.

Das Rohgas wird dann nach dem Gegenstromprinzip auf 20-30°C gekühlt.
Dabei wird nahezu die gesamte Teermenge abgeschieden. Der restliche
Teer wird in der Regel durch Elektrofilter ausgefällt.

Wie in Abschnitt 1.1 erwähnt, ist für eine Automatisierung die Kenntnis der Einflußgrößen nötig, die zu einem optimalen Produkt führen.
Die Festigkeit eines Kokses wird durch die Qualität der Kokskohle und
weiterhin durch die Verkokung bestimmt. Es besteht eine mathematisch
beschreibbare Abhängigkeit der Koksfestigkeit von der Schüttdichte,
der Verkokungsgeschwindigkeit und der Kammerbreite eines Horizontal-
kammerofens. Aus dem Produkt der oben genannten Kennwerte läßt sich
eine Konstante K ableiten. Es zeigt sich, daß die Koksfestigkeit in
erster Näherung linear von K abhängt.

Ferner ist es gelungen, durch eine geometrische Beschreibung der Anordnung von Kugeln und durch eine physikalische Betrachtung des Kör-
nungsbandes von Kokskohlen eine optimale Kornverteilung zu finden.
Man ist dadurch in der Lage, Koks mit günstigen Festigkeitseigenschaften herzustellen.

Die Abweichung des Körnungsaufbaus einer Kokskohle von der optimalen
Kornverteilung wird durch eine Kennzahl M_S beschrieben. Darüber hinaus
ist es möglich, das Koksbildungsvermögen einer Kohle in Abhängigkeit
von ihrem Gehalt an flüchtigen Bestandteilen zu bestimmen. Dies ist
jedoch nur näherungsweise möglich und es wäre wünschenswert, eine ex-
aktere Beurteilungsmöglichkeit der Rohstoffeigenschaften zu finden.

Aufbauend auf dem Gesagten konnte mit Hilfe einer Regressionsanalyse
ein mathematisches Modell des Koksofens entwickelt werden. Dieses berücksichtigt die Koksfestigkeit, die Koksausbringung und die Ausbrin-
gung an Benzolvorerzeugnissen [6]. Zugleich ist es Voraussetzung für
eine Prozeßsteuerung, deren Anwendung jedoch nur in sehr geringem Umfang möglich ist.

2.2 Sintererzeugung

2.2.1 Grundlagen, Bestimmungsgrößen

Sinter. Beim Eisenerz-Sinterverfahren werden feinkörnige eisenhaltige Stoffe (Feinerze, Konzentrate usw.) ebenso wie Abbrände und Abfallprodukte des Eisenhüttenprozesses (Gichtstaub, Walzzunder und Konverterauswurf) "stückig" gemacht. In zunehmendem Maße werden auch Zuschlagstoffe eingesetzt, um eine bestimmte Schlackenzusammensetzung und -menge zu erhalten. Die zu sinternden Stoffe werden kurzzeitig so hoch erhitzt, daß eine Verfestigung zu einem Agglomerat, ein Erweichen der Teilchenoberfläche und damit Schlackenbildung stattfindet. Als Brennstoffe werden vorwiegend Koksgrus und Anthrazit verwendet. Soweit der Koksgrus dem natürlichen Entfall einer Kokerei entstammt, bietet sich sein Einsatz in erster Linie an. Müßte er jedoch erst aus stückigem Koks erzeugt werden, so ist es oft wirtschaftlicher, auch andere Brennstoffe zu verwenden. Der so hergestellte Sinter wird "selbständig" genannt. Im Idealfall werden nur noch zwei Möllerstoffe im Hochofen eingesetzt: Sinter und Koks.

Pellets. Neben der Sinterung als Verfahren zum Stückigmachen feinkörniger Eisenerze hat in steigendem Maße das Pelletisieren Bedeutung erlangt.

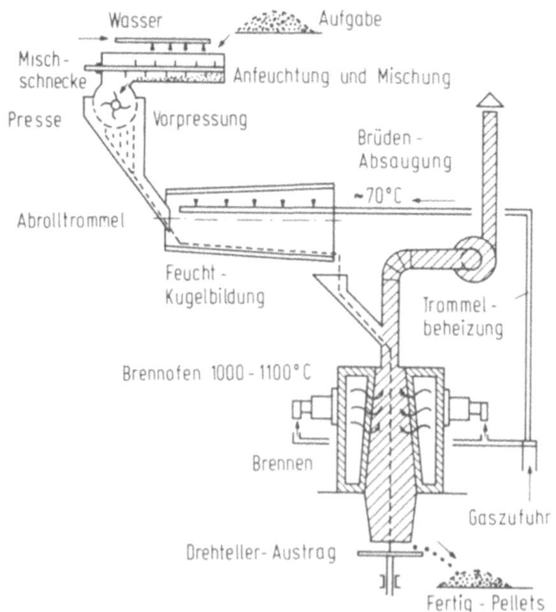

Abb.2.2. Schema einer Pelletisieranlage [4].

Hierbei werden Erze und Zuschläge größter Feinheit in einer Misch-
schnecke gemischt und auf einen bestimmten Feuchtigkeitsgehalt gebracht. Nach einer Vorverdichtung entstehen in einer schwach beheiz-
ten Abrolltrommel Feuchtpellets, d.h. Kugeln von 10 bis 25mm Durchmesser. Diese werden zu einem Schachtbrennofen oder zu einer Bandbrennanlage transportiert (Abb.2.2).

Voraussetzung für das Zusammenballen zu Pellets ist eine Körnung unter
0,2mm. Derartige Feinerze sind für die Sinterung ungeeignet. Der Brenn-
stoffverbrauch beim Pelletbrennen auf einer Bandbrennanlage ist niedriger als beim Sintern [4].

2.2.2 Sintereitechnik, Automatisierungsmöglichkeiten

Die Qualität der Betriebsergebnisse einer Sinteranlage hängt sehr von
der sorgfältigen Überwachung des Verfahrens ab. Moderne Anlagen sind
meist Bandsinteranlagen mit Wanderrost und Saugzugvorrichtung (System
Dwight-Lloyd-Lurgi).

Gute Führung einer Sinteranlage setzt die Erfüllung folgender Bedingungen voraus:

1. Die chemische Zusammensetzung der Sintermischung darf sich zeitlich
   nicht ändern, damit Sinter mit gleichmäßiger chemischer Analyse hergestellt wird.
2. Der Materialfluß darf nicht behindert werden, um einen hohen Aus-
   nutzungsgrad der Anlage zu erreichen.
3. Die Beschickung der Sintermaschine muß über gute Gasdurchlässigkeit
   verfügen, damit der Sintervorgang rasch und gleichmäßig vor sich
   geht.
4. Die Geschwindigkeit des Sinterrostes soll jeweils der senkrechten
   Sintergeschwindigkeit entsprechen, so daß der Sintervorgang gerade
   dann beendet ist, wenn die Beschickung am Abwurfende ankommt.
5. Die physikalischen und chemischen Eigenschaften des erzeugten Sinters sollen bei optimal niedrigem Verbrauch an Zündwärme und festen
   Brennstoffen zufriedenstellend sein [7].

Zur Erfüllung dieser Bedingungen ist der maschinen- und anlagentech-
nischen Seite einer Sintermaschine eine besonders hohe Bedeutung bei-
zumessen. Für eine Vielzahl von Hochöfen liegt der Sintereinsatz

zwischen 60% und 90%. Es ist daher wichtig, für den Möllerstoff eine
ausreichende Güte und Gleichmäßigkeit zu gewährleisten [8].

Neue Bandsinteranlagen werden heute üblicherweise mit Regelvorrich-
tungen ausgerüstet, die die Zusammensetzung und den Transport des
Mischgutes, die Temperatur und die Verbrennung in der Zündhaube, sowie die Lage des Durchbrennpunktes auf dem Sinterband regeln. Der Betrieb der Sinteranlage wird dabei von einer Meßwarte überwacht [9,10].

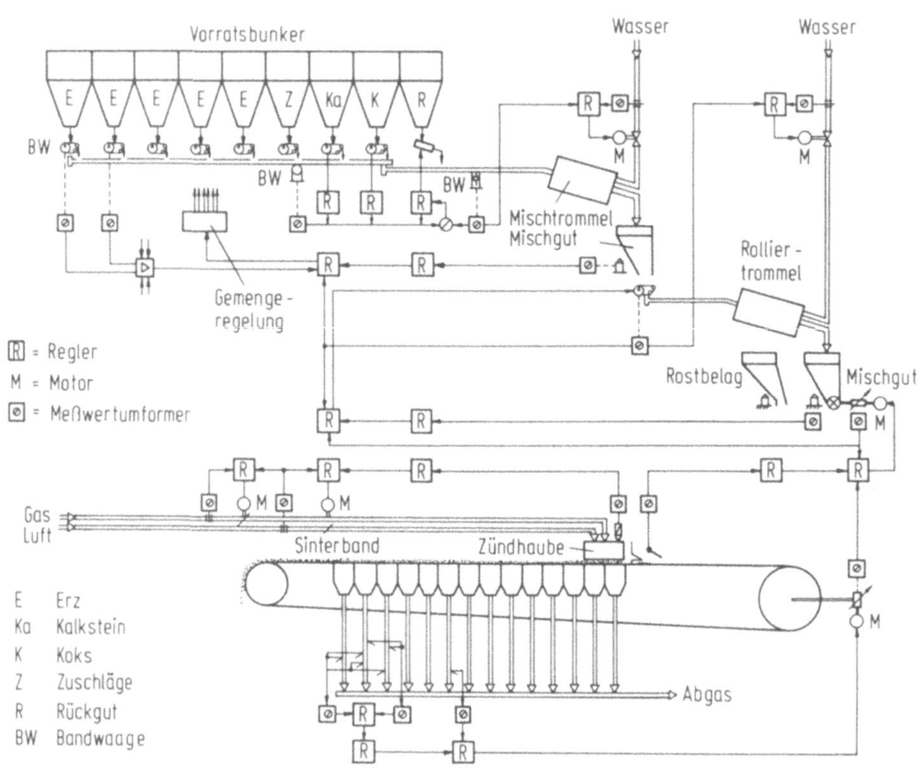

Abb.2.3. Schema einer Sinterbandanlage mit Regelung

In Abb.2.3 ist das Regelschema einer derartigen Anlage dargestellt.
Im oberen Teil ist die Gemengeregelung dargestellt. Sie hat die Aufgabe, sowohl die gewünschten Werte der Erzanteile, als auch der
Rückgut- und Koksanteile des Mischgutes bei veränderlichem Druck
gleichzuhalten. Ferner ist im oberen Teil die Wasserzusatzregelung
für die Mischtrommel und die Rolliertrommel dargestellt. Sie hält
den Wasserzusatz im Mischgut konstant, damit eine größtmögliche Luftdurchlässigkeit der Schicht auf dem Sinterband erreicht wird. Der Was-

serzusatz ist abhängig von der Feuchte und den physikalischen Eigenschaften der Mischungskomponenten. Die Gesamtfeuchtigkeit ist für die
Gasdurchlässigkeit der Mischung bestimmend. Im allgemeinen nimmt die
Gasdurchlässigkeit einer Sintermischung mit steigendem Wasserzusatz
bis zu einem Bestwert zu, und wird danach wieder geringer. Zur Feuch-
tigkeitsmessung werden Einzel- und Sondenmeßtechniken angewandt.

Das Neutronen-Sinterverfahren eignet sich besonders gut, den Feucht-
gehalt einer Zweischichten-Sinteranlage zu ermitteln. Hierzu wird das
Sinterband mit einer brennstoffärmeren Unter- und mit einer brennstoff-
reicheren Oberschicht aus getrennten Mischwegen versorgt [11]. Es werden hierbei mehrere Stellen geprüft, da nur solche Meßstellen geeignet
sind, an denen eine bestimmte Prüfgutbreite und -tiefe sowie eine ebene Gutoberfläche vorhanden ist (Abb.2.4 und 2.5).

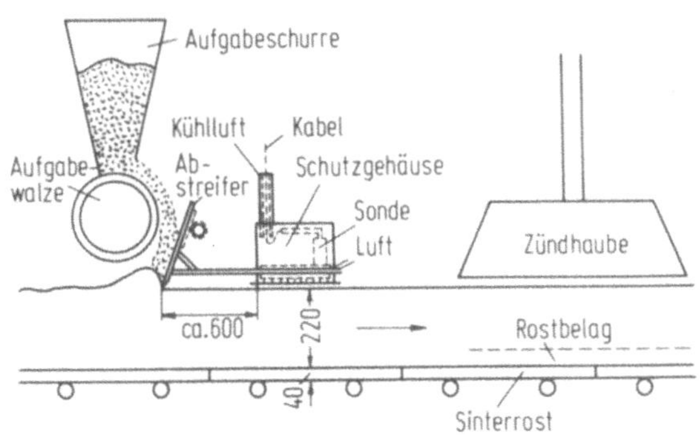

Abb.2.4. Anordnung der Sonde über dem Sinterband [11]

Die besten Ergebnisse erhält man mit einer Sonde, die direkt auf die
Außenwand des Aufgabebunkers gebracht ist. Auf diese Weise konnte die
Feuchtigkeit der untersuchten Minetmischung innerhalb eines Streubereichs von ±0,478% H_2O gehalten werden [11]. Änderungen des Nässege-
haltes innerhalb dieses Streubereichs hatten keinen nachteiligen Einfluß auf die Betriebsergebnisse. Im Mittelteil von Abb.2.3 ist die
Regelung der Zündhaube dargestellt, die die zur Zündung des Brenn-
stoffes erforderliche Temperatur in der Sintermischung aufrecht erhält. Im unteren Teil von Abb.2.3 ist die Einrichtung zur Regelung
des Durchbrennpunktes zu erkennen. Sie erfolgt durch Verstellen der
Bandgeschwindigkeit, die für die Optimierung der möglichen Sinterleistung wesentlich ist. Die bestmögliche Lage des Durchbrennpunktes wird
bestimmt, indem man die Abgastemperaturen in den letzten Saugkästen
als Regelgröße heranzieht und damit die optimale Bandgeschwindigkeit

einstellt. Als Hilfsregelgröße wird die Abgastemperatur in einem weiter vorne liegenden Saugkasten benutzt.

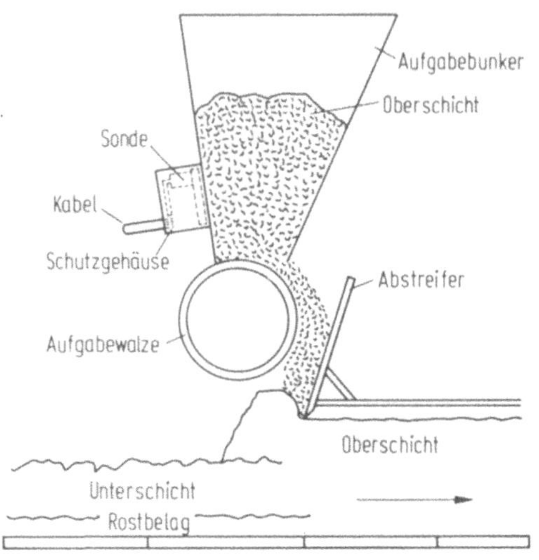

Abb.2.5. Anbringung der Sonde am Aufgabebunker [11]

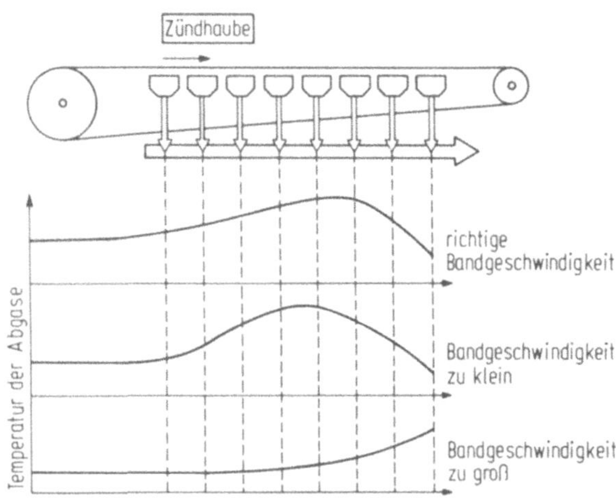

Abb.2.6. Beispiel für den Temperaturverlauf in den Absaugkästen des
Sinterbandes [12]

Abb.2.6 zeigt typische Temperaturverläufe. Der Durchbrennpunkt wird
möglichst nahe an das Bandende gelegt. Auf diese Weise wird die Saug-
fläche und die damit mögliche Sinterleistung voll ausgenutzt. Dabei
muß aber sowohl eine unvollständige Durchsinterung als auch eine Überlastung des nachgeschalteten Sinterkühlers durch Verschieben des Temperaturmaximums an das Bandende verhindert werden [10].

Die Abgastemperatur-Verteilung in den Saugkästen des Sinterbandes
zeigt an, in welchem Zeitpunkt das Wasser aus der Mischung vollständig ausgetrieben ist und sich die Wärmewelle durch die Sintermischung,
den Rostbelag und die Roststäbe fortgepflanzt hat (Maximum der Abgastemperatur). Der Sintervorgang wird aber nun während der Temperaturerhöhung des Abgases beendet. Der Sinter kann deshalb bereits vor Erreichen der höchsten Abgastemperatur abgeworfen werden, wenn die Mischung über die ganze Breite des Sinterbandes mit gleichmäßiger Geschwindigkeit sintert. Hierbei kann jedoch die Komplikation eintreten,
daß sich beim Einfüllen der Sinterrohmischung in den Aufgabebunker ein
Schüttkegel bildet, der zur Entmischung des Sintergutes führt. Erfolgt
in diesem Fall ein gleichmäßiges Abziehen über den ganzen Bunkerquer-
schnitt, bleibt die Entmischung auf dem Sinterband bestehen. Durch das
gröbere Gut an den Seiten des Bandes ist die senkrechte Sintergeschwindigkeit höher als in der Mitte des Bandes. Die Brennfront ist gekrümmt,
der Sinter ist an den Seiten früher durchgebrannt als zur Bandmitte
hin. Durch besondere Maßnahmen kann jedoch eine Entmischung weitgehend
verhindert werden; die Brennfront wird dadurch gleichmäßiger.

Der Erfassung der Temperatur am Ende des Sinterbandes sind meßtechnische Grenzen gesetzt. Eine Verbesserung kann dadurch erreicht werden,
daß nicht die mittlere Temperatur über die Breite des Bandes, sondern
eine für das ungleichmäßige Durchbrennen charakteristische Einzeltem-
peratur am Rand gemessen wird. Durch eine solche Verschiebung kann
eine Verbesserung der Sinterband-Geschwindigkeitsregelung in Richtung
optimaler Leistung erreicht werden [13].

Die größte Sinterleistung könnte theoretisch erzielt werden, wenn das
Sintergut bereits von der Maschine abgeworfen würde, sobald die Sin-
terzone den Rostbelag an der am weitesten gesinterten Stelle erreicht
hat. Da die Verbrennungsfront gekrümmt ist, würde bei dieser Arbeitsweise an den übrigen Stellen jedoch ungesinterte Mischung abgeworfen,
so daß Schwierigkeiten bei der Absiebung und Kühlung des Sinters zu
befürchten sind. Aus diesem Grunde wird die Sinterbandgeschwindigkeit
im allgemeinen so eingestellt, daß die Sinterung über die ganze Breite der Maschine annähernd auf den Rostbelag treffen kann. Aus der Temperaturverteilung kann dieser Augenblick jedoch nicht ermittelt werden.
Wird die Bandgeschwindigkeit nach der Lage des Temperaturmaximums geregelt und erfolgt der Abwurf vor Erreichen der Höchsttemperatur, dann
besteht ferner die Schwierigkeit, daß der Zeitpunkt bis zur Höchsttemperatur nicht abgewartet werden kann, so daß der Ort des Maximums
berechnet werden muß.

Zwei Beispiele seien genannt.

1. Wird unterstellt, daß die Temperaturkurve im Bereich des Höchst-
   wertes eine Parabelform beschreibt, dann kann das Maximum mit hin-
   reichender Genauigkeit bis an die letzte Meßstelle verlegt werden.

2. Es wird die Gleichung der Temperaturkurve berechnet. Während jedoch
   im ersten Fall nur 3 Meßstellen eingerichtet werden müssen, um den
   Scheitelpunkt der Parabel zu bestimmen, setzt das zweite Verfahren
   die Ermittlung vieler Temperaturwerte und den Einsatz eines Rechners voraus.

Wie bereits gesagt, ist die übliche Führungsgröße die Temperatur in
bestimmten Absaugkästen. Diese Führungsgröße kann jedoch zu Instabilitäten innerhalb des Regelkreises führen, da bei Annahme eines konstanten Wärmezustandes des Sintervorganges die Höhe des auftretenden
Maximums unabhängig von der absoluten Sintergeschwindigkeit ist. Ändert sich der Wärmehaushalt der Mischung, z.B. durch einen höheren
Koksanteil, so wird das gesamte Temperaturniveau erhöht, ohne daß sich
die Lage des Maximums verschiebt. Die Abgastemperatur in irgendeinem
Saugkasten ist demnach nicht als Führungsgröße geeignet, da sie vom
Temperaturniveau abhängt [13]. Als Führungsgröße wird deshalb die
Steigung des Temperaturprofils, die sich durch die Temperaturdifferenz
zweier Saugkästen ergibt, benutzt. Mit der beschriebenen Regelanord-
nung konnten Leistungssteigerungen bis 17% erzielt werden.

Aus Abb.2.7 kann weiterhin ersehen werden, daß bei gleicher Lage des
Maximums trotz unterschiedlichen Temperaturniveaus der Anstieg der
beiden Kurven IA und IB gleich ist. Ein Eingriff in die Bandgeschwin-
digkeits-Regelung kann also nicht vorgenommen werden.

Eine wichtige Größe für die Automatisierung einer Sinteranlage ist die
Rückgutbilanz. Ein Sinterprozeß kann nur dann über längere Zeit geführt
werden, wenn die Rückgutbilanz ausgeglichen ist, d.h., wenn in einem
bestimmten Zeitabschnitt stets soviel Rückgut eingesetzt wird, wie an-
fällt [14]. Andererseits hängen Rückguteinsatz R_E, Rückgutanfall R_A
und der Kokssatz K zusammen.

Ein gewisser Rückgutanteil ist für den Sinterprozeß sogar förderlich,
weil er die Sintermischung auflockert und die Luftdurchlässigkeit verbessert. Der Rückguteinsatz ist aber auch als Maß für die Sinterfestigkeit und Fertigsinterleistung interpretierbar [15,16].

Um die gewünschten Werte für Sinterleistung, Eigenschaften und Herstellungskosten des Sinters zu erreichen, muß die Schichthöhe, der
Rückguteinsatz und der Kokssatz entsprechend eingestellt werden. Wird
hohe Leistung im Betrieb gewünscht, sollte ein möglichst niedriger
Rückgutumlauf angestrebt werden. Zusätzliche Maßnahmen, wie ein Zer-
kleinern des Sinters zur Erhöhung des Rückgutanfalls können sich nur
nachteilig auswirken [17].

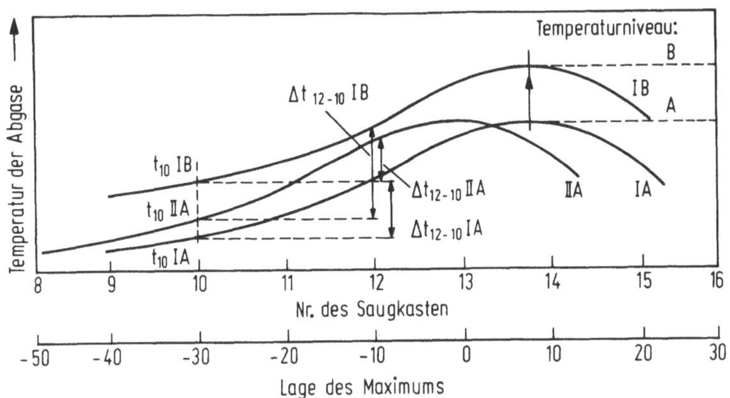

Abb.2.7. Verlauf der Abgastemperatur über die Länge des Sinterbandes
[13].

Um eine optimale Sinterleistung automatisch einstellen zu können, sind
in den meisten Anlagen genügend Erfahrungswerte für die Höhe des Rück-
guteinsatzes bekannt [7].

In Abb.2.8 ist eine Bandsinteranlage dargestellt, die außer der Mi-
schungs- und Durchbrennpunktregelung eine Rückgut-Koksautomatik enthält. Als einziger Meßwert für die Automatik wird die Füllung des
Rückgutbunkers benötigt. In dieser Weise können alle Anlagen ausgerüstet werden, deren Rückgutbunker mit einer Bunkerwaage oder einer
Füllhöhen-Meßeinrichtung versehen ist [10].

Sollen alle Parameter zur Führung einer Sinteranlage optimal ermittelt
werden, reichen regelungstechnische Einzeleinrichtungen nicht mehr aus;
es muß dann ein digitaler Prozeßrechner eingesetzt werden. Bei Einsatz
eines Prozeßrechners zur Führung einer Sinteranlage ist sogar zu berücksichtigen, daß die Vorstellungen über die optimale Sintergüte teilweise noch auseinandergehen [13]. Es gibt jedoch eine Anzahl von Stan-
dard-Einsatzmöglichkeiten des Prozeßrechners bei solchen Anlagen.

Um z.B. die Zusammensetzung eines Sinters konstant zu halten, können
mit Hilfe einer selbsttätig arbeitenden Röntgenfluoreszenz-Analysen-
einrichtung einem Prozeß, der im On-line-closed-loop-Betrieb mit der
Sinteranlage gekoppelt ist, die entsprechenden Meß- und Analysenwerte
zugeführt werden. Der Rechner beaufschlagt die Sollwertsteller oder
Stellglieder und sorgt auch bei schwankenden Komponenten für eine
richtige Mischungszusammenstellung. Der für den Rechner gewählte Mo-
dellansatz richtet sich nach den verlangten Zielgrößen [12,18], wie
z.B. Fertigsinterproduktion, ausgeglichene Rückgutbilanz, auf den
Kokssatz bezogene Fertigsinterproduktion.

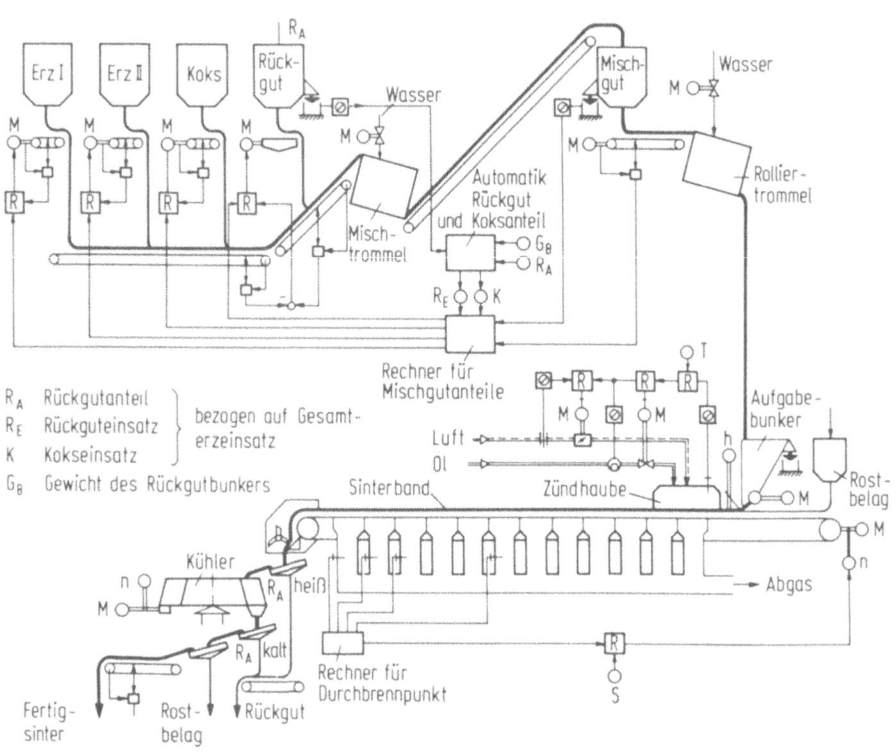

Abb.2.8. Schema einer Sinterbandanlage mit Automatik für die Führung
des Rückgut- und des Koksanteils [10]

Die gewünschten Optimierungsgrößen werden durch einen Produktansatz
dargestellt. Die Koeffizienten des Ansatzes werden über eine Regres-
sionsrechnung bestimmt. So stehen etwa zur Beeinflussung der auf den
Kokseinsatz bezogenen Fertigsinterproduktion zwei Einflußgrößen zur
Verfügung, nämlich Schichthöhe und Rückguteinsatz oder auch Schichthöhe und Kokssatz.

Soll ein Sinterband bezüglich der Sollwerte für die Fertigsinterproduktion und die Sinterfestigkeit geführt werden, muß die Sinterfestigkeit fortlaufend gemessen werden. Zur Sollwertberechnung der beiden
Stellgrößen Rückgutsatz x und Schichthöhe h sind zwei Modellgleichun-
gen erforderlich. Die errechneten Sollwerte werden vom Rechner den
Sollwertstellern der Regler aufgeschaltet. Der Kokssatz wird in Abhängigkeit vom Rückgutsatz so geregelt, daß die Rückgutbilanz ausgeglichen ist.

Dies kann durch eine analoge Regelung oder durch den Prozeßrechner
veranlaßt werden. Im letzteren Fall wird dem Rechner in Abhängigkeit
vom Rückgutbunker-Stand nach berechnetem Rückgutsatz der Kokssatz
vorgegeben und zwar entweder wie bei der Analogschaltung aufgrund
fest programmierter Zuordnungen oder aufgrund eines die Abhängigkei-
ten beschreibenden Modellansatzes [12]. In Abb.2.9 werden diese Zusammenhänge verdeutlicht.

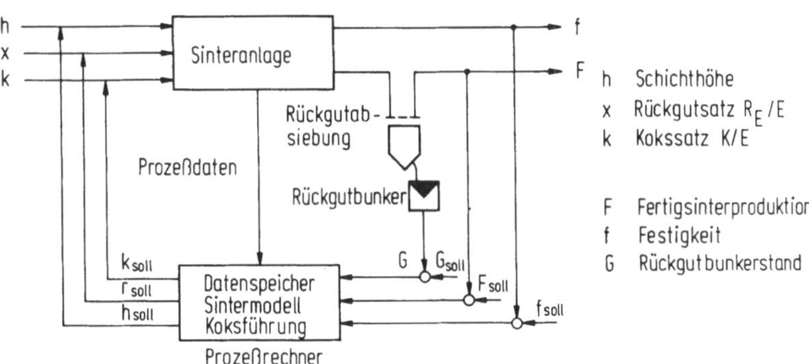

Abb.2.9. Führung des Sinterprozesses mit einem Prozeßrechner [12]

Zusammenfassend kann gesagt werden, daß die selbsttätige Prozeßführung
mit Hilfe eines Prozeßrechners durch Auffinden und Einhalten optimaler
Betriebspunkte bei Einhaltung einer gleichbleibenden Qualität und Verringerung des spezifischen Brennstoffverbrauchs nur zu einer geringen
Steigerung der Produktion führt.

2.3 Energienetze

2.3.1 Energieträger

In Eisenhüttenbetrieben werden feste, flüssige und gasförmige Brennstoffe verwendet. Im wesentlichen sollen hier als Energieträger Koksgas, Gichtgas, Erdgas, Sauerstoff und Elektrizität betrachtet werden.

Koksgas ist das in der Kokerei gewonnene Gas. Es wird von Beimengungen,
wie Staub, Teer, Schwefelwasserstoff usw. gereinigt. Die Beschaffenheit der Kohle und die Höhe der Temperatur im Koksofen bestimmen die
Beschaffenheit des Koksgases. Je größer z.B. der Sauerstoffgehalt des
Rohstoffes ist, desto größer ist der Anteil an Kohlenmonoxid oder Koh-
lendioxid im Gas.

Gichtgas oder Hochofengas ist ein Nebenprodukt des Hochofens. Im allgemeinen wird gewichtsmäßig mehr Gichtgas als Roheisen und Schlacke
aus dem Hochofen ausgebracht. Vor der Weiterverwendung muß Gichtgas
ebenso wie Koksgas gut gereinigt werden (z.B. mit Elektrofiltern). Je
geringer der spezifische Koksverbrauch ist, desto niedriger ist auch
der Heizwert des   Gichtgases, obwohl die direkte Reduktion unverän-
derlich bleibt oder sogar erhöht wird. Die verbesserte Möllervorbereit-
tung ist der Hauptgrund für die zurückgehenden Heizwerte, die derzeit
(1975) bei 3,8 bis 4,2 MJ/m^3 liegen [4].

Erdgas ist ein Naturgas, das von den Hüttenwerken durch Fremdanliefe-
rung bezogen wird. Es besteht zum größten Teil aus Methan und hat
einen Heizwert, der bei ca. 33,5 MJ/m^3 liegt [2].

Sauerstoff wird zum Teil in Eigenerzeugung hergestellt oder gelangt
durch Fremdbezug zum Einsatz in Hochöfen, Stahlwerken und bei Klein-
verbrauchern.

Der Bedarf an elektrischer Energie eines Hüttenwerkes wird im allgemeinen durch Eigenstromerzeugung gedeckt. Reicht diese zur Deckung
des Verbrauchs nicht aus, wird Energie zugekauft. Die Betriebsweise
der Eigenkraftwerke hängt vom jeweiligen Gesamtverbrauch des Hüttenwerkes ab.

2.3.2 Verbundsysteme

Die Hauptaufgabe der Energiewirtschaft eines Hüttenwerkes besteht darin, die einzelnen Abteilungen ausreichend und möglichst wirtschaftlich mit den benötigten Energien zu versorgen. Dazu dient ein Verbundsystem, das die erzeugenden Betriebe wie Kraftwerke, Kokereien, Hochöfen usw. untereinander und mit den Verbrauchern koppelt.

Abb.2.10 zeigt ein Energieverbundnetz der Hoesch Hüttenwerke AG. Mit
MGI und RAG sind die Sauerstoff und Koksofengas zuliefernden Gesell-
schaften bezeichnet [19].

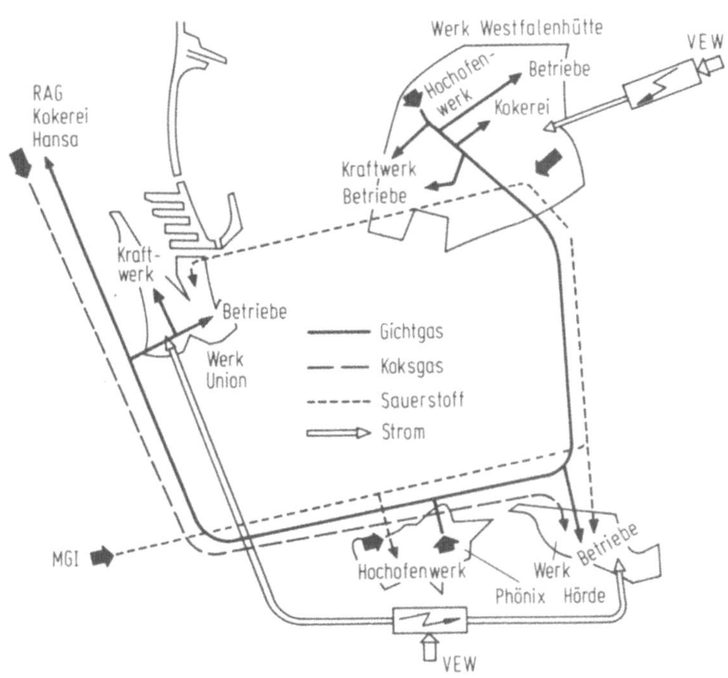

Abb.2.10. Energieverbund der Hoesch Hüttenwerke AG [19]

In Abb.2.11 ist ein weiteres Verbundsystem zwischen Hütte, Kokerei,
Zeche und chemischem Werk dargestellt. Hier erhält die Kokerei Gichtgas vom Hüttenwerk für die Unterfeuerung. Das Gichtgas reicht zum
Teil nicht aus, deshalb muß die Kokerei noch mit Starkgas beheizt
werden. Das Koksofengas gelangt zum größten Teil zur chemischen Verarbeitung des Kokses, wo NH_3, Naphtalin, Benzol und Sonstige Wert-
stoffe entzogen werden. Danach wird es über das Gasverteilungsnetz
(HD und ND) zu den verschiedenen Öfen geleitet.

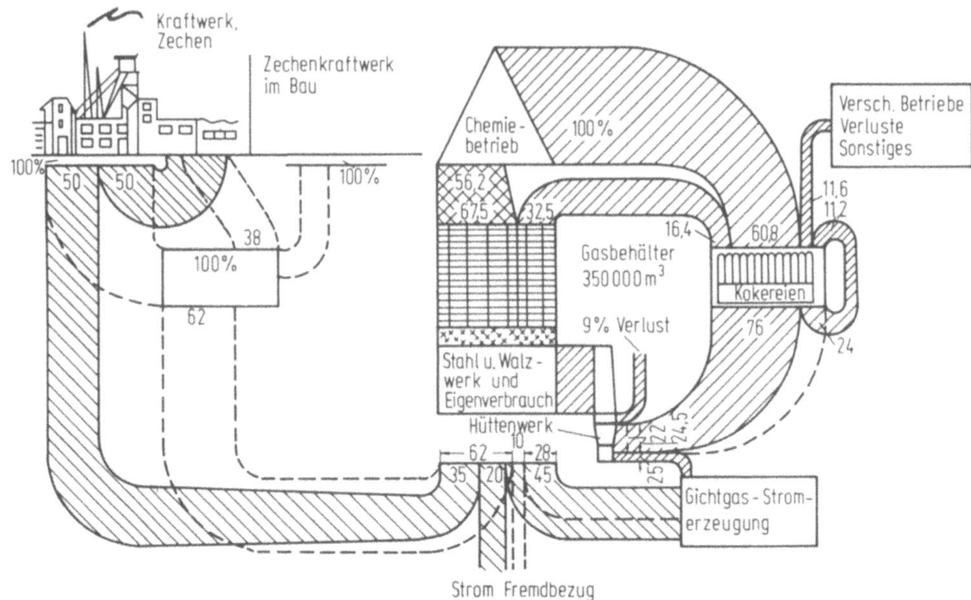

Abb.2.11. Verbundwirtschaft im Oberhausener Raum [4]

2.3.3 Optimierung und Simulation

Optimierung der Energieerzeugung und Energieverteilung

Zwischen den energieabgebenden und energieverbrauchenden Betrieben
in einem gemischten Hüttenwerk bestehen verwickelte Zusammenhänge,
die eine gute Koordination untereinander erfordern. Das ist für eine
wirtschaftliche Führung der Betriebe besonders wichtig. Neben der
wirtschaftlichen Seite spielt auch die Sicherheit der Versorgung eine
große Rolle. Die Bedeutung der Energiekosten in der Eisenhüttenindu-
strie wird deutlich durch die Höhe des Energiekostenanteils an den
Herstellungskosten gekennzeichnet [20].

Wie beschrieben, vermindert sich durch die starke Senkung des spezifischen Koksverbrauchs im Hochofen die anfallende Hochofengasmenge
und deren Heizwert, so daß die Bedeutung des Gichtgases für die Energiewirtschaft gemischter Hüttenwerke immer geringer wird. Die entstehende Energielücke muß durch Zukauf von Energie gedeckt werden. Dem
Unternehmen steht daher zur Senkung der Energiekosten neben der Verminderung des Energieverbrauchs durch technische Verbesserungen auch

die Möglichkeit des Einkaufs billiger Energieträger und einer ver-
brauchsgünstigen Energieverteilung offen.

Die Optimierungsüberlegungen können auf Brennstoffe beschränkt werden, da elektrische Energie aus technologischen und wirtschaftlichen
Gründen Brennstoffe in der Regel nicht ersetzen kann. Eine Energieop-
timierungsplanung muß, auf die Produktionsplanung aufbauend, die technologischen und qualitätsmäßigen Anforderungen an die Brennstoffe berücksichtigen.

2.3.4 Automatisierungsmöglichkeiten und Simulationsmodelle

Gichtgas ist als Hauptkuppelprodukt ein entscheidender Bestandteil
des Energiehaushalts im Hüttenbetrieb. Es muß für die meisten Anwen-
dungsfälle durch heizwertreiche Gase (Erdgas, Koksofengas) angereichert werden. Dadurch treten in den Rohrleitungssystemen Mischregel-
aufgaben auf. Hierbei kann sowohl der Heizwert als auch die Wobbe-Zahl
des Gases Regelgröße sein.

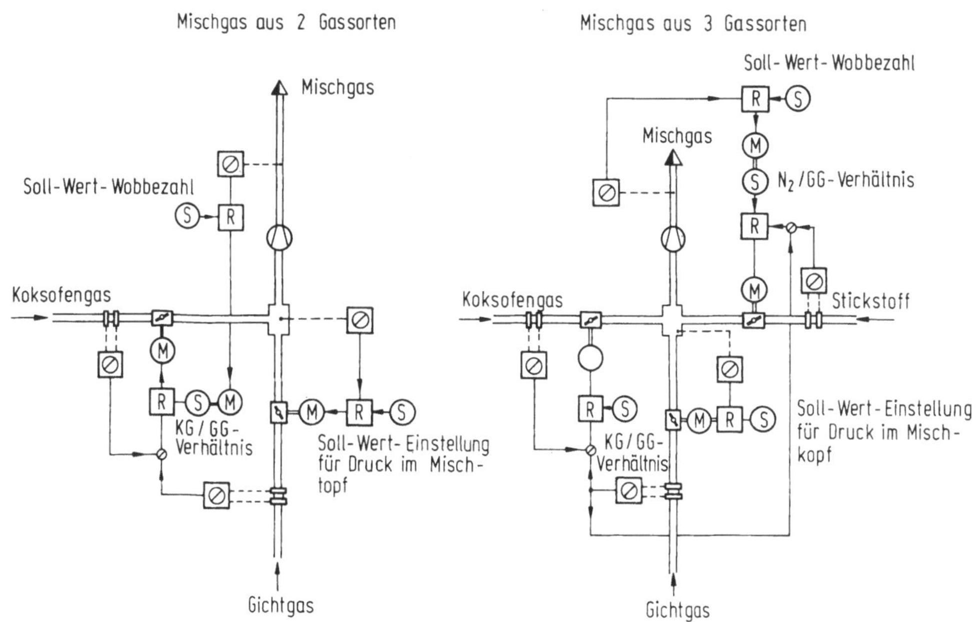

Abb.2.12. Wobbe-Zahl-Regelung von Gasgemischen [21]

Die Regelung eines Gases auf konstante Wobbe-Zahl geschieht in Gas-
mischanlagen. Dabei wird aus zwei oder mehr Gasen unterschiedlicher

und meist schwankender Wobbe-Zahlen ein Gemisch mit gewünschter und
gleichmäßiger Wobbe-Zahl hergestellt [21]. Abb.2.12 zeigt Regelsche-
men für Anlagen mit zwei bzw. drei Gasarten.

Treten im Regelsystem Belastungsschwankungen auf, so können eines oder
auch mehrere Einzelgase bis zur Grenze des möglichen oder gewünschten
Bereiches konstant gehalten werden und sich erst dann an der Belastung
beteiligen (Abb.2.13).

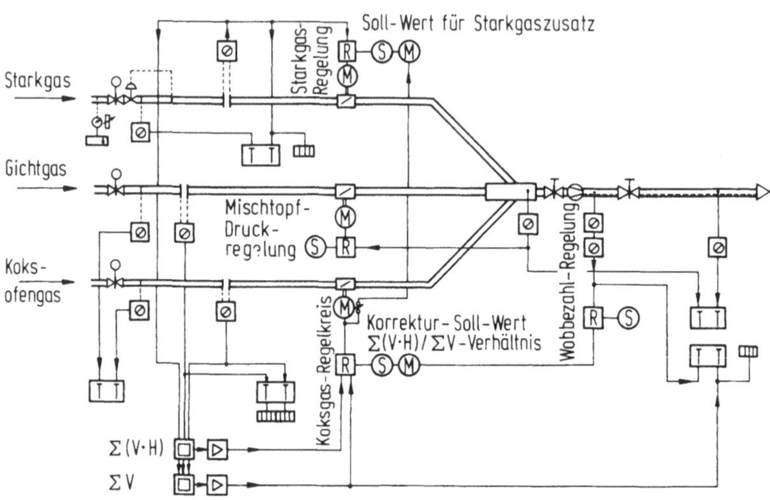

Abb.2.13. Wobbe-Zahl-Regelung von Gasgemischen bei veränderlicher
Belastung [21]

Gaszusammensetzung, Heizwert und Dichte eines Mischgases können in
weiten, aber auch in engen Grenzen schwanken. Die Wobbe-Zahl allein
erlaubt hierüber keine Rückschlüsse.

Bei der zunehmenden Verflechtung und Rationalisierung im Hüttenwerk
eröffnet der Einsatz von Prozeßrechneranlagen neue Möglichkeiten der
Kostenminimierung. Da es sich um sehr umfangreiche Anlagen handelt,
werden die Vorgänge in der Projektierungsphase solcher Anlagen in Modellen simuliert. Durch die Simulation können optimale Betriebsarten
bestimmt werden.

Hilfsmittel zur Simulation sind die Gleichungssysteme zur Beschreibung
der Anlage, die das methematische Modell des technologischen Prozesses
bilden. Die Gleichungssysteme haben häufig mehr Variable als Gleichungen. Der Überhang sind die Freiheitsgrade, die dadurch bedingt sind,
daß alle Variationsmöglichkeiten in das System aufgenommen werden
[22,23,24].

Ein anderes Beispiel ist die Optimierung der Brennstoffverteilung. Hierbei steuert ein Analogrechner sowohl die Gasverteilung in einem Hüttenwerk, als auch den Austausch zwischen Verbrauchern und Erzeugern [25]. Um die Planungsarbeiten zu rationalisieren, wurden die Simulationen von Rohrleitungssystemen auf dem Digitalrechner durchgeführt [26].

2.4 Heizwertregelung eines Mischgasnetzes

Bei der hier behandelten Anlage geht es darum, den Heizwert des Gases in einem Mischgasnetz von 4,2 MJ/m^3 auf 1% genau zu regeln. Gestört wird er durch Schwankungen von Menge und Heizwert des eingespeisten Hochofengases. Stellgröße ist im Normalfall die Menge des eingespeisten Koksgases. Falls das Koksgasnetz einen zu geringen Druck hat, soll zusätzlich Erdgas eingespeist werden. Es soll eine Regelkonzeption entwickelt werden, die die gestellten Genauigkeitsforderungen bei ausreichender Stabilität garantiert. Durch die Regelung soll der Heizwert des Mischgases und, falls möglich, der Druck im Koksgasnetz gehalten werden.

2.4.1 Beschreibung der Anlage

Ehe die Struktur des Systems beschrieben wird, soll zunächst das dynamische Verhalten von Gasrohrleitungen, aus denen die Strecke ja hauptsächlich besteht, untersucht werden.

Das untersuchte Element besteht aus einer Rohrleitung mit einer Drosselklappe am Eingang. Im stationären Betrieb wird genau so viel Gas bei der Drosselklappe zuströmen, wie bei der Austrittsöffnung ausströmt. Wird die Öffnung der Zuflußdrossen sprungartig vergrößert, so wird sofort die Zuflußmenge von Gas zunehmen. Der Druck im Rohrstück, insbesondere am Ende, kann sich aber nicht sprungförmig ändern, da eine Druckänderung bei konstanter Temperatur, wie sie herrschen möge, nur bei entsprechender Vergrößerung der Gasmenge, die aber nicht plötzlich erfolgen kann, möglich ist. Solange sich der Druck nicht ändert, bleibt die Austrittsmenge konstant. Ein verstärkter Zufluß aber führt im Rohr zu einer Druckerhöhung, was eine Vergrößerung der Austrittsmenge, aber eine Verringerung der Eintrittsmenge zur Folge hat.

Schließlich ist der Druck soweit gestiegen, daß Austritts- und Eintrittsmenge wieder übereinstimmen.

Man kann also Rohrleitungen dynamisch als Verzögerungsglieder 1. Ordnung mit Verstärkungsfaktor 1 auffassen.

2.4.2 Struktur der Regelkreise

In Abb.2.14 ist das Regelschaltbild der Anlage dargestellt, aus dem sich die Struktur der Mengenregelkreise ableiten läßt.

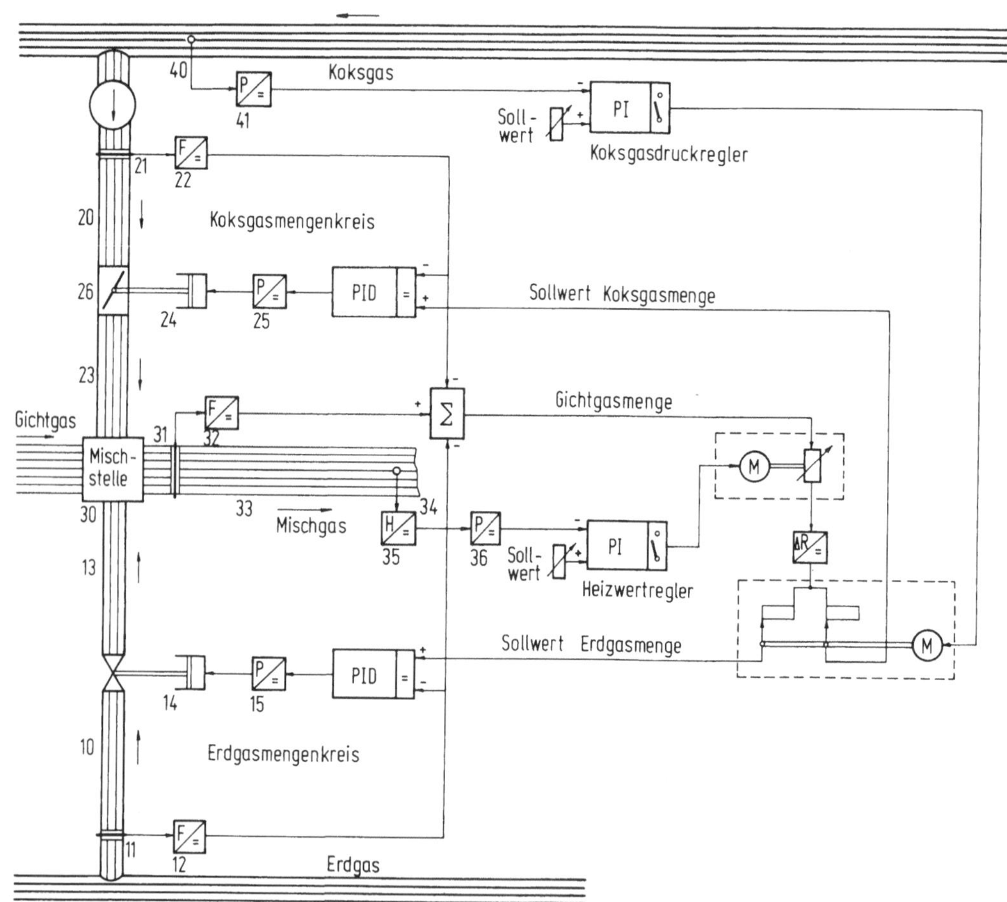

Abb.2.14. Heizwert-, Mengen- und Druckregelung (Regelschaltbild)

Auf den PID-Regler des Koksgasmengenkreises folgt ein elektrohydraulischer Stellenantrieb (Blöcke 25 und 24) mit einer Stellzeit von 6-8s.

Dynamisch wird der Antrieb durch ein VZ_1-Glied mit einer Zeitkonstante von 2,0s und ein Proportionalglied (Ventil) beschrieben. Der Stell-
antrieb verstellt die Krosselklappe 26, deren Stellung über einen
nichtlinearen Zusammenhang den Durchfluß im Rohr beeinflußt. Zwischen
Drosselklappe und Einspeisestelle, sowie zwischen Drosselklappe und
Meßfühler liegen die Rohrstücke 23, 20, welche durch VZ_1-Glieder mit
der Zeitkonstante T=2,5s beschrieben werden. Der Meßleitung 21 entspricht ein VZ_1-Glied mit T=0,8s und dem Meßsystem 22 ein VZ_1-Glied
mit T=1s. Die Differenz zwischen Sollwert und diesem Meßwert bildet
den Eingang des Reglers. Damit ist der Regelkreis geschlossen.

Der Erdgasmengenregelkreis ist im Prinzip genauso aufgebaut wie der
Koksgasmengenregelkreis. Anstelle der Drosselklappe wird wegen des
höheren Erdgasdrucks ein Ventil verwendet. Die Kombination von Gestän-
ge, Ventil und anschließendem Druckgefäß ergibt insgesamt näherungsweise eine lineare Kennlinie, die durch ein Proportionalglied dargestellt wird.

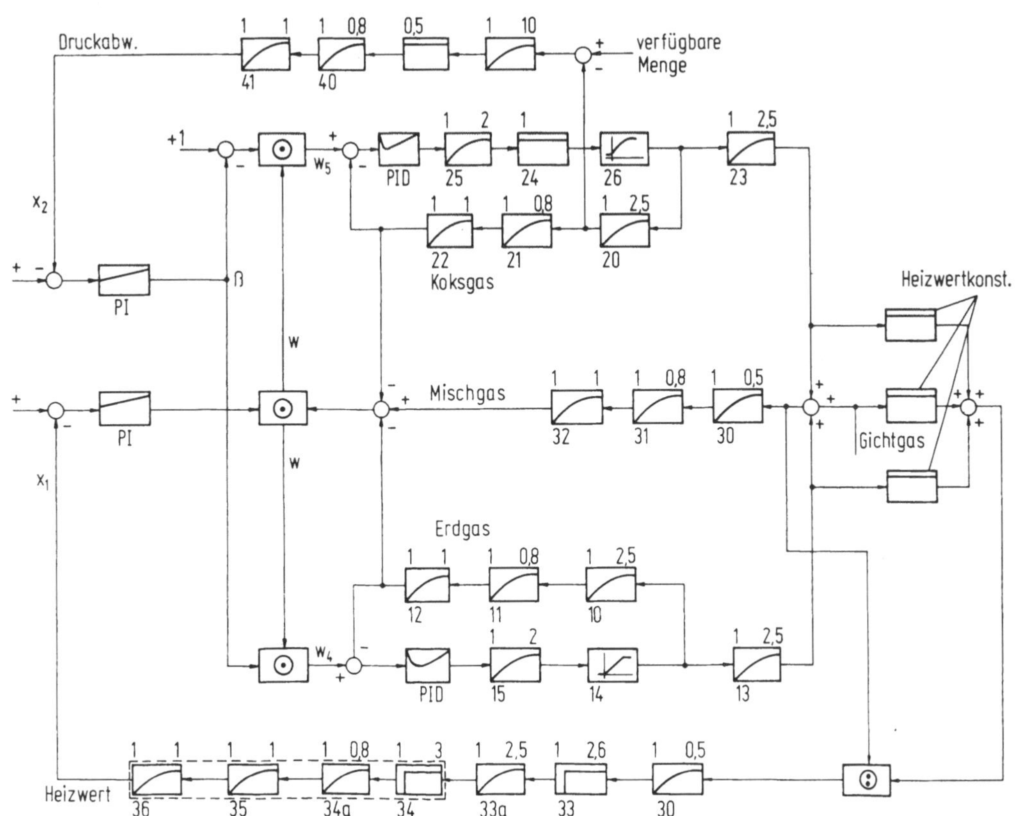

Abb.2.15. Heizwert-, Mengen- und Druckregelung (Strukturbild)

Mit diesen unterlagerten Mengenregelkreisen wird der übergeordnete Heizwertregelkreis beeinflußt. An der Mischstelle werden Gichtgas und Erdgas zusammengeführt. Direkt hinter der Mischstelle 30 (Abb.2.15), die durch ein VZ_1-Glied mit T=0,5s dargestellt ist, wird die Mischgasmenge gemessen. Das Meßsystem mit der Block- bzw. Symbolbezeichnung 31, 32 wird durch zwei VZ_1-Glieder mit den Zeitkonstanten T=0,8s und T=0,1s beschrieben.

In einer Rechenschaltung werden vom Meßwert der Mischgasmenge die Meßwerte von Koksgas- und Erdgasmenge abgezogen. Das Ergebnis liefert bis auf einen dynamischen Fehler durch unterschiedliche Verzögerung die Gichtgasmenge.

Der Heizwert des Mischgases ergibt sich mit den Bezeichnungen

F_G	Gichtgasdurchfluß	H_G	Gichtgasheizwert
F_K	Koksgasdurchfluß	H_K	Koksgasheizwert
F_E	Erdgasdurchfluß	H_E	Erdgasheizwert
F_M	Mischgasdurchfluß	H_M	Mischgasheizwert

und der Berücksichtigung der Heizwertbilanz (die Summe der Heizwerte vor der Mischung ist gleich den Heizwerten des Mischgases) aus der Beziehung $H_G F_G + H_K F_K + H_E F_E = H_M F_M$ zu:

$$H_M = (H_G F_G + H_K F_K + H_E F_E) F_M$$

Für das Strukturbild bedeutet das, daß die Mengen über Proportionalglieder geführt werden, deren Verstärkungsfaktor den verschiedenen Heizwerten entspricht. Nach der Summation wird der Wert durch den Wert der Mischgasmenge dividiert.

Die Durchmischung erfolgt kontinuierlich in der Mischgasleitung. Da das mit einfachen Mitteln nicht darzustellen ist, wird so verfahren, als sei der Endwert des Heizwertes schon in der Mischstelle vorhanden. Dieser Wert wird dann über die Strecke geführt (Abb.2.15). Auf den Dividierer folgt also die Mischstelle 30 (VZ_1-Glied mit T=0,5s), die Mischleitung 33 (VZ_1-Glied mit t=2,5s und Totzeit T_t=2,6s), anschließend das Meßsystem für den Heizwert, bestehend aus Meßleitung 34 (Totzeit T_t=3-5s, VZ_1-Glied mit T=0,5s) und Meßwertwandler Heizwert-Druck 35 (VZ_1-Glied mit T=1,0s) Meßwertwandler Druck-Strom 36 (VZ_1-Glied mit T=1,0s). Der Heizmeßwert wird dann mit dem Sollwert

verglichen, die Regelabweichung beeinflußt über den Regler die untergeordneten Kreise.

Schließlich gilt es noch, die Struktur des Druckregelkreises zu ent-
wickeln. Neben dem Heizwert soll auch der Druck im Koksgasnetz konstant gehalten werden. Um die Zusammenhänge zu erfassen, müßte eigent-
lich das gesamte Koksgasnetz mit Zuflüssen und Abflüssen nachgebildet
werden. Es wird jedoch mit einer Näherung gearbeitet.

Im stationären Fall herrsche Solldruck, der Zufluß ins Netz ist gleich
dem Abfluß. Es steht eine bestimmte Menge Koksgas zur Einspeisung in
das Mischgasnetz zur Verfügung. Wird mehr als diese Menge in das Mischgasnetz eingespeist, so wird sich zunächst der Druck erhöhen, was eine
Vergrößerung des Abflusses zur Folge hat. Wird aber der Abfluß größer,
so sinkt der Druck und zwar so lange, bis Zufluß und Abfluß übereinstimmen. Im umgekehrten Fall steigt der Druck. Der Druck verändert
sich natürlich nicht sprungförmig, sondern verzögert. Es liegt also
nahe, folgende Struktur zu wählen (Abb.2.15):

Eine verfügbare Koksgasmenge wird mit der ins Mischgasnetz eingespeisten Menge verglichen. Die Differenz der beiden Mengen wird auf ein
VZ_1-Glied mit T=10,0s geführt. Ein nachfolgendes Proportionalglied be-
sorgt den Zusammenhang zwischen Mengen- und Druckdifferenz.

Diese Struktur bildet also nicht den Druckverlauf, sondern den Verlauf der Druckabweichungen vom Sollwert nach. Der statische Zusammenhang zwischen Mengendifferenz und Druckdifferenz ist für die untersuchte Anlage gegeben durch

$$\frac{\Delta p/P_{max}}{\Delta F/F_{max}} = 0,48$$

Auf das Proportionalglied folgt das Meßsystem 40, 41 für den Koksgasdruck ($2VZ_1$-Glieder mit T=0,8s, bzw. T=1,0s). Danach kommt der Druck-
regler.

Falls sich die Gichtgasmenge, die nicht beeinflußt werden kann, ändert, muß die Addiermenge möglichst schnell geändert werden. Deshalb
läßt man die Gichtgasmenge multiplikativ in die Führungsgröße der Addiermenge eingehen, und sichert so die Proportionalität zwischen Gichtgas und Zusatzgas. Diese Vorregelung ist an sich nicht unbedingt erfor-

derlich, Schwankungen der Gichtgasmenge müßten andernfalls aber über die langsame Mischgasstrecke ausgeregelt werden.

Außer dem Heizwert des Mischgases soll auch der Druck im Koksgasnetz konstant gehalten werden. Die Beeinflussung dieses Druckes geschieht über die Koksgasmenge, die ins Mischgasnetz abgegeben wird. Falls nämlich der Druck absinkt, so kann durch Reduzierung der abgezogenen Koksgasmenge der Druck wieder auf den Sollwert gebracht werden. Um jedoch den Heizwert des Mischgases zu halten, muß Erdgas eingespeist werden.

Bei Überangebot von Koksgas (zu hoher Druck) kann nur soviel abgenommen werden, wie die Heizwertregelung erfordert. Bei Unterangebot von Koksgas (zu geringer Druck) kann die entnommene Menge höchstens zu Null gemacht werden. Dann wird nur Erdgas eingespeist. Es besteht somit ein linearer Zusammenhang zwischen Druck und abgezogener Menge, der jedoch auf den Bereich zwischen Null und der durch die Heizwertregelung benötigten Menge beschränkt ist. die Druckregelung ist also nur in Grenzen durch Reduzierung der Teilmenge möglich, die ins Mischgasnetz geht. Stellgröße für die Koksgasdruckregelung ist dabei der Übergang von Koksgas auf Erdgas [27].

Mit Hilfe der für die Anlage geltenden Daten läßt sich eine Analogsimulation durchführen, deren Ergebnisse im folgenden Abschnitt behandelt sind.

2.4.3 Durchführung der Rechnung und Diskussion der Ergebnisse

Bei der Heizwertregelung wird der Sollwert höchstens geringfügig verändert. Es kommt also nicht auf das Führungsverhalten, sondern auf gutes Störverhalten an. Deshalb blieb die Führungsgröße des Heizwertes während der ganzen Rechnung konstant, auf 4,2 MJ/m^3. Wichtig ist der Verlauf der Gichtgasmenge, die sich, bedingt durch wechselnde Luftzufuhr des Hochofens, äußerst schnell (mit einer Zeitkonstante von T=2s) und sehr stark (bis zu 25% des Maximalwertes) ändern kann. Hinzu kommt ein sich langsam ändernder Heizwert des Gichtgases. Eine Schwankung um 630 kJ/m^3 stellt sich etwa in 20 min ein.

Bei der Rechnung wurde für t=0 jeweils ein geschwungener Zustand mit eingeregeltem Heizwert und einer Gichtgasmenge von 50% des Normierungswertes, in diesem Fall $110 \cdot 10^3$ m^3/h angenommen. Dazu mußten die Integrierer mit entsprechenden Anfangswerten versehen werden.

Zur Darstellung einer Gichtgasmengenänderung um 25% des Maximalwertes wird der Ausgang eines VZ_1-Gliedes mit k=0,25 und T=2s zusätzlich auf den Eingang des Verstärkers geführt, der den Wert 0,5 entsprechend 50% des Normierungswertes abgibt.

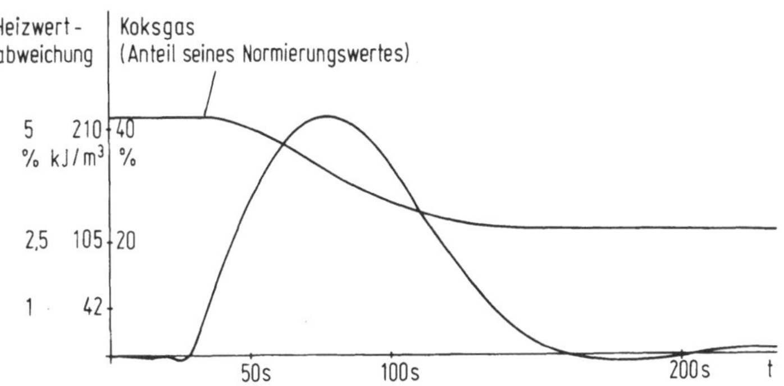

Abb.2.16. Gichtgasmenge konst. 50%; Gichtgasheizwert 3,35→4,2 MJ/m^3 (T=50s); kein Erdgas (Koksgasdruck $\geq$ Sollwert); Heizwertregler PI: k_R=0,13, T_N=2,5s

Abb.2.16 zeigt den Verlauf der Zeitfunktionen für konstante Gichtgasmenge bei einer Gichtgasheizwertänderung um +420 kJ/m^3 mit T=50s. Es wird kein Erdgas eingespeist. Die Heizwertabweichung des Mischgases, im weiteren kurz Heizwertabweichung genannt, beträgt maximal 5% vom Sollwert und ist für die Dauer von etwa 100s außerhalb des 1%-Streifens.

Abb.2.17 und 2.18 zeigen den Kurvenverlauf bei einer Gichtgasheizwertänderung um -420 kJ/m^3 mit T=50s mit 30s bzw. 20s Gesamttotzeit. Die Heizwertabweichung ist natürlich bei der kleineren Totzeit geringer und schneller abgebaut.

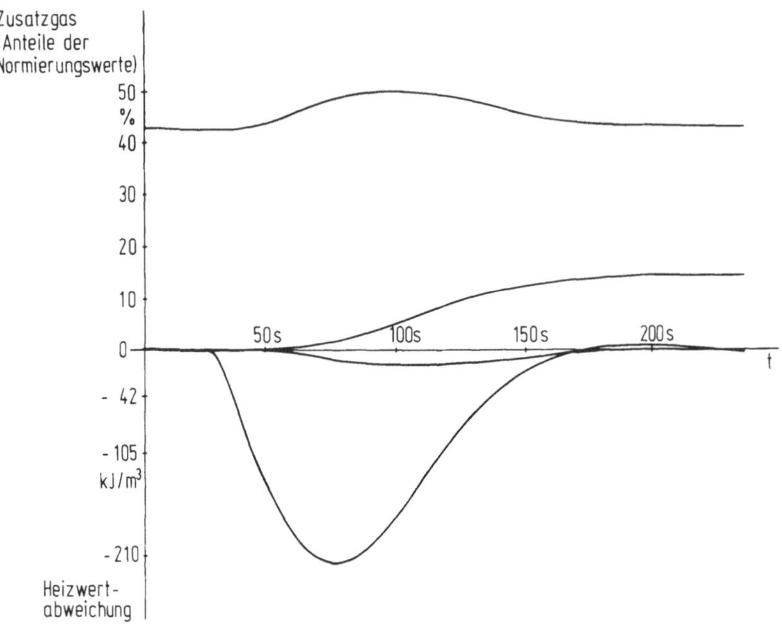

Abb.2.17. Gichtgasmenge konst. 50%; Gichtgasheizwert 3,35→2,9 MJ/m³ (T=50s); kein Erdgas (Koksgasdruck > Sollwert); Heizwertregler PI: k_R=0,13, T_N=2,5s; Gesamttotzeit T_t=30s

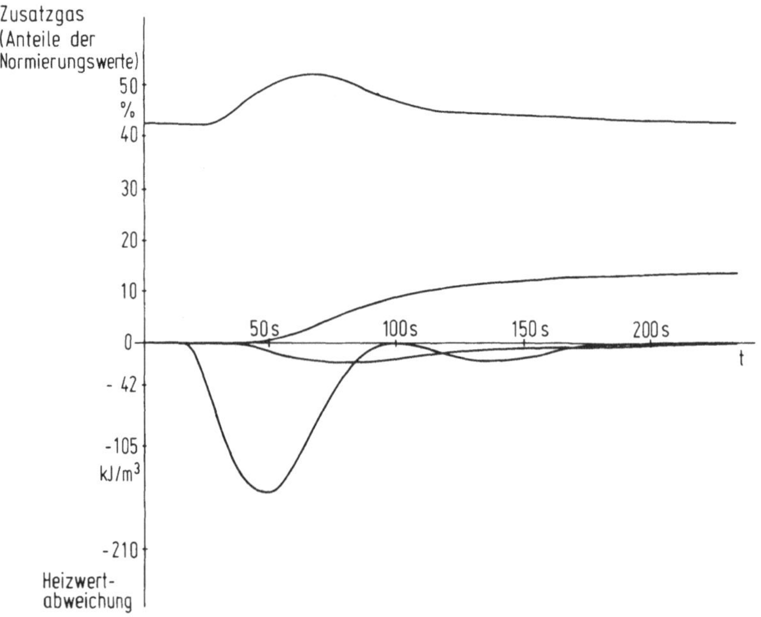

Abb.2.18. Gichtgasmenge konst. 50%; Gichtgasheizwert 3,35→2,9 MJ/m³ (T=50s); kein Erdgas (Koksgasdruck > Sollwert); Heizwertregler PI: k_R=0,13, T_N=2,5s; Gesamttotzeit T_t=20s

Abb.2.19 zeigt bei gleichbleibender Gichtgasmenge und konstantem
Heizwert die Verhältnisse bei fallendem Koksgasdruck. Die Regelung
verringert die eingespeiste Koksgasmenge und ersetzt sie durch Erdgas,
da der Erdgaskreis hier außerdem einen statischen Fehler von -5% be-
sitzt, wird das abgezogene Koksgas nicht voll ersetzt. Dies führt natürlich zu einer Heizwertabsenkung, die dann durch den Eingriff des
Heizwertreglers beseitigt wird. Die Druckabweichung wird bis auf Null
abgebaut.

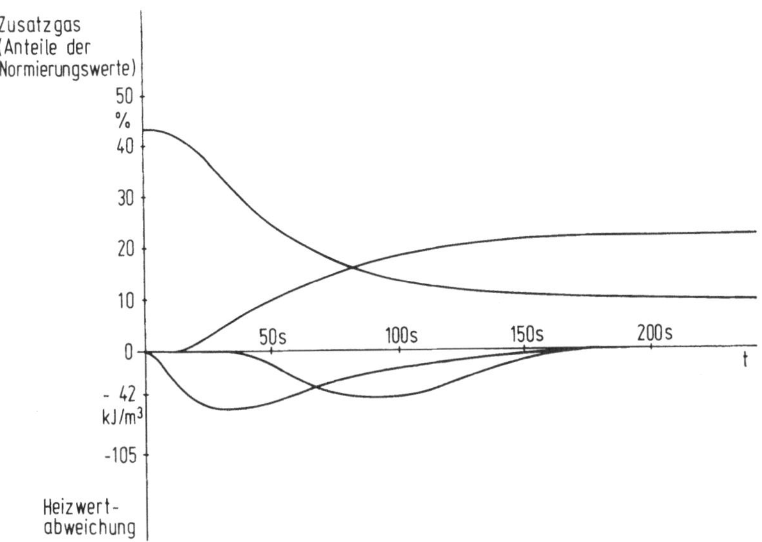

Abb.2.19. Gichtgasmenge konst. 50%; Gichtgasheizwert konstant; Druck-
abfall im Koksgasnetz reduziert Koksgasmenge; Erdgaskreis 5% statischer
Fehler; Heizwertregler PI: $k_R = 0{,}13$, $T_N = 2{,}5s$

Abb.2.20 vergleicht bei einer Gichtgasmengenänderung von 50% auf 75%
des Normierungswertes die Heizwertabweichung bei zwei verschiedenen
Heizwertreglern. Wenn sich nur die Gichtgasmenge ändert, dann wird -
abgesehen von einer kurzzeitigen Abweichung - der Heizwert durch die
Steuerung auf den Sollwert gehalten. Der Grund dafür liegt in der Verzögerung der Meßsysteme und der unterlagerten Mengenkreise.

Die Heizwertregelung ist dann unnötig, bzw. sogar schädlich, da der
Regler nach Ablauf der Totzeit Regelabweichungen verarbeitet, die
längst zu Null gemacht worden sind. Deshalb ist ein Regler mit geringer Verstärkung von Vorteil, da man in den soeben genannten Fällen den
Regler nicht abschalten kann.

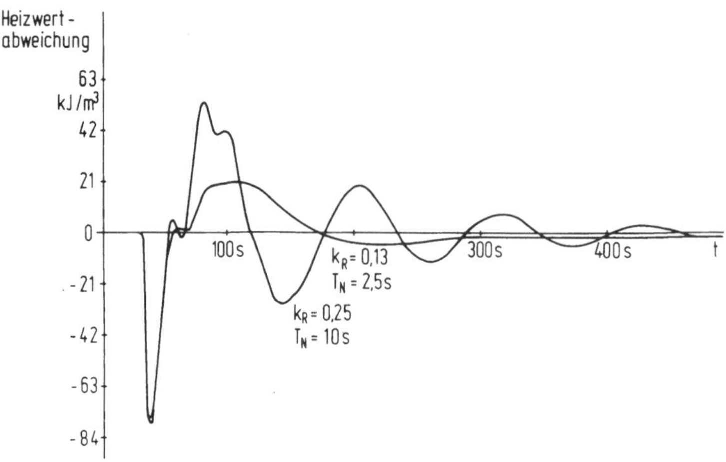

Abb.2.20. Gichtgasmengenänderung 50%→75% Max. (T=2s); Gichtgasheizwert konstant; Heizwertregler PI: zwei Einstellungen: a)k_R=0,13,
T_N=2,5s, b)k_R=0,25, T_N=10s; Aufschwingungen unterdrückt

Bei der Rechnung wurden die Anfangsschwingungen der Padé-Approximation
durch einen Schalter unterdrückt, der erst nach Ablauf der Totzeit
durchschaltete. Das war im Gegensatz zu den langsamen Gichtgasheiz-
wertänderungen sinnvoll, da ein schmaler Impuls, wie er bei Gichtgas-
mengenänderungen auftritt, wesentlich größere Anfangsschwingungen aufweist. Wie man sieht, zeigt der Regler mit der geringeren Verstärkung
das erwartete Ergebnis.

Abb.2.21 und Abb.2.22 zeigen den dazugehörigen Kurvenverlauf der übrigen Größen. Auffallend ist die kurzfristige Aufhaltung der Koksgas-
verminderung durch den Heizwertregler.

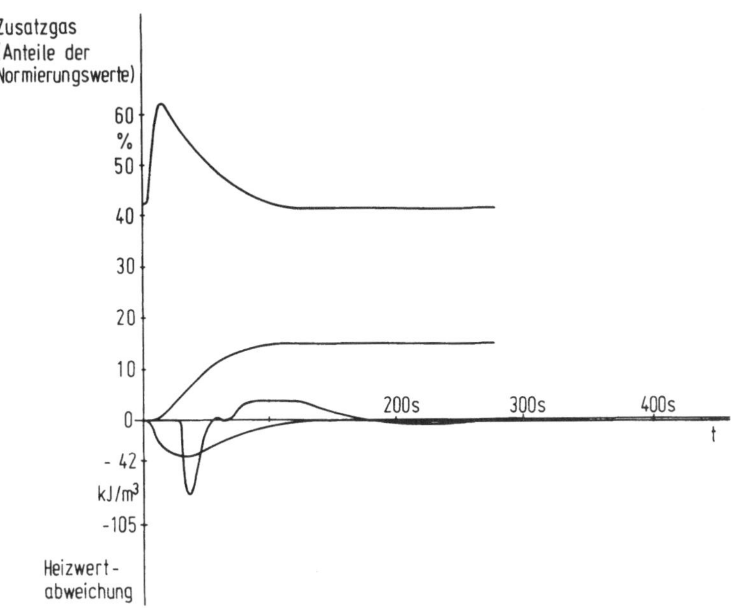

Abb.2.21. Gichtgasmenge 50%→75% Max. (T=2s); Gichtgasheizwert konstant;
Koksgas- und Erdgaszusatzeinspeisung; Heizwertregler PI: k_R=0,13,
T_N=2,5s; Anfangsschwingung unterdrückt

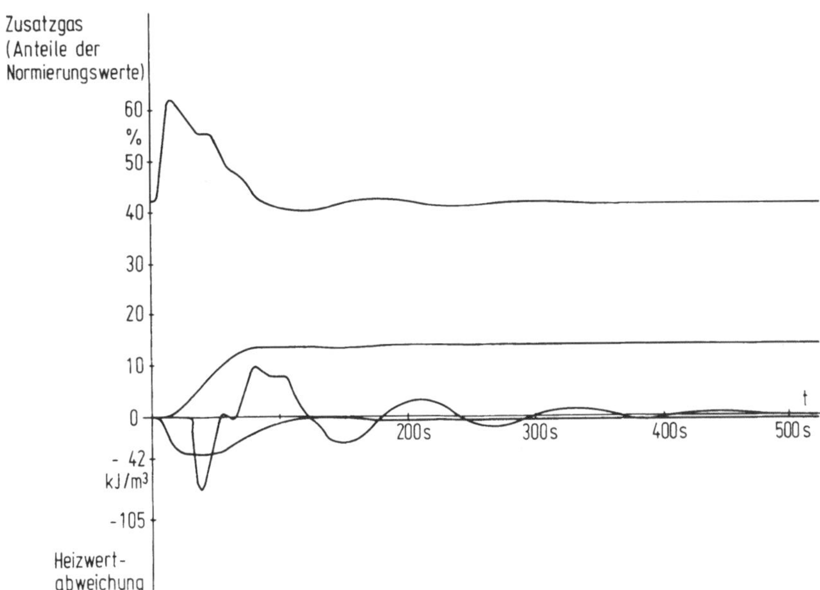

Abb.2.22. Gichtgasmenge 50%→75% Max. (T=2s); Gichtgasheizwert konstant;
Koksgas- und Erdgaszusatzeinspeisung; Heizwertregler PI: k_R=0,25,
T_N=10s; Anfangsschwingung unterdrückt

2.5 Simulation eines Niederdruckgasnetzes

2.5.1 Einführung

Dynamische Probleme bei der Verteilung von Energiegas in Rohrleitungs-
netzes spielen für die optimale Führung solcher Netze eine bedeutende
Rolle. Um das dynamische Verhalten eines Gasnetzes günstig gestalten
zu können, ist es vorteilhaft, das Netz schon bei der Projektierung
mit seinen wesentlichen Eigenschaften zu simulieren.

Als erstes bietet sich dabei die bewährte Methode der Simulation mit
einem Analogrechner an. Dazu ist jedoch zu sagen, daß bei größeren
Gasnetzes die Simulation zu äußerst umfangreichen Analogrechnerschal-
tungen führt. Oft ist aus diesem Grund eine Nachbildung des Rohrlei-
tungsnetzes nicht möglich. Daher zieht man die Simulation auf einem
Digitalrechner vor. Ein weiterer Vorteil der digitalen Simulation liegt
darin, daß sich wegen der entfallenden Normierung sehr schnell ein Si-
mulationsprogramm für ein beliebiges Gasnetz erstellen läßt. Nachteilig bei der digitalen Simulation gegenüber der analogen Simulation
sind die größere Rechenzeit und die damit verbundene kleinere Itera-
tionsgeschwindigkeit, sowie die heute noch größtenteils fehlende Möglichkeit, direkt in die Rechnung einzugreifen. Die beiden Grundbau-
steine der digitalen Simulation eines Gasnetzes sind die Rohr- und die
Widerstands-Prozedur. Die Rohr-Prozedur bildet das Verhalten eines
Gasrohres nach mit jeweils einem Ventil am Rohrausgang und Rohreingang.
Zusätzlich auftretende Ventile und Strömungswiderstände werden mit der
Widerstandsprozedur (Ventil) simuliert.

Das Programm für die Simulation eines speziellen Gasnetzes läßt sich
sehr einfach gewinnen, man muß nur entsprechend der topologischen Struktur des Gasnetzes die einzelnen Prozeduren aneinanderfügen. Zusätzlich
lassen sich zwanglos andere Prozeduren z.B. für Regler, Gebläse und
Ventildynamik erstellen und in die Simulation einbauen.

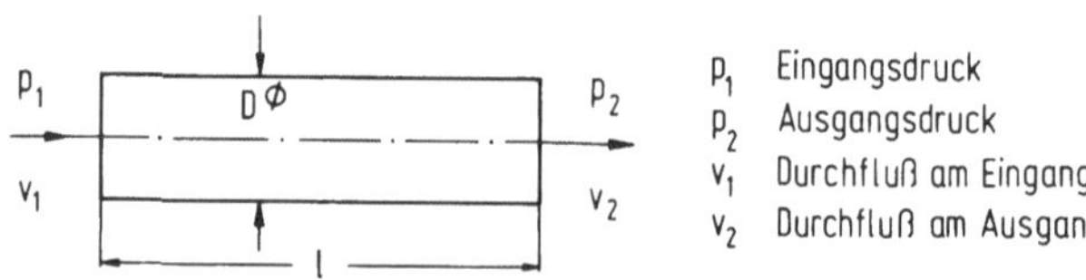

Abb.2.23. Gasrohr

2.5.2 Physikalische Grundlagen

Der Gastransport durch ein Rohrstück, Abb.2.23, wird mit Hilfe der Kontinuitätsgleichung und der Bewegungsgleichung beschrieben. Dabei wird wie in [28] die konvektive Beschleunigung vernachlässigt. Die Kontinuitätsgleichung gibt für ein Volumenelement des strömenden Gases den Zusammenhang zwischen Gasdichte und der Gasgeschwindigkeit q an. Für die zeitliche Massenänderung eines Volumenelementes erhält man angenähert (kleine Änderung der Dichte in Ausbreitungsrichtung x):

$$\frac{\partial m}{\partial t} = q \rho F - \left(q + \frac{\partial q}{\partial x} dx \right) \rho F \qquad (2.1)$$

Wird der Zusammenhang zwischen der Masse dm, der Rohrfläche F und der Gasdichte ρ

$$dm = \rho F dx$$

berücksichtigt, dann ergibt sich die Beziehung

$$- \frac{\partial \rho}{\partial t} = \rho \frac{\partial q}{\partial x} \qquad (2.1a)$$

Mit der Bewegungsgleichung kann man die differentielle Druckänderung $\partial p/\partial x$ in Abhängigkeit von der Gasgeschwindigkeit q angeben. In erster Näherung gilt (kleine Änderung der Geschwindigkeit in x-Richtung):

$$- \frac{\partial p}{\partial x} F dx = \frac{\partial q}{\partial t} F\rho dx + wqF dx \qquad (2.2)$$

Die rechte Seite von Gl.(2.2) besteht aus der Summe zweier Kräfte. Das erste Term entspricht der Beschleunigungskraft des Gases, der zweite Term stellt eine geschwindigkeitsabhängige Reibungskraft dar. Dabei ist der Reibungswiderstand w selbst geschwindigkeitsabhängig.

Vereinfacht läßt sich Gl.(2.2) schreiben

$$- \frac{\partial p}{\partial x} = \rho \frac{\partial q}{\partial t} + wq \qquad (2.2a)$$

Bei Niederdruckgasnetzes ist der mittlere absolute Gasdruck $\bar{p}$ und folglich auch die mittlere absolute $\bar{\rho}$ sehr viel größer als die auftretenden Druck- bzw. Dichteänderungen. Deshalb kann man in den Gl.(2.1a) und (2.2a) für ρ und p den festen Wert $\bar{\rho}$ bzw. $\bar{p}$ einsetzen. Da bei Gas-

rohren in der Regel nicht die Durchflußgeschwindigkeit sondern das
zeitbezogene Durchflußvolumen v, angegeben wird, soll in den Gl.(2.1a)
und (2.2a) die Geschwindigkeit q mit der Beziehung

$$v = D^2 \frac{\pi}{4} q \tag{2.3}$$

ersetzt werden. D ist der Rohrdurchmesser.

Die Gaszustandsleitung verknüpft die beiden Größen p und ρ. Es gilt
für ein ideales Gas

$$\frac{p}{\rho} = \text{const.} \tag{2.4}$$

Berücksichtigt man die Gl.(2.3) und (2.4) sowie die obige Näherung für
ρ und p, dann nehmen die Gl.(2.1a) und (2.2a) die nachstehende Form an.

$$- \frac{\partial p}{\partial t} = \frac{4\overline{p}}{\pi D^2} \frac{\partial v}{\partial x} \tag{2.1b}$$

$$- \frac{\partial p}{\partial x} = \frac{4\overline{\rho}}{\pi D^2} \frac{\partial v}{\partial t} + Wv \tag{2.2b}$$

wobei $$W = \frac{4}{\pi D^2} w$$ ist.

Für eine homogene elektrische Leitung (Abb.2.24) gelten die beiden
nachstehenden Gleichungen [29]:

$$- \frac{\partial u}{\partial t} = \frac{1}{C'} \frac{\partial i}{\partial x} \tag{2.5}$$

$$- \frac{\partial u}{\partial x} = L' \frac{\partial i}{\partial t} + R'i \tag{2.6}$$

Vergleicht man die Gl.(2.1b) mit Gl.(2.5) und Gl.(2.2b) mit Gl.(2.6),
so zwigt sich, daß die Gl.(2.1b) und (2.2b) die gleiche Struktur wie
die Gl.(2.5) und (2.6) besitzen.

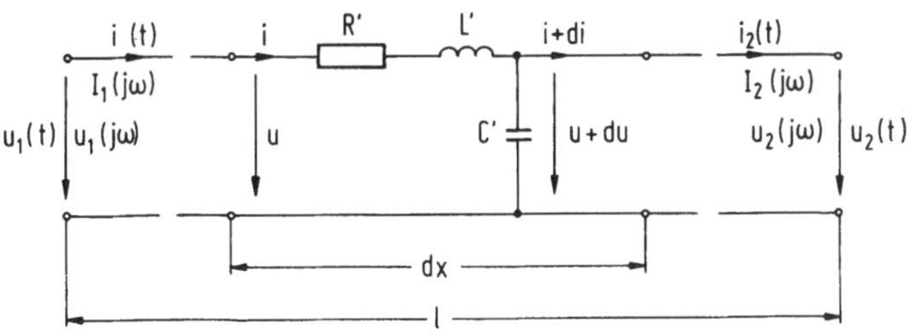

Abb.2.24. Homogene elektrische Leitung

Einem Gasrohr läßt sich somit näherungsweise eine analoge elektrische
Leitung zuordnen. Daher kann es auch mit den Methoden der elektrischen
Leitungstheorie behandelt werden, wenn man folgende Zuordnungen vor-
nimmt:

$$p = K_1 u \tag{2.7}$$

$$v = K_2 i \tag{2.8}$$

wählt man

$$K_1 = 0,1 \qquad \text{in } \frac{\text{mbar}}{\text{V}} \tag{2.9}$$

und

$$K_2 = 10^3 \qquad \text{in } \frac{\text{m}^3}{\text{h} \cdot \text{A}} \tag{2.10}$$

dann ergeben sich für die analogen Größen C' und L' nachstehende Zah-
lenwertgleichungen:

$$C' = 2,83 \frac{D^2}{\bar{p}} \qquad \text{in F/m}$$

D Durchmesser in m
$\bar{p}$ Druck in 10^{-4} bar $\tag{2.11}$

$$L' = 3,6 \cdot 10^{-2} \frac{\bar{\rho}}{D^2} \qquad \text{in H/m}$$

$\bar{\rho}$ Gasdichte in kg/m^3
D Durchmesser in m $\tag{2.12}$

Mit der Gl.(2.11) erhält man also die zugeordnete Kapazität C' in Faraday/Meter, wenn man den Rohrdurchmesser in m und den mittleren absoluten Rohrdruck in mbar einsetzt.

Im weiteren wird das Verhalten des flächenbezogenen Reibungswiderstandes W untersucht. Ausgehend von den Beziehungen in [30] erhält man für angenähert konstante Umgebungsbedingungen

$$W = \lambda \frac{8}{\pi^2} \frac{\bar{\rho}}{D^5} |v| \qquad (2.13)$$

wobei λ die Rohrreibungszahl ist. Die Größe der Rohrreibungszahl hängt von der Reynoldszahl Re und der Art der Strömung ab (Abb.2.25).

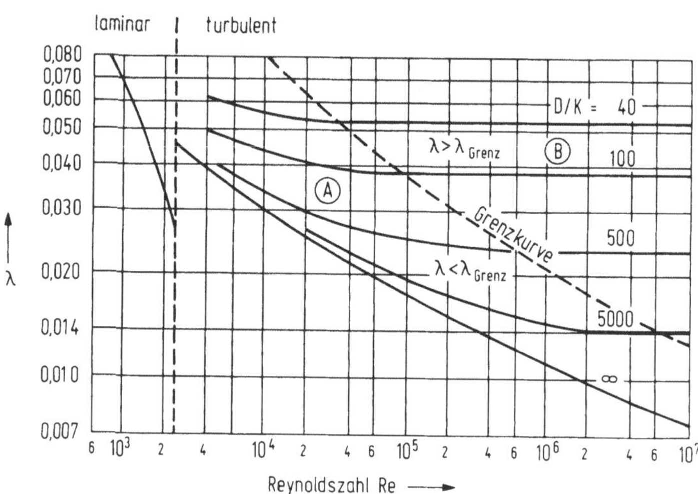

Abb.2.25. Abhängigkeit der Rohrreibungszahl

Der Literatur [30] entnehmen wir ferner:

$$Re = \frac{4}{\pi} \frac{\bar{\rho}}{D\eta} |v| \qquad (2.14)$$

η ist die dynamische Zähigkeit des Gases. Bis zur kritischen Reynoldszahl $Re \leqq Re_{krit} = 2320$ (laminare Strömung) gilt

$$\lambda = \frac{64}{Re} \qquad (2.15)$$

Für den häufigeren Fall, $Re > Re_{krit}$, ist λ abhängig von der Reynoldszahl und von dem Quotienten D/K, dabei ist K die Rohrrauhigkeit.
Das turbulente Gebiet der Reynoldszahl Re wird durch eine Grenzkurve

$$\lambda_{Grenz} = \frac{200}{Re} \frac{D}{K}^{\,2} \tag{2.16}$$

in zwei Bereiche A und B zerlegt (Abb.2.25).
Im Bereich A gilt für λ die Gleichung

$$\lambda = \frac{1}{\left(2 \, \lg \left(\dfrac{2,51}{Re\sqrt{\lambda}} + \dfrac{K}{D3,71}\right)\right)^2} \tag{2.17}$$

während im Bereich B

$$\lambda = \frac{1}{\left(2 \, \lg \dfrac{D}{K} + 1,14\right)^2} \tag{2.18}$$

ist.

Der analoge Leistungswiderstand R' errechnet sich mit folgender Zah-
lenwertgleichung:

$$R' = 6,38 \cdot 10^{-3} \lambda \, \frac{\overline{\rho}|v|}{D^5} \qquad \text{in } \Omega/m$$

$\overline{\rho}$ Gasdichte in kg/m^3
$|v|$ Durchfluß in $10^3 m^3/h$
D Durchmesser in m $\tag{2.19}$

Zur Bestimmung von λ muß die Reynoldszahl bekannt sein, für sie gilt:

$$Re = 3,6 \cdot 10^{-2} \, \frac{\overline{\rho}|v|}{D\eta}$$

$\overline{\rho}$ Gasdichte in kg/m^3
$|v|$ Durchfluß in $10^3 m^3/h$
D Durchmesser in m
η dyn. Zähigkeit in $10^1 kg/ms$ $\tag{2.20}$

Die Gasverteilung zwischen den einzelnen Rohren eines Gasnetzes wird
mit verstellbaren Ventilen vorgenommen. Für den Ventilwiderstand erhält man nach [27] die etwas umgeformte Beziehung

$$W_v = \xi \, \frac{8}{\pi^2} \, \frac{\overline{\rho}}{D^4} \, |v| \tag{2.21}$$

ξ ist die Widerstandszahl, die von der Winkelstellung des Ventils abhängig ist. In [27] ist für ξ die Näherung

$$\xi = ax^{-5,2} \tag{2.22}$$

angegeben, wobei x der Ventilstellung entspricht. x nimmt Werte zwischen 0 (Ventil ganz geschlossen) und 1 (Ventil geöffnet) an. Die
Größe a hängt von der Ventilkonstruktion ab.

Für das Biespiel in Abschnitt 2.5.4 wurde die Größe a aus [30] Seite
582, zu 0,565 errechnet. Der Ventilwiderstand für die analoge elektrische Leitung läßt sich mit der Formel

$$R_v = 6,38 \cdot 10^{-3} \xi \, \frac{\overline{\rho}|v|}{D^4} \qquad \text{in } \Omega$$

$$
\begin{aligned}
&\overline{\rho} \quad \text{Gasdichte in kg/m}^3 \\
&|v| \quad \text{Durchfluß in } 10^3 \text{m}^3/\text{h} \\
&D \quad \text{Durchmesser in m}
\end{aligned} \tag{2.23}
$$

berechnen.

Vielfach enthält ein Gasrohr Krümmungen und feste Blenden, die den
Rohrwiderstand erhöhen. Dieser Widerstand läßt sich ebenfalls mit Gl.
(2.23) näherungsweise berechnen. In [31] sind Tabellen angegeben, aus
denen die Widerstandszahl ξ_{KB} für verschiedene Krümmungen und Blenden
entnommen werden kann.

2.5.3 Modell für ein Rohrstück

Im vorhergehenden wurde gezeigt, daß sich ein Gasorhr auf eine analoge
elektrische Leitung abbilden läßt. Mit den Gln.(2.11), (2.12), (2.19)
und (2.23) kann man die Parameter der analogen elektrischen Leitung

aus den Größen des Gasrohrnetzes errechnen. Im weiteren genügt es
deshalb, ein Modell für eine homogene elektrische Leitung zu entwerfen. Die Leitungsgleichungen für die elektrische Leitung nach Abb.2.24
lauten:

$$U_1 = U_2 \cosh g + Z I_2 \sinh g \qquad (2.24a)$$

$$I_1 = \frac{U_2}{Z}\sinh g + I_2 \cosh g \qquad (2.24b)$$

Sie gelten für den technischen Frequenzbereich.
Z.ist der Wellenwiderstand, er hat die Form

$$Z = \sqrt{\frac{R' + j\omega L'}{j\omega C'}} \quad Zg \sqrt{1 + \frac{R'}{j\omega L'}} \qquad (2.25a)$$

Bei hohen Frequenzen nimmt Z den festen Wert

$$Z = Zg = \sqrt{\frac{L'}{C'}} \qquad (2.25b)$$

an.

Die Größe g wird als Wellenübertragungsmaß bezeichnet.

$$g = 1 \sqrt{j\omega C' (R' + j\omega L')} \qquad (2.26)$$

Dabei ist 1 die Länge der elektrischen Leitung und damit gleich der
Gasrohrlänge. Bei dem gesuchten Modell werden, um es einfach und leicht
anwendbar zu gestalten, U_1 und I_2 als Eingangsgrößen und die beiden
restlichen Variablen U_2 und I_1 als Ausgangsgrößen festgelegt. Formt
man Gl.(2.24a) und (2.24b) entsprechend um, dann folgt

$$U_2 = U_1 \frac{1}{\cosh g} - Z I_2 \tanh g$$

$$I_1 = \frac{U_1}{Z}\tanh g - I_2 \frac{1}{\cosh g}$$

Die zugehörige, um einen Eingangs- (R_{VE}) und Ausgangswiderstand (R_{VA}), sowie eine Einspeisung U_N erweiterte Blockstruktur zeigt Abb.2.26.

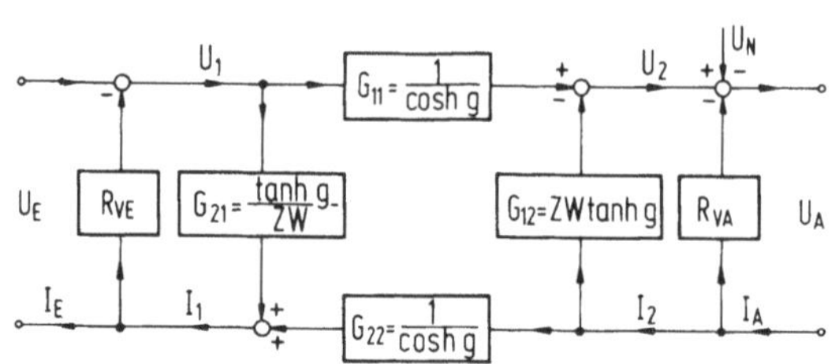

Abb.2.26. Blockstruktur eines Gasrohres mit Ventilen am Ein- und Ausgang und einer Druckeinspeisung am Rohrausgang

Den Widerständen entsprechen Gasventile am Rohrein- bzw. Rohrausgang. Der Einspeisespannung U_N entspricht eine Druckeinspeisung P_{EIN} am Rohrausgang (z.B. Gasgebläse). Es handelt sich bei dieser Struktur um ein Zweifachsystem mit transzendenten Übertragungsgliedern. Die Aufgabe bestaht darin, die vier Übertragungslieder G_{11} bis G_{22} mit wenig Aufwand ausreichend genau durch G_{11N} bis G_{22N} zu approximieren.

Zuerst wird

$$G_{11} = G_{22} = \frac{1}{\cosh g} = \frac{2e^{-g}}{1 + e^{-2g}}$$

untersucht. Gelingt es, eine befriedigende Nachbildung von e^{-g} zu gewinnen, dann läßt sich G_{11} bzw. G_{22} leicht mit Hilfe eines Regelkreises darstellen (Abb.2.27).

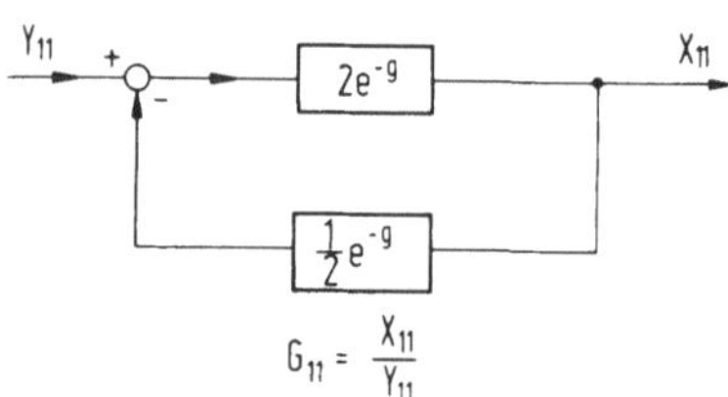

Abb.2.27. Darstellung von G_{11} bzw. G_{22}

Es bleibt somit die Aufgabe, e^{-g} zu approximieren.

2.5 Simulation eines Niederdruckgasnetzes

Mit der Zuordnung

$$e^{-g} = e^{-1} \quad j\omega C'(R' + j\omega L') = |F| \; e^{-j\varphi} \tag{2.27}$$

erhält man nach einigen Umformungen die Beziehungen

$$|F|_{dB} = K_1 T \; \frac{\omega}{\omega_G} \tag{2.28}$$

und

$$\varphi = KP \; \frac{\omega}{\omega_G} \tag{2.29}$$

dabei gilt

$$\omega_G = R'/L' \tag{2.30}$$

$$K = \frac{R'1}{2Zg} \; ; \qquad K_1 = 8,686K \tag{2.31}$$

$$T \; \frac{\omega}{\omega_G} = 2 \; \frac{\omega}{\omega_G} \qquad \frac{\omega_G}{\omega}^2 + 1 - 1 \tag{2.32}$$

$$P \; \frac{\omega}{\omega_G} = 2 \; \frac{\omega}{\omega_G} \qquad \frac{\omega_G}{\omega}^2 + 1 - 1 \tag{2.33}$$

Für große Frequenzen, $\frac{\omega}{\omega_G} \to \infty$, strebt

$$|F|_{dB} \to - K_1 \tag{2.28a}$$

und

$$\varphi \to 2K \; \frac{\omega}{\omega_G} = 1\omega \quad L'C' \tag{2.29a}$$

Im weiteren wird $\sqrt{L'C'} \cdot 1$ mit T_t abgekürzt. Aus den Gln.(2.28a) und (2.29a) folgt, daß für große Frequenzen e^{-g} das Verhalten eines Totzeitgliedes mit konstanter Dämpfung annimmt.

Die beiden normierten Funktionen $/f/_{dB}/K_1$ und $\Delta\varphi/K$ sind in Abb.2.28 dargestellt. $\Delta\varphi$ ist die Phasendifferenz.

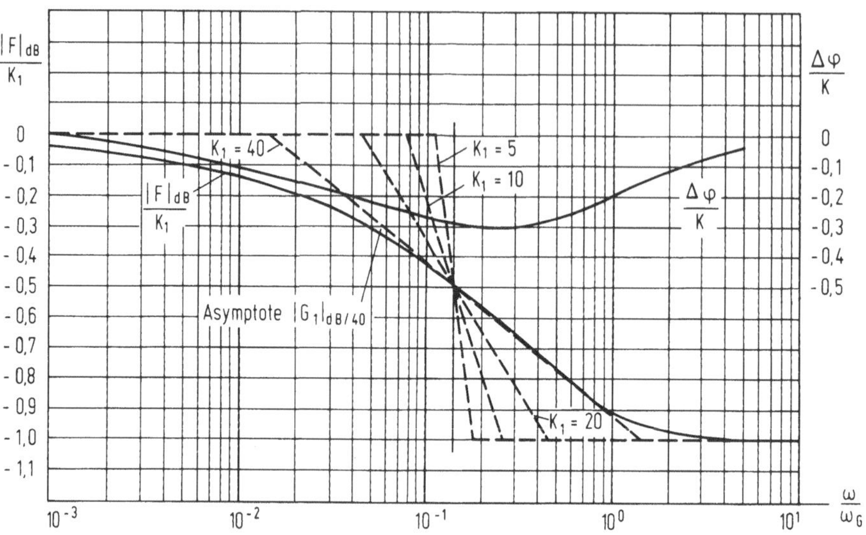

Abb.2.28. Verlauf von Betrag und Phasendifferenz des Übertragungsgliedes e^{-g}

Für große

$$\Delta\varphi \frac{\omega}{\omega_G} = -\varphi \frac{\omega}{\omega_G} + 2K\frac{\omega}{\omega_G} \tag{2.34}$$

ω strebt Gl.(2.34) wegen Gl.(2.29a) gegen Null. Die Funktion e^{-g} soll nun im wesentlichen durch ein AR1-Totzeitglied

$$e^{-g} \quad G_A = \frac{sT_{ZA} + 1}{sT_{NA} + 1} \, e^{-T_t s} = G_1 \, e^{-T_t s} \tag{2.35}$$

angenähert werden. Bei einer idealen Approximation müßte gelten

$$|G_1| = |F| \tag{2.36}$$

und

$$G_1 = \Delta\varphi \tag{2.37}$$

G_1 wird später noch zweimal ergänzt, das schränkt jedoch die Aussagen aus den direkt folgenden Untersuchungen nicht ein. Mit dem AR1-Glied G_1 ergibt sich eine recht gute Näherung, wenn man T_{ZA} und T_{NA} so wählt, daß die Asymptote von $|G_1|_{dB}/K_1$ bei $-0{,}5$dB die Kurve $|F|_{dB}/K_1$ schneidet. Die Asymptote von $|G_1|_{dB}/K_1$ ist in Abb.2.28 für verschiedene K_1-Werte gestrichelt eingezeichnet.

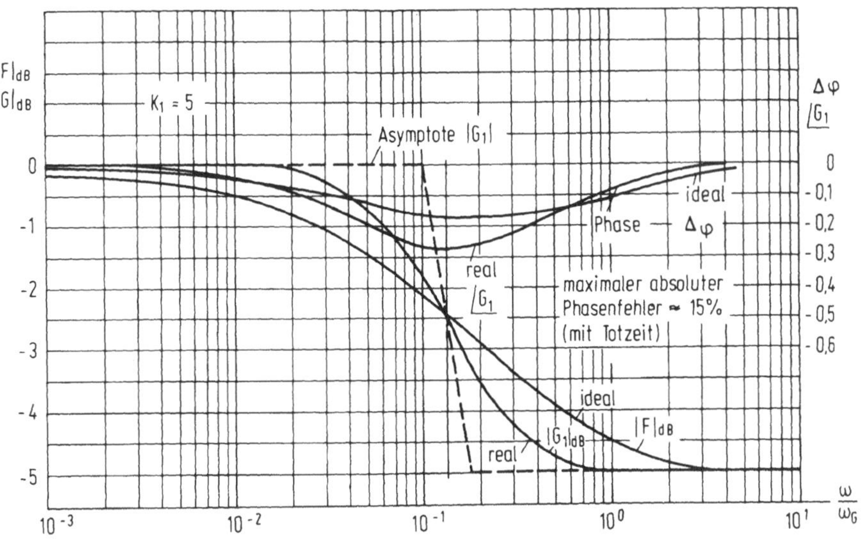

Abb.2.29. Näherung von e^{-g} für einen kleinen K_1-Wert

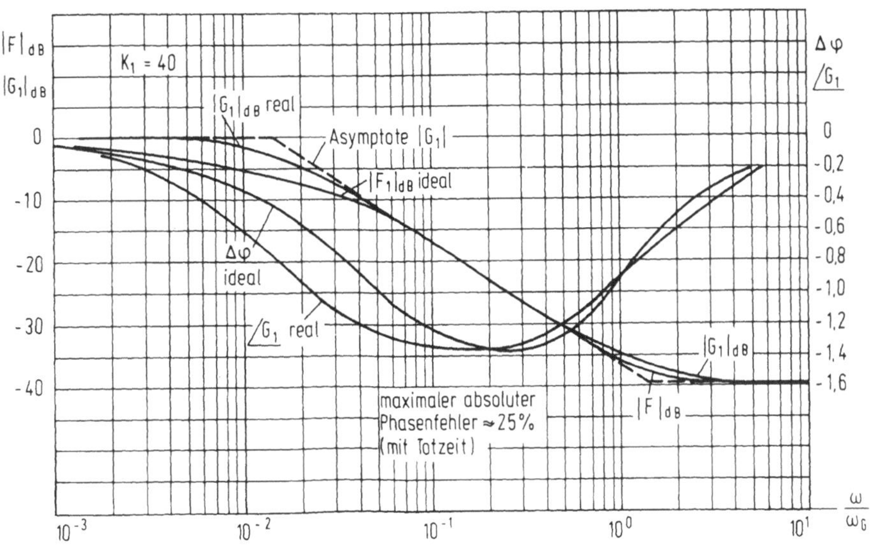

Abb.2.30. Näherung von e^{-g} für einen großen K_1-Wert

In Abb.2.29 und 2.30 sind für einen kleinen und einen großen K_1- bzw. K-Wert die Kurven $|F|$, $|G_1|$, $\Delta\varphi$ und G_1 dargestellt. Man sieht, daß in beiden Fällen eine recht gute Näherung erreicht wird. Die Zeitkonstanten T_{ZA} und T_{NA} lassen sich bei der gewählten Approximation mit den Formeln

$$T_{NA} = \frac{7{,}15}{\omega_G}\, e^{+K/2} \tag{2.38}$$

und

$$T_{ZA} = \frac{7{,}15}{\omega_G}\, e^{-K/2} \tag{2.39}$$

errechnen. Eine Verbesserung dieser Näherung erreicht man durch Hinzunahme weiterer AR1-Glieder.

Bei den oben abgeleiteten Beziehungen wurde angenommen, daß der Widerstand R' nicht frequenzabhängig und das transportierte Gas ideal ist. Diese Annahmen hatten eine konstante Dämpfung (Abb.2.28, Gl.2.28a) für hohe Frequenzen zur Folge. Da in der Praxis das Gas nicht ideal ist, tritt eine mit der Frequenz wachsende Dämpfung auf [32].

Dieser Umstand wird durch ein zusätzliches Verzögerungsglied bei G_1 berücksichtigt.

$$G_1 = \frac{sT_{ZA} + 1}{sT_{NA} + 1}\; \frac{1}{sT_{NS} + 1} \tag{2.40}$$

Die Größe von T_{NS} ist allgemein schwer feststellbar, sie bleibt deshalb offen und wird bei der Simulation mit Hilfe der praktischen Meßergebnisse ermittelt

G_{11} wird also durch eine Übertragungsfunktion G_{11N} nachgebildet, die die gleiche Struktur wie G_{11} in Abb.2.27 hat, nur wird e^{-g} durch G_A ersetzt.

Als nächstes wird die Überttragungsfunktion

$$G_{12} = Z\tanh g \tag{2.41}$$

approximiert.

Gl.(2.41 läßt sich umformen in

$$G_{12} = Z \left[1 - \frac{e^{-g}}{\cosh g} \right] \qquad (2.42)$$

Die Struktur der Funktion $1/\cosh g$ ist in Abb.2.27 gezeigt. Davon ausgehend, kann man für G_{12} leicht eine Blockstruktur gewinnen (Abb.2.31).

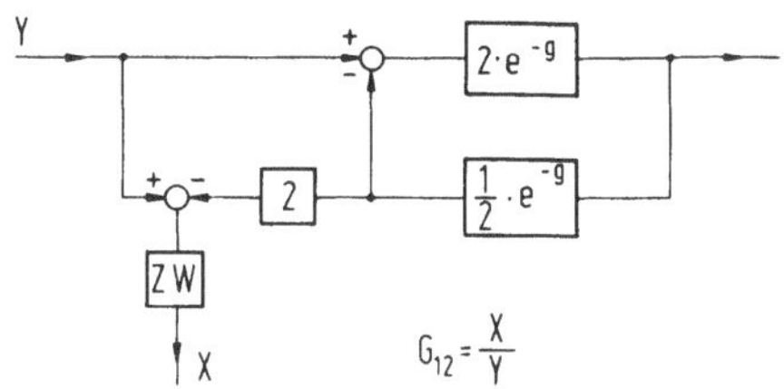

Abb.2.31. Darstellung von G_{12}

Zur Approximation von G_{12} und G_{12N} wird ebenfalls e^{-g} durch
$G_A = G_1 \cdot e^{-sT}t$ ersetzt. Für große Frequenzen stebt Z gegen einen festen Wert $Z \cdot g$. Der Zweite Faktor von Gl.(2.42) wird für große Frequenzen ebenfalls genügend genau approximiert, so daß dort G_{12} ausreichend gut nachgebildet wird. Anders verhält es sich bei niedrigen Frequenzen; hier ist Z ebenfalls stark frequenzabhängig.

Aus Abb.2.29 und 2.30 kann man entnehmen, daß bei kleinen Frequenzen $\omega \ll \omega_G$ in der Regel $|G_A| > e^{-g}$ ist. Für G_{12} gilt

$$\lim_{\omega \to 0} G_{12} = \lim_{\omega \to 0} (R' + J\omega L')1 \qquad (2.43)$$

dagegen ergibt sich für die Nachbildung G_{12N} bei kleineren ω-Werten

$$\lim_{\omega \to 0} G_{12N} = \lim_{\omega \to 0} Zj\omega(T_t + T_{NA} + T_{NS} - T_{ZA}) \qquad (2.44)$$

Um nun mit wenig Aufwand die Nachbildung auch bei kleinen Frequenzen genau zu halten, wird für Z der feste Wert $Z \cdot g$ eingesetzt und die Übertragungsfunktion G_1 nochmals um ein AR1-Glied erweitert.

G_1 geht über in

$$G_{1Z} = \frac{sT_{ZA} + 1}{(sT_{NA} + 1)(sT_{NS} + 1)} \cdot \frac{sT_{ZZ} + 1}{sT_{NZ} + 1} \qquad (2.40a)$$

Gl.(2.44 verändert sich folglich zu

$$\lim_{\omega \to 0} G_{12N} = \lim_{\omega \to 0} (j\omega L'1 + j\omega(T_{NA} + T_{NS} - T_{ZA} + T_{NZ} - T_{ZZ})) \qquad (2.44a)$$

T_{NZ} und T_{ZZ} werden so gewählt, daß erstens der zweite Term von
Gl.(2.44a) Null wird, und zweitens der Frequenzgang von G_{1Z} sich in
Betrag und Phase für mittlere und größere Frequenzen nur unwesentlich
vom Frequenzgang von G_1 unterscheidet. Es gilt daher wegen der ersten
Forderung

$$T_{ZZ} = T_{NZ} + T_{NA} + T_{NS} - T_{ZA} \qquad (2.45)$$

Die zweite Bedingung läßt sich in der Regel genügend genau erfüllen,
wenn man

$$T_{NZ} = Max (10\ T_{NA},\ 10\ T_{NS},\ 3\ T_t) \qquad (2.46)$$

wählt. Anhand der Abb.2.29 und 2.30 läßt sich die Sinnfälligkeit von
Gl.(2.46) leicht nachprüfen. Mit Gl.(2.45) nimmt Gl.(2.44a) die Gestalt

$$\lim_{\omega \to 0} G_{12N} = \lim_{\omega \to 0} j\omega L'1$$

an. Der zweite Term der rechten Seite von Gl.(2.43) wird somit auch
für kleine Frequenzen mit der vorgenommenen Nachbildung dargestellt.

Der erste Term $R'\cdot \ell$ muß zusätzlich realisiert werden; er ist in der
bisherigen Nachbildung $G_{12}N$ nicht enthalten. Da dieses zusätzliche
Glied nur für kleinere Frequenzen wirdsam werden kann, wird es durch
ein Verzögerungsglied erster Ordnung, mit dem Verstärkungsfaktor $R'\cdot \ell$
realisiert.

Die Zeitkonstante des Verzögerungsgliedes wird zu

$$T_{NR} = M_{TR}\frac{1}{\omega_G} \qquad (2.47)$$

festgelegt, dabei ist ω_G durch Gl.(2.30) gegeben. M_{TR} ist ein freier
Multiplikationsfaktor, der auf Grund praktischer Meßergebnisse angepaßt wird (Frequenzabhängigkeit von R'). Die endgültige Blockstruktur
zei G_{12N} zeigt Abb.2.32.

Zuletzt muß noch die Übertragungsfunktion

$$G_{21} = \frac{1}{Z}\tanh g = \frac{1}{Z}\left(1 - \frac{e^{-g}}{\cosh g}\right) \tag{2.48}$$

nachgebildet werden. Setzt man wie oben für Z generell $Z \cdot g$ ein und verwendet zur Nachbildung von e^{-g} ebenfalls

$$G_A = G_{1Z} e^{-sT_t} \tag{2.49}$$

dann stimmt auch hier die Nachbildung bei großen und kleinen Frequenzen gut mit G_{21} überein.

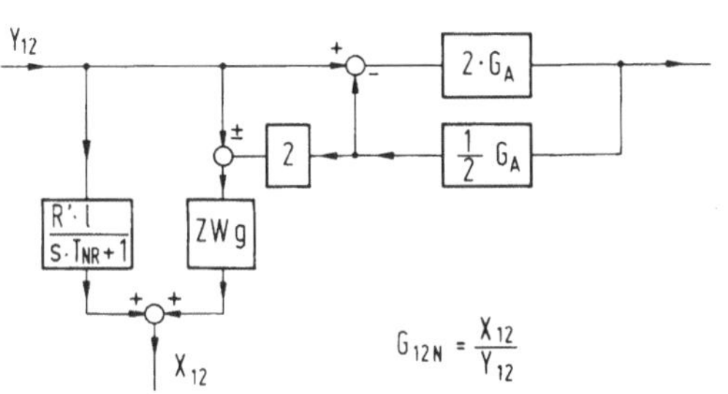

$$G_{12N} = \frac{X_{12}}{Y_{12}}$$

Abb.2.32. Nachbildung von G_{12}

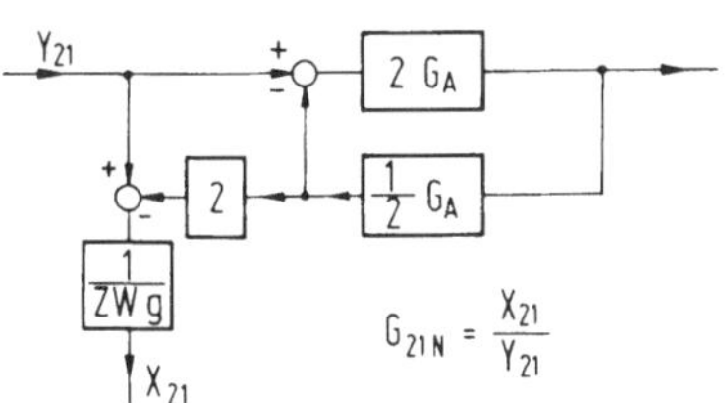

$$G_{21N} = \frac{X_{21}}{Y_{21}}$$

Abb.2.33. Nachbildung von G_{21}

Für kleine Frequenzen gilt im Idealfall

$$\lim_{\omega \to 0} G_{21} = \lim_{\omega \to 0} j\omega C'1 \tag{2.50}$$

Die Nachbildung hat im unteren Grenzbereich das Verhalten

$$\lim_{\omega \to 0} G_{21N} = \lim_{\omega \to 0} \frac{1}{Zg} j\omega T_t = \lim_{\omega \to 0} j\omega C'1 \tag{2.51}$$

In Abb.2.33 ist die Blockstruktur von G_{21N} angegeben.

Beim Übergang von G_1 zu G_{1Z} (Gl.2.40a) wurde vorausgesetzt, daß sich
der Frequenzgang von G_A für mittlere und größere Frequenzen nur unwesentlich ändert. Auch bei kleineren Frequenzen wirkt sich das Hinzufügen des AR1-Gliedes zu G_1 auf die Übertragungsfunktionen G_{11N} und
G_{22N} nur wenig aus. Deshalb werden G_{11N} und G_{22N} ebenfalls mit der
erweiterten Funktion G_A (Gl.2.49) realisiert.

Faßt man die obigen Ergebnisse zusammen und ersetzt im Blockschaltbild (Abb.2.27) die idealen Übertragungsfunktionen G_{11} bis G_{22} durch
ihre Nachbildungen G_{11N} bis G_{22N} dann folgt die in Abb.2.34 dargestellte Blockstruktur mit der in Gl.(2.52) angegebenen Übertragungsfunktion.

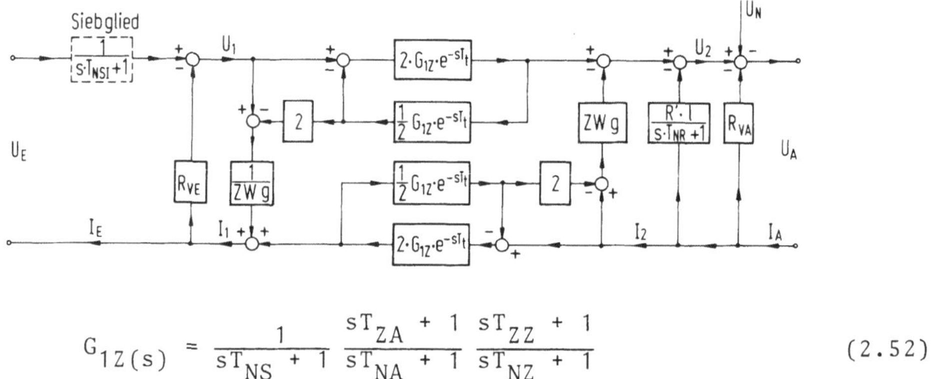

$$G_{1Z}(s) = \frac{1}{sT_{NS} + 1}\,\frac{sT_{ZA} + 1}{sT_{NA} + 1}\,\frac{sT_{ZZ} + 1}{sT_{NZ} + 1} \qquad (2.52)$$

Abb.2.34. Blockstruktur der Nachbildung eines Gasrohres mit einem
Ventil am Ein- und Ausgang

Bei der Realisierung auf dem Digitalrechner wird am Eingang U_E des
Modells ein Siebglied angebracht, auf das in Abschnitt 2.5.4 näher
eingegangen wird.

2.5.4 Modell für ein Ventil

Um ein Gasnetz mit wenig Aufwand simulieren zu können, ist es günstig,
zusätzlich eine Prozedur für ein einfaches Ventil zu entwerfen. Die
Größe des Ventilwiderstandes läßt sich mit den Gl.(2.23) und (2.22)
bestimmen. Das in Abb.2.35 dargestellte Modell für einen Ventilwiderstand ist sehr einfach folgt unmittelbar aus der Beziehung

$$U_A = U_E - I_E R_V \qquad (2.53)$$

Wie in Abschnitt 2.5.3 werden die Eingangsspannung U_E, sowie der Ausgangsstrom I_A als Eingangsgrößen und die Spannung U_A zusammen mit dem Strom I_E als Ausgangsgrößen verwendet. Auch hier ist wie im vorigen Kapitel am Eingang der Größe U_E ein Siebglied angebracht.

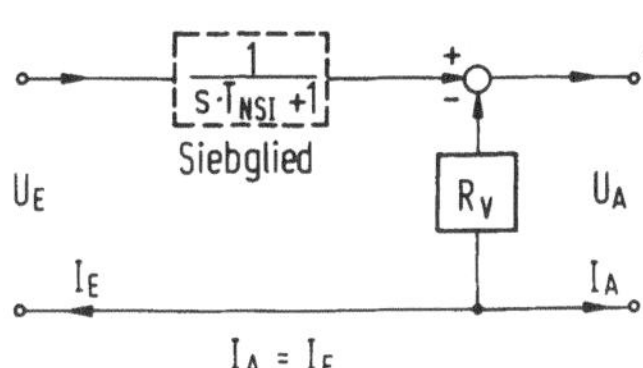

Abb.2.35. Blockstruktur eines Ventils

2.5.5 Digitalrechnerprozeduren

Mit Hilfe der beiden Modelle Abb.2.34 und 2.35 läßt sich ein Gasnetz sowohl analog als auch digital simulieren. Es müssen nur, der räumlichen Anordnung des Gasnetzes entsprechend, die Realisierungen der beiden Modelle aneinandergefügt werden. Sie wurden hier in Form von "Algolprogrammen" für das Rohr- und das Ventilmodell erstellt.

Anhand eines Beispieles (Abb.2.36) wird die Anwendung demonstriert. Mit R_{A2}, R_{A4} und R_{A5} werden die Abschlußwiderstände bezeichnet. Die Modellprozeduren sind so ausgelegt, daß die Abschlußwiderstände auch Null sein können.

Abb.2.34 und 2.35 zeigen, daß beim direkten Zusammenschalten von zwei Modellprozeduren algebraische Schleifen entstehen; um dies zu verhindern, wurde am Eingang beider Modelle ein Siebglied angebracht. Die Zeitkonstante des Siebgliedes sollte größer als der fünffache Wert der bei der digitalen Simulation verwendeten Abtastzeit gewählt werden. Damit die Simulation im wesentlichen Frequenzbereich nicht verfälscht wird, darf man T_{NSI} nicht zu groß wählen. Die Abtastzeit selbst sollte mindestens zehnmal größer sein als die Periodendauer der oberen Grenzfrequenz des simulierten Systems.

Die dynamischen Teile des Rohrmodells, z.B. $G_{1Z}(s)$, werden mit Faltungsprozeduren nachgebildet, die den in [33] angegebenen ähnlich sind. Nur wird statt mit der Gewichtsfunktion mit der Sprungantwort gearbeitet, was den Vorteil hat, daß auch bei größeren Abtastzeiten die Algorithmen stationär genau arbeiten.

Bei der Digitalrechnersimulation wird immer von einem stationären Zustand ausgegangen. Die dabei erwünschten Drücke und Ströme werden neben allen anderen Rohr- und Ventildaten den Rohr- bzw. Ventilprozeduren vorgegeben. Bei dem in Abb.2.36 dargestellten Beispiel sind dies p_{E1}, v_{E1}, p_{A1}, v_{E2}, v_{E3}, p_{A3}, v_{E4} und v_{E5}. Mit den vorgegebenen Strömen werden zuerst die Rohrwiderstände R' (Gl.2.19) und R_{VE} (Gl.2.23) berechnet. Daraufhin legt man die R_{VA}-Werte bei den Gasrohren und die R_V-Werte bei den Ventilen so fest, daß der mit den vorgegebenen Drücken und Strömen erwünschte Gleichgewichtszustand bestehen kann.

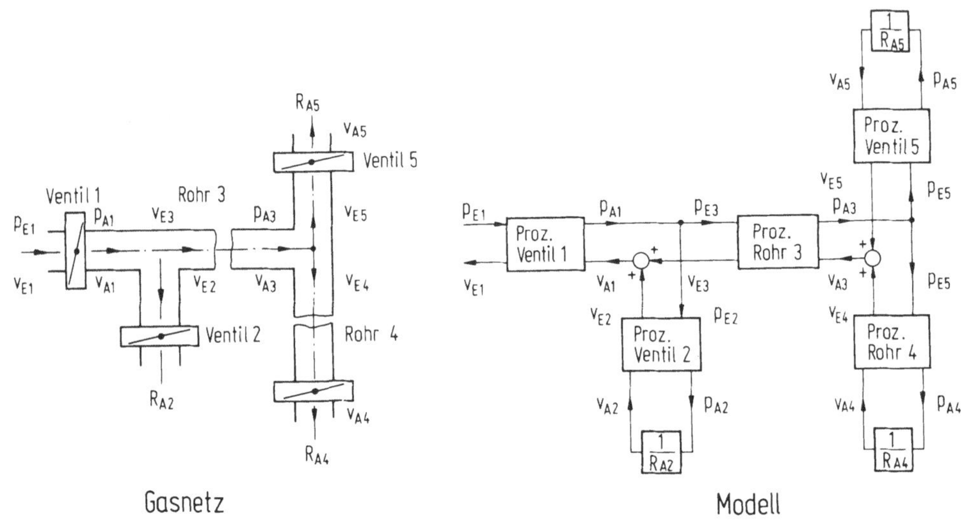

Abb.2.36. Beispiel für den Aufbau eines Gasrohrmodells

Ist mit diesen Drücken und Strömen ein Gleichgewichtszustand nicht möglich, (R_{VA} oder R_V negativ), dann wird die Rechnung unter Angabe des Grundes abgebrochen. Existiert ein Gleichgewichtszustand, so berechnen die Rohr- und Ventilprozeduren als nächstes mit den physikalischen Kenndaten der Rohre bzw. Ventile (Rohrlänge, Rohrdurchmesser, Rohrrauhigkeit, Gasdichte, dynamische Gaszähigkeit) die für die weitere Rechnung benötigten Konstanten.

Diese Konstanten gelten, soweit sie von R' abhängen, vorerst genau nur für den stationären Ursprungszustand des Gasnetzes. In der weiteren Rechnung werden für die einzelnen Abtastzeitpunkte DT1, 2DT1, ..., N·DT1 die Übergangsvorgänge berechnet, die sich bei Veränderung der Einspeisung und Ventilstellungen des Gasnetzes ergeben.

Die Widerstände R_{VE}, R', R_{VA}, R_V sind vom Strom abhängig. Diese
Nichtlinearität kann man in den beiden Modellprozeduren berücksichtigen, indem man nach jedem Rechenschritt den zu dem vorliegenden
Strom zugehörigen Widerstand berechnet. Wird die Abtastzeit klein genug gewählt, dann ist in der Regel die Konvergenz gesichert. Der Widerstand R' setzt die Kenntnis von λ voraus, (Gl.2.19). λ wiederum
ist zum Teil durch die implizite Beziehung (Gl.2.17) festgelegt. Mit
Hilfe einer Interationsprozedur läßt sich jedoch auch hier für einen
vorgegebenen Gasstrom v das zugehörige λ berechnen [34].

Wenn man die Abtastzeit so klein wählen kann, daß sich während einer
Abtastperiode die Gasnetzeingangsgrößen nur sehr wenig ändern, dann
können die Widerstände R', R_{VE}, R_{VA} und R_V und folglich auch die von
R' abhängenden Konstanten nachgeführt werden. Damit ist prinzipiell
auch eine Berücksichtigung der Nichtlinearitäten möglich.

In Abb.2.37 ist ein Digitalrechner simuliertes Niederdruckgasnetz
skizziert.

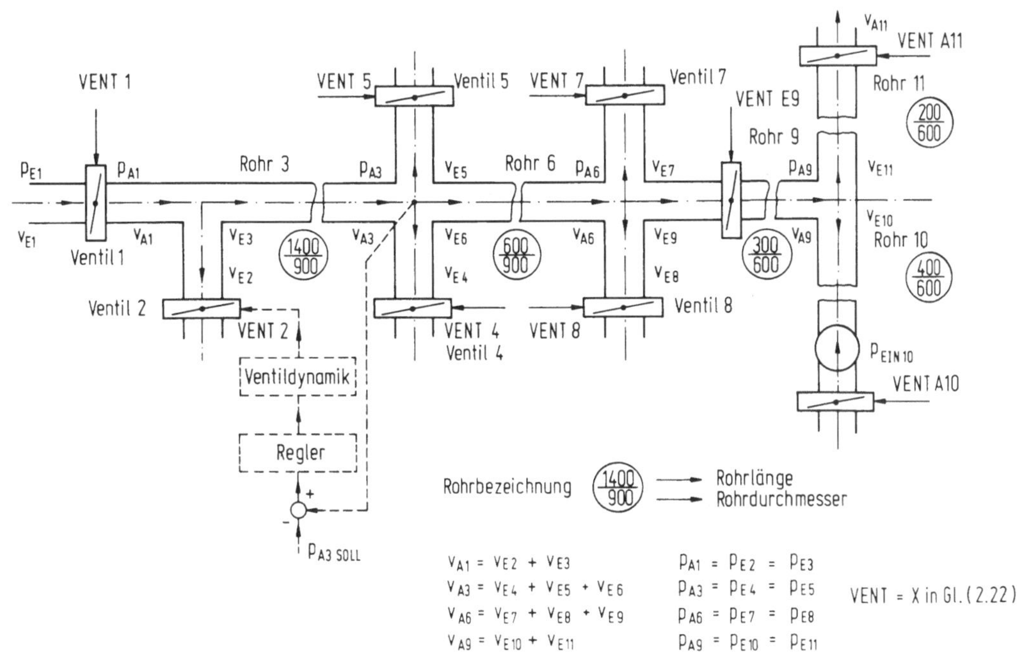

Abb.2.37. Niederdruckgasnetz

Der Arbeitspunkt und einige andere charakteristische Werte sind in
der Abb.2.38 zusammengefaßt.

NR	p_E	$v_E = v_A$	p_A	p_{EIN}	$VENT_E$	$VENT_A$	T_{NS}/s	ξ_{KB}
1	73,0	33	69,8	0	–	0,8609	–	–
2	69,8	2	0	–	–	0,1622	–	–
3	69,8	31	26,6	0	1	1	2	23
4	26,6	6	0	–	–	0,2981	–	–
5	26,6	10	0	–	–	0,3628	–	–
6	26,6	15	12,8	0	1	0,6758	1,2	38
7	18,7	5	0	–	–	0,2972	–	–
8	18,7	5	0	–	–	0,2972	–	0
9	18,7	5	14,2	0	0,4378	0,6194	0,7	0
10	14,2	– 5	0	24,0	1	0,3532	0,9	0
11	14,2	10	0	0	1	0,4394	0,5	0

Drücke in mbar,   VENT $\hat{=}$ x in Gl.(2.22),   Ströme in $10^3 m^3/h$

Abb.2.38. Charakteristische Werte des Niederdruckgasnetzes von Abb.2.37

Zuerst wurde der Eingangsdruck p_{E1} zur Zeit t=0 von 73 mbar sprungförmig auf 83 mbar angehoben (Struktur ohne gestrichelten Regler). Das Ergebnis ist in Abb.2.39 dargestellt.

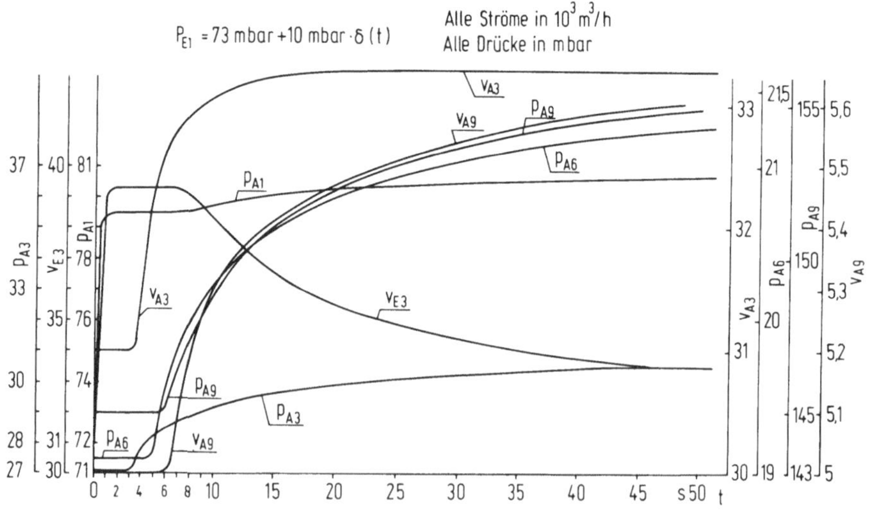

Abb.2.39. Übergangsvorgänge einzelner Gasnetzgrößen bei sprungförmiger Erhöhung des Eingangsdruckes p_{E1}

In Abb.2.40 sind einige Übergangsvorgänge gezeigt, die sich ergeben,
wenn man unter konstantem Eingangsdruck p_{E1} zur Zeit t=0 beim Ventil 4
sprungförmig die Ventilstellung VENT 4 von 0,2981 auf 0,34 ändert und
gleichzeitig den Einspeisedruck p_{EIN10} ebenfalls sprungförmig von
24 mbar auf 26 mbar anhebt (Struktur ohne Regler).

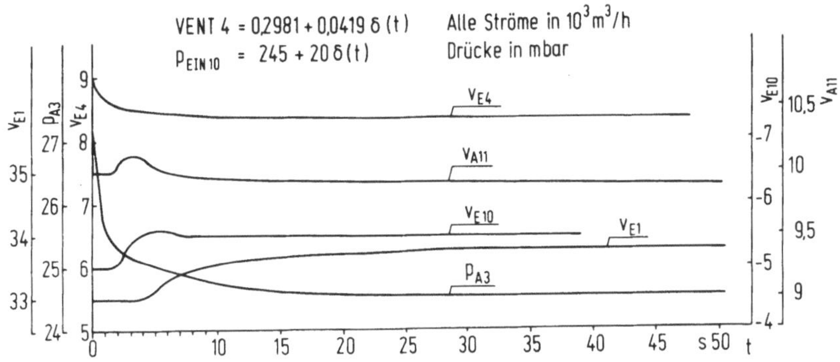

Abb.2.40. Übergangsvorgänge bei sprungförmiger Änderung des Ventilwiderstandes 4 und des Einspeisedrucks p_{EIN10}

Abb.2.41 zeigt den Verlauf der verschiedenen Gasnetzgrößen, die sich
mit dem zugeschalteten gestrichelt gezeichneten Regler und der Ventildynamik ergeben haben. Der Regler soll den Druck p_{A3} konstant halten.

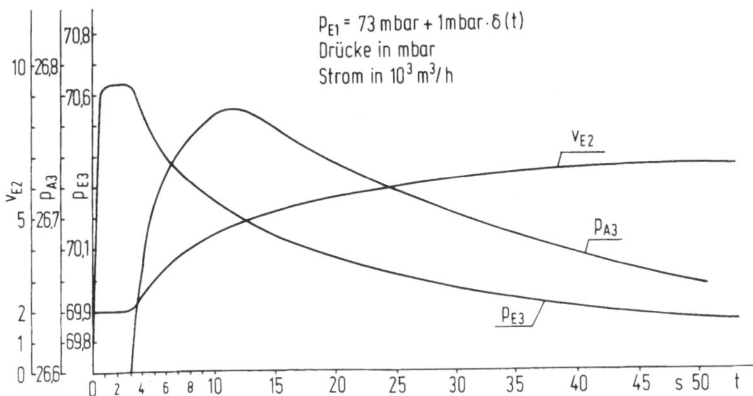

Abb.2.41. Übergangsvorgänge mit Regelkreis und Ventildynamik bei
sprungförmiger Änderung des Eingangsdruckes p_{E1}

Bei der Ventildynamik handelt es sich um ein I-Glied (Motor), dessen
Ausgangsgröße auf den Bereich zwischen 0 und 1 begrenzt ist. Die Ausgangsgröße dieses Übertragungsgliedes entspricht der Ventilstellung
des angesteuerten Gasventils. Beide Übertragungsglieder (Regler, Ventildynamik) wurden ebenfalls in Form von Prozeduren realisiert.

Bei Abb.2.41 wurde zur Zeit t=0 die Eingangsgröße p_{E1} sprungförmig um 1 mbar vergrößert. Der Verstärkungsfaktor des I-Gliedes ist 0,2. Die Abtastfrequenz wurde bei diesen Beispielen zu 33Hz gewählt. Der Rechner X8 Electrologica benötigte für das gesamte Netz 1min Rechenzeit pro 1s Simulationszeit.

3. Roheisenerzeugung

3.1 Allgemeines zur Roheisenerzeugung

Unter Roheisen (RE) versteht man aus Erzen reduziertes Eisen mit einem C-Gehalt von > 1,7%. Prinzipiell unterscheidet man zwischen hoch- bzw. niederphosphorhaltigen Sorten sowie hochsilizium, hochmangan-, hochkohlenstoffhaltigen Qualitäten, die weiterhin auch noch Nikkel, Titan und Vanadium enthalten können. Je nach ihrem Kohlenstoff- und Siliziumgehalt kennt man graue, melierte und weiße Roheisensorten, wobei die Bezeichnungen grau,meliert und weiß nach dem Bruchaussehen gewählt sind. Als Schmelzaggregate dienen vor allem Hochöfen, daneben auch Niederschachtöfen und Elektroöfen.

3.1.1 Vorbereitung der Erze

Erze und Zuschläge werden vor ihrer Verhüttung auf einen engen Kornbereich klassiert (ca. 8 - 40mm). Bei sehr unterschiedlichen Erzsorten werden in einigen Werken die Erze in Mischbetten gemischt.

Arme Eisenerze werden durch Schwerkraftaufbereitung, Magnetscheidung und elektrostatische Scheidung aufbereitet bzw. durch Brechen und Sieben angereichert. Weiterhin wird die magnetisierende Röstung für die Eisenerzanreicherung als vorteilhaft angesehen, da durch den Röstprozeß unerwünschte Beimengungen (z.B. Schwefel, Arsen) sowie Feuchtigkeit und Kohlensäure aus dem Erz entfernt werden und damit Verarbeitung und Transport des Röstgutes erleichtert werden. Das Rösten wird für Sparteisenstein, Pyrit und hämatitische Eisenerze angewendet und erfolgt in Schacht-, Drehrohr- oder Wirbelschichtöfen. Bei eisenreichen Erzen ist es mittels einer reduzierenden Röstatmosphäre sogar möglich, über 90% des Erzsauerstoffes zu entfernen und ein vorreduziertes Produkt (Eisenschwamm) zu erzeugen. Feinkörnige Erze und Aufbereitungskonzentrate sowie eisenhaltige Abfälle und hüttentechnische

Zwischenprodukte (Gichtstäube, Schlämme, Walzenzunder, Schwefelkies-
abbrände) müssen vor ihrer Verhüttung stückig gemacht werden. Bei den
dafür verwendeten Bandsinteranlagen wird die aus eisenhaltigen Stoffen,
feinkörnigem Brennstoff und Zuschlägen bestehende Mischung auf
ein endloses Förderband gegben, mit einer Zündhaube durch heiße Gase
an der Oberfläche gezündet und durch Hindurchsaugen von Luft zu einem
Sinterkuchen zusammengefittet. Diese wird nach dem Brechen und Absie-
ben der Feinteile (Rückgut) dem Hochofen zugeführt. Heute werden ca.
50% aller Eisenerze gesintert. Sehr feinkörnige, zum Sintern ungeeig-
nete Konzentrate (0,35mm) werden vorwiegend auf der Erzgrube unter Zugabe von Wasser und Bindemitteln pelletiert, d.h. es werden Kugeln von
10 - 20mm Ø in geneigten Drehtrommeln oder auf Drehtellern hergestellt.

3.1.2 Die Roheisenerzeugung im Hochofen

Bauliche Gestaltung des HO

Im Hochofen wird aus dem Möller (Erze, Sinter, Pellets, Zuschläge) zusammen mit Koks das Roheisen erschmolzen. Der Hochofen ist ein kontinuierlich arbeitender Schachtofen mit kreisförmigem Querschnitt. Vom
oberen Ende, der Gicht, erweitert sich der leicht kegelstumpfförmige
Schacht bis zu dem zylindrischen Kohlensack. Es schließt sich die nach
unten verengende kegelstumpfförmige Rast an und diese geht in das zy-
lindrische Gestell über. Der gesamte Hochofen ist mit einem Stahlpan-
zer versehen. Schacht und Rast sind mit feuerfestem Schamottemauerwerk
von ca. 500 bis 1000mm Wanddicke, das Gestell und der Gestellboden mit
Kohlenstoffsteinen ausgekleidet.

Um die Haltbarkeit der Ausmauerung zu gewährleisten, werden der
Schacht und häufig auch die Rast mit wasserdurchflossenen Kühlkästen,
das Gestell durch Wasserberieselung oder durch Heißdampfkühlung mit
geschlossenem Kühlkreis gekühlt. Die Ofenhöhe (Ofensohle bis Gicht-
bühne) beträgt bei neueren Hochleistungsöfen bis zu 50m, der Durchmesser des Sestells bis zu 14m [36].

Die Hochofeneinsatzstoffe werden in einer Bunkeranlage zwischengela-
gert. Mit Förderbändern oder mit einem Möllerwagen gelangen abgewoge-
ne Möller- und Koksgasmengen in Senk- oder Kippkübel, die über einen
Schrägaufzug oder über Förderbänder zur Gicht des HO befördert werden.
Möller und Koks werden im allgemeinen lagenweise aufgegeben (gegichtet).

Stets wird eine gewisse Ofenteufe (Abstand Gicht zu Beschickungsoberfläche) eingehalten, um die Ausbildung der Beschickungsoberfläche und
damit den Ofengang beeinflussen zu können.

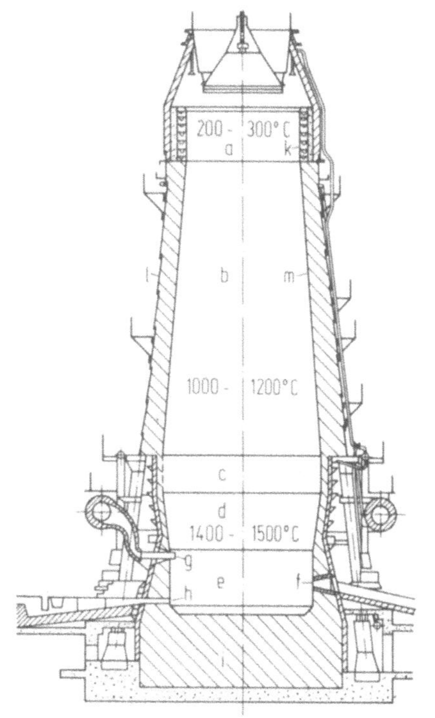

Abb.3.1. Hochofen (nach Pochwisnew,
Hochofenbetrieb)
a Gicht, b Schacht, c Kohlensack,
d Rast, e Gestell, f Schlacken-
abstich, g Windform, h Stichloch,
i Herd, k Schlagpanzer, l Hoch-
ofenpanzer, m Zustellung [35]

Von Gebläsemaschinen und Turbogebläsen erzeugter Kaltwind mit einem
Druck von 1,6bar (bei Hochdrucköfen bis zu 3bar) wird in Winderhitzern
(Cowper) mit innen- oder außenliegendem Brennschacht auf 1300°C ÷
1450°C vorgewärmt. Jeweils 2 Winderhitzer werden durch Verbrennung
von Gichtgas, mit Koks- oder Erdgas aufgewertetem Gichtgas oder Öl
aufgeheizt, während bei dem dritten die eingeblasene Kaltluft zur Vorwärmung durch das heiße Mauerwerk geleitet wird.

Am oberen Gestellrand wird der Heißwind durch Blasformen (je nach Ofengröße bis zu 36) in den HO eingeblasen. Das Gas durchströmt die nach
unten wandernde Beschickung, wird dabei chemischen Veränderungen unterworfen und an der Gicht des HO als Gichtgas abgezogen. Um das Entweichen von Gichtgas zu vermeiden, wird der HO an der Gicht durch Gicht-
glocken abgeschlossen, die während des Betriebes nie gleichzeitig geöffnet sind.

Das sich im Gestell sammelnde Roheisen und die Schlacke werden kontinuierlich oder periodisch durch mehrere Öffnungen abgestochen. Die
Leistung des HO hängt dabei in erster Linie von der Verbrennungsge-
schwindigkeit des Kokskohlenstoffes und damit vom Koksdurchsatz ab,
der von der Ofengröße, d.h. hauptsächlich vom Gestelldurchmesser beeinflußt wird. In gleicher Weise bestimmen Ofengang, Eisengehalt des
Möllers und die Art des erschmolzenen Roheisens die HO-Leistung. Bei
deutschen HO liegt die Tagesleistung bei 800 bis 3000t, Spitzenlei-
stungen bis 10000t sind realisierbar. Die Erzeugung von 1t RE erfordert je nach Beschaffung des Möllers 400 bis 1000kg Koks [37]. Besonders niedriger Koksverbrauch wird durch Einblasen von Öl oder Erdgas sowie durch sauerstoffangereicherten hocherhitzten Wind erreicht.

Die chemischen und physikalischen Prozesse im HO

Der Koks liefert das erforderliche Reduktionsgas, stützt die Möller-
säule und lockert sie auf. In zunehmendem Maße wird heute die durch
seine Verbrennung gelieferte Heizwärme durch Einblasen von Öl oder
Erdgas über die Blasformen sowie durch Erhöhen der Heißwindtemperaturen
ersetzt. Der Heißwind, oft mit reinem Sauerstoff angereichert, trifft
vor den Blasformen auf glühenden Koks, an dem das primär gebildete CO_2
zu CO reduziert wird. Der beim Durchgang durch den HO chemisch unver-
ändert bleibende Stickstoff des Windes gibt einen Teil seiner im Gestell aufgenommenen Wärme an die Beschickung ab und ist daher als Wär-
meträger unentbehrlich. Erze, Zuschläge und Koks werden auf ihrem Weg
durch den HO erhitzt, wobei die noch zunächst anhaftende Feuchtigkeit
verdampft. Bei etwa 300°C wird das Hydratwasser abgespalten. Im Temperaturbereich von 600 bis 1000°C findet die Carbonatzersetzung statt.
Die hierbei ablaufende wichtige indirekte Reduktion bewirkt, daß das
CO bei seinem Aufsteigen durch die Beschickungssäule die oxidischen
Eisenminerale zu niederen Oxiden und durch Bildung von CO_2 schließlich zu metallischem Eisen reduziert. Die indirekte Reduktion ist jedoch nicht vollständig, da die Fähigkeit des CO, den Erzsauerstoff
abzubauen, mit steigendem CO_2-Gehalt und fallender Temperatur abnimmt.
Der nicht durch indirekte Reduktion entfernte Sauerstoff wird im unteren Teil des HO im Bereich höherer Temperaturen durch die direkte Reduktion abgebaut. Sie geschieht mit festem Kohlenstoff unter Bildung
von CO_2, das sofort mit dem Kokskohlenstoff zu CO reagiert. Sobald
metallisches Eisen entstanden ist, wird es aufgekohlt, d.h. Kohlenstoff
löst sich im Eisen. Der Schmelzpunkt des reinen Eisens erniedrigt sich
dadurch.

Im heißesten Teil des HO vollziehen sich aus der Gangart der Erze,
des Sinters, der Pellets, der Zuschläge und des Kokses das Schmelzen
des aufgekohlten Eisens und die Bildung der Schlacke. Je nach Art des
zu erzeugenden Roheisens ändert sich das Verhältnis von basischen zu
sauren Bestandteilen im Möller und damit auch in der Schlacke. Zusammensetzung und Temperatur bestimmen die Reduktion des Mn, Si, P und
anderer Elemente aus deren Oxiden und damit ihren prozentualen Gehalt
im RE. Insbesondere soll vor allem vom Koks eingebrachter Schwefel von
der Schlacke in Form von CaS aufgenommen werden, es wird dadurch ein
erhöhter Anteil an CaO erforderlich (basische Schlacke). Bei eisenar-
men Erzen mit einem hohen Gehalt an Kieselsäure würde jedoch ein zu
hoher Anteil an Kalksteinzuschlag erforderlich sein. In einem solchen,
seltenen Fall arbeitet man mit einem höheren Anteil an Kieselsäure
(saure Schlacke). Dabei ist die Roheisenentschwefelung ungenügend und
muß später außerhalb des HO (meist mit Soda) nachgeholt werden. Die
Schlackenmenge schwankt zwischen 200 und 1000kg/t RE [4].

Der Hochofenbetrieb

Das RE, mit einer Temperatur vom 1390 bis 1440°C, wird in fahrbaren
Pfannen aufgefangen. Stahl- und Thomasroheisen werden flüssig zur
Weiterverarbeitung zu den Stahlwerken befördert. Als beheizter Vor-
ratsbehälter für die Aufnahme der einzelnen RE-Abstiche dient der RE-
Mischer. Durch die Größe des RE-Mischers wird ein Temperaturausgleich
und vor allem ein Ausgleich in der chemischen Zusammensetzung der einzelnen Abstiche, z.T. aus verschiedenen Hochöfen erreicht. Darüberhinaus laufen im Mischer metallurgische Vorgänge ab, z.B. Manganver-
schlackung, also Entschwefelung des RE. Spezialroheisensorten, mangan-
reiches Stahleisen, Spiegeleisen, Hamatit- und Gießroheisen vergießt
man meist zu Masseln, um sie dann in Eisengießereien zur Herstellung
von Gußstücken bzw. zur metallurgischen Veredelung von Stahl zu verwenden.

Die HO-Schlacke läuft ebenfalls in fahrbare Pfannen. Man läßt sie meistens in Schlackenbetten erstarren und verarbeitet sie zu Straßenbelag,
Eisenbahnschotter, Mauer- und Pflasterstein, Schlackenwolle, Hochofen-
zement u.a.. Das HO-Gichtgas gelangt von der Gicht nach Grobreinigung
in Staubsäcken und Wirblern durch die Rohgasleitung zur Gichtgasreini-
gung. Dort wird es in Naßwäschern und Elektrofiltern vom Gichtstaub
befreit. Ein Teil des HO-Gases mit einem Heizwert von 2,7 - 4,2 MJ/m^{3}

dient zur Beheizung der Winderhitzer, ein weiterer Teil als Energie
für die Winderzeugung, der Rest stellt eine sehr wesentliche Heiz-
und Kraftquelle für das gesamte Hüttenwerk dar [38].

3.1.3 Die Direktreduktion im Elektroofen

Außerhalb des HO gewinnen die Direktreduktionsverfahren zunehmend an
Bedeutung. Beim Verhütten im üblichen HO dient der Brennstoff, meist
Koks, sowohl zum Reduzieren als auch zum Erzeugen der Wärme. Beim
elektrischen Verhütten wird die notwendige Wärme elektrisch erzeugt.
Die hochwertigen Eisenerze werden in festem Zustand mit festen oder
gasförmigen Reduktionsmitteln reduziert, der im LD-Konverter oder
Elektrolichtbogenofen direkt zu Stahl verarbeitet werden kann. Eine
wesentlich geringere Gichtgasmenge (nur 1/6 gegenüber den HO [4]), sowie geringere Anforderungen an den Möller und damit billigere Roh-
stoffe bieten sich als Vorteile des elektrischen Verhüttens an. Sie
ist jedoch nur dort wirtschaftlich, wo billige elektrische Energie
verfügbar ist (Wasser-, Kernkraftwerke). Da jedoch Brennstoff weitaus
günstiger ist, wird immer noch der größte Teil des RE im HO hergestellt (nur 1% im elektrischen Ofen [37]).

3.2 Die Automatisierung der Roheisenerzeugung im Hochofen

3.2.1 Allgemeines über den Rechnereinsatz bei der Automatisierung

Die Automatisierung im HO-Werk dient zum Zwecke des optimalen Ablaufs
von Erzeugungsvorgängen, zum Erzielen gleichmäßigerer Erzeugnisse und
zur besseren Gestaltung von Arbeitsvorgängen für den einzelnen Menschen. Dies setzt eine erfolgreiche Rationalisierung im technisch-
wirtschaftlichen Bereich, d.h. eine Optimierung aller Produktionsbe-
dingungen in einem gegebenen Gesamtsystem, unter Berücksichtigung
einer unverseuchten Umwelt. Die versickelten physikalischen und chemischen Vorgänge beim Verhütten von Erzen und Schmelzen sind nur
schwer zu beherrschen und meßtechnisch zu erfassen. Dies wird insbesondere erschwert durch sehr hohe Arbeitstemperaturen, durch z.T.
diskontinuierliche Stofflüsse und durch Unzugänglichkeit der in sich

abgeschlossenen Verfahren. Durch die oft noch fehlenden repräsentativen Meßdaten ist man gezwungen, Teilautomatisierungen vorzunehmen, um stufenweise vom Handbetrieb bis zum vollautomatischen HO-Betrieb mit Hilfe von Rechnern vorzustoßen.

Durch den Rechnereinsatz sollen folgende Ziele erreicht werden:
a) zentrale Erfassung und Registrierung aller den Produktionsprozeß beeinflussenden Faktoren;
b) schnelle Auswertung von Kennziffern und eine entsprechende Meßwertüberwachung soll Ergebnisse mit nötigem Aktualitätswert für eine Handsteuerung liefern;
c) Erhöhung der Ofenleistung durch verbessertes Begichtungsprogramm anhand der Überwachung der Gichtanalysenwerte und des Gichtgasdruckes (Durchgasung) sowie der Auswertung von Menge, Analysen und Temperatur von RE und Schlacke;
d) Verbesserung der RE-Qualität durch bessere Ofenführung, damit u.a. das Stahlwerk hinsichtlich der Wärmebilanz wirtschaftlicher arbeiten kann;
e) exakter Nachweis über Höhe und Zuordnung der Kosten und Minimierung der Kosten;
f) Verbesserung der Planung mit Hilfe bilanzierender off-line-Modelle;
g) durch Auswertung der einzelnen Abschnitte eine ständige Verbesserung des Verfahrensablaufs;
usw.

Abb.3.2 zeigt die Einsatzmöglichkeiten und Aufgaben des Prozeßrechners am HO sowie die für die Automatisierung notwendigen Regelkreise.

Der Einsatz von Rechnern brachte eine grundlegende Wandlung im Gesamtbereich der Anlageninstrumentierung mit sich. Das funktionelle Vermögen der Grundinstrumentierung legt andererseits die Anwendungsgrenzen des Rechners bei der Prozeßsteuerung und Prozeßregelung fest. Es ergeben sich folgende Forderungen:
a) Ausweitung des Primärwesens durch Verbesserung der Meßorte und deren Aussagefähigkeit;
b) Verfeinerung der Geräte in Bezug auf die reproduzierbare Genauigkeit und die dynamischen Übertragungseigenschaften;
c) Erhöhung der Zuverlässigkeit der Geräte.

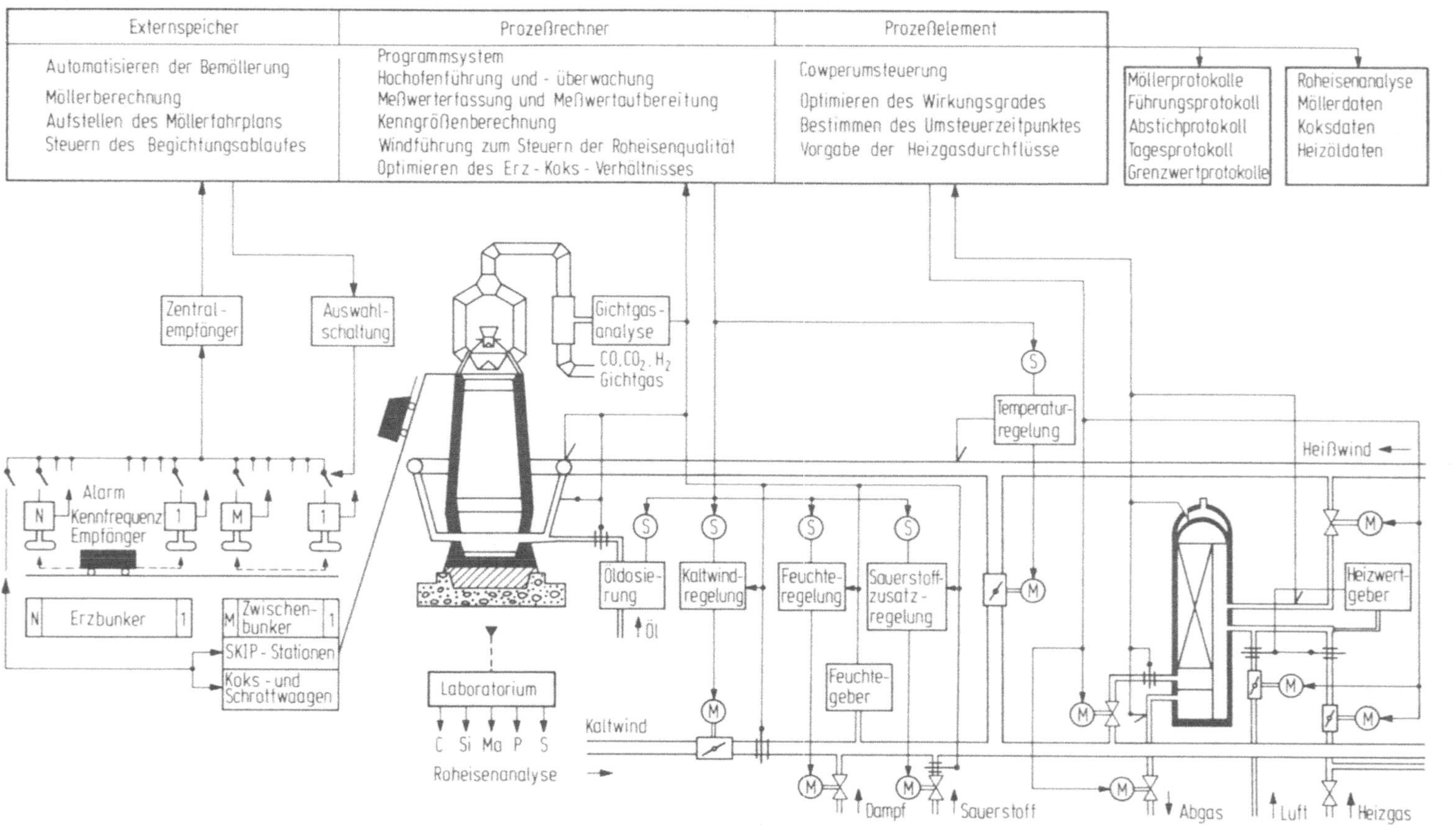

Abb.3.2. Aufgaben des Prozeßrechners am Hochofen [39]

Es sollten jedoch bei der Frage nach der Genauigkeit nur solche Anforderungen gestellt werden, die unbedingt eingehalten werden müssen,
um die jeweilige Aufgabe lösen zu können. Als Grundsatz gilt hier besonders:

Die Meßfehler brauchen nicht so klein wie möglich zu sein, vielmehr
ist im Hinblick auf den mit steigenden Genauigkeitsforderungen über-
proportional steigenden Wartungsaufwand zu fordern, daß die noch zulässigen Meßfehler der zu lösenden Aufgabe entsprechen. Die Festlegung der Genauigkeit eines Meßwertes muß über eine Fehlerbetrachtung
erfolgen. Ein Maß für die zulässige Fehlergrenze ergibt sich aus der
Fehlerfortpflanzungs-Rechnung für die einzelnen Meßwerte anhand der
Datenverarbeitungs-Aufgabe des Prozeßrechners [40, 41, 42].
Abb.3.3 zeigt die zur Erfassung jeder physikalischen Größe erforderliche Meßkette, bestehend aus Meßwertaufnehmer, Umformer, Verstärker,
Korrekturgliedern und Anzeigegeräten.

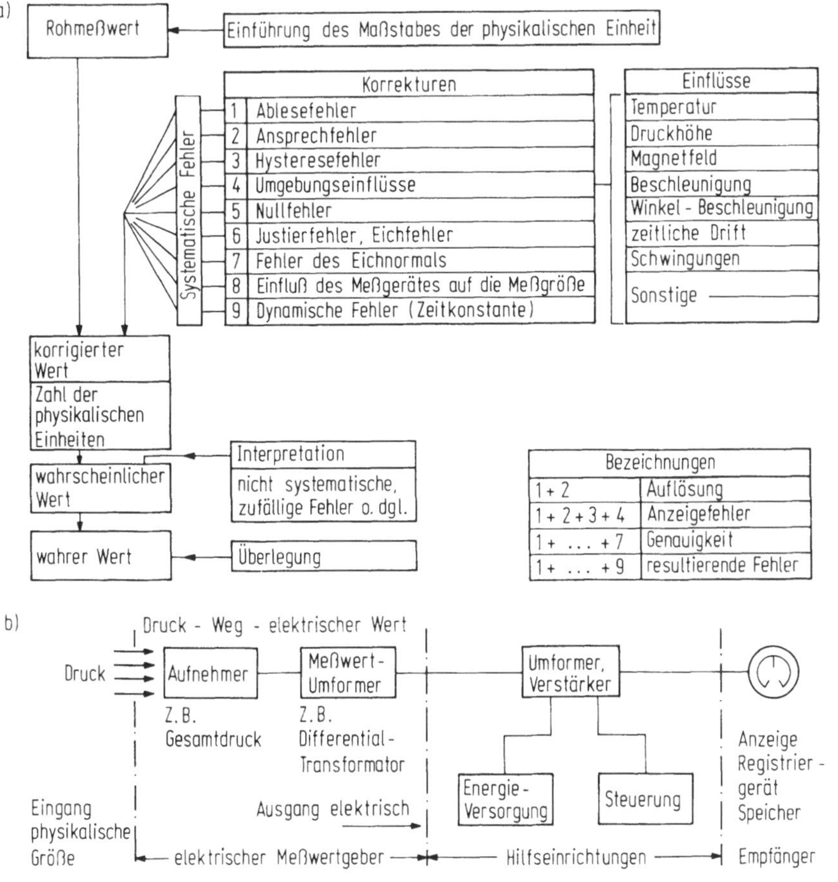

Abb.3.3.a) Rohanzeige, Einflüsse und wahrer Meßwert,
   b) Erfassung einer physikalischen Größe (Meßkette) [40]

Das Ziel der Automatisierung des Hochofenprozesses ist die Gewährleistung einer hohen RE-Qualität und einer optimalen Ausnutzung der kapitalintensiven HO-Anlage. Um diese Forderungen zu erfüllen, ist es notwendig, die Ofenbeschickung und den Ofengang von äußeren subjektiven Einflüssen unabhängig zu machen. Durch die vielfältigen Einflüsse und Auswirkungen der Vorgänge im und um den HO bedingt, können Teilprobleme verständlicherweise zunächst nur schrittweise gelöst werden.

3.2.2 Hochofen-Beschickung

Die geforderte hohe Ofenleistung kann u.a. nur dann erzielt werden, wenn das Rohmaterial, mit dem der HO beschickt wird, in Sinter- und Pelletieranlagen angereichert, aufbereitet und stückig gemacht wird, um selbständige Eigenschaften zu erzielen. Um die Anzahl der Mischungskomponenten bei der Beschickung zu reduzieren, wird schon bei der Erzaufbereitung eine Vereinheitlichung des Beschickungsmaterials angestrebt (Materialzusammenstellung z.T. schon in der Sinter- und Pelletieranlage).

Abzug des Gichtgutes aus den Vorratsbunkern

Die Möllerkomponenten und der Koks werden in der erforderlichen gewichtsmäßigen Zusammensetzung aus Vorratsbunkern abgezogen. Dies geschieht entweder über eine Bandmöllerung mit Hilfe von elektronischen Wagen oder durch einen schienengebundenen Möllerwagen, der jedoch wegen seiner Konstruktion für den automatischen Betrieb weniger geeignet ist. Der Koks wird dabei getrennt über Bänder aufgegeben.

Häufig ist die Transporteinrichtung für die Art der Mölleranlagen bestimmend. Man unterscheidet hier Möllerung mit runden Setzkübeln, Möllerwagen mit Wiegetaschen und Bandmöllerung. Eine Automatisierungsmöglichkeit der Möllerwagen mit Wiegetaschen bietet sich in folgender Weise. Für die meisten Anlagen wird der Möller in Möllerwagen mit Wiegetaschen zu den Aufzügen transportiert. Diesem Wagen kommt nicht nur die Transportaufgabe, sondern auch die Zusammenstellung einer Ladung aus mehreren Materialkomponenten mit möglichst hoher Dosierungsgenauigkeit zu. Er ist zu diesem Zweck mit einem leistungsfähigen, in der Drehzahl verstellbaren Antrieb, einer Wiegeeinrichtung und einer Abzugssteuerung ausgerüstet. Der Antrieb muß in der Lage sein, einem vorgegebenen Geschwindigkeitsverlauf zu folgen, um nach hoher Trans-

portgeschwindigkeit mit niedriger Schleichdrehzahl genau in eine Ziel-
position zu fahren. Eine Steuereinrichtung zur automatischen Zielan-
steuerung und Übernahme der Möllerkomponenten ist in Abb.3.4 angegeben. Es wird hier versucht, die Anzahl der zu übertragenden Daten
möglichst gering zu halten, d.h. ein möglichst großer Teil der Daten
wird beim Möllerwagen selbst verarbeitet.

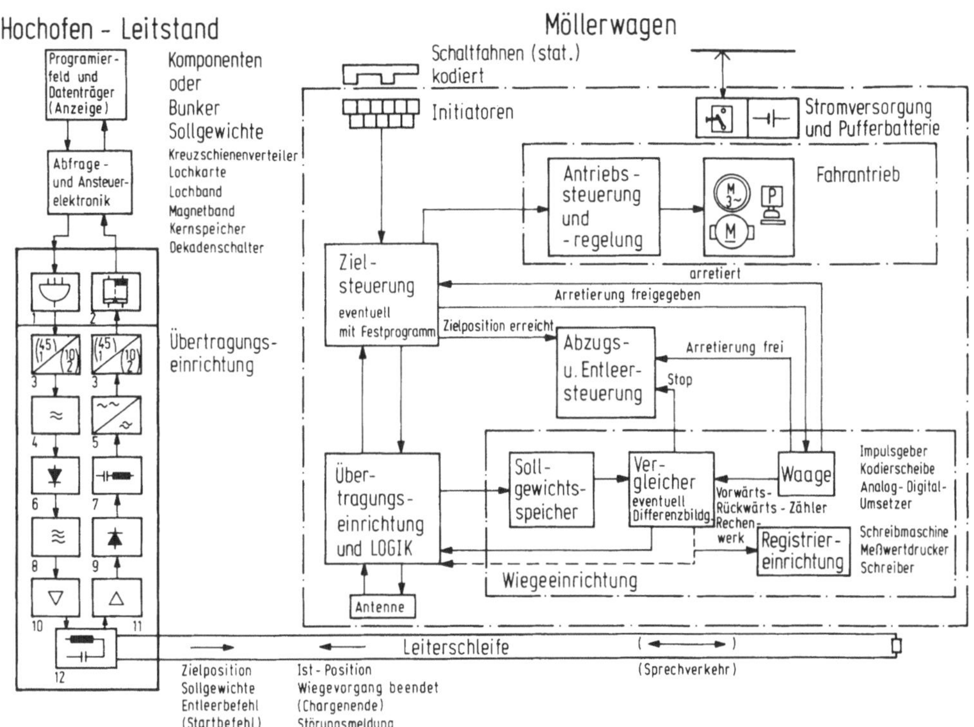

Abb.3.4. Hochofenbeschickung, Automatisierung des Möllerwagens [43]
1 Eingangslogik, 2 Ausgangslogik, 3 Kodewandler, 4 Tongenerator,
5 Eintonumformer, 6 Modulator, 7 Bandpaß, 8 Trägerfrequenz, 9 Demodu-
lator, 10 Sendeverstärker, 11 Empfangsverstärker, 12 Frequenzweiche

Auf einem Programmierfeld im HO-Leitstand werden die Komponenten oder
die Bunker und die Sollgewichte vorgegeben. Mit einer Abfrage- und
Ansteuerelektronik werden die gespeicherten Daten des Programmierfel-
des folgerichtig in den stationären Teil der Übertragungseinrichtung
eingegeben. Dieser Teil übernimmt auch die Ansteuerung der verschiedenen Anzeigen gemäß Rückmeldung vom Möllerwagen und Weiterschaltung
nach Programm. Die Übermittlung der Daten vom und zum Möllerwagen geschieht induktiv über eine festverlegte Leiterschleife und Antennen
bzw. Elektromagneten, die in geringem Abstand frei beweglich angeordnet sind. Um möglichst viele Daten betriebssicher übertragen zu können,

wird ein frequenzmultiplexes Tonfrequenzsignal mit hohem Signalpegel
angewandt. In der Logik des Möllerwagens werden die Befehle wie Ziel-
position, Sollgewichte, Entleer- und Startbefehl sortiert und der
Zielsteuerung bzw. der Wiegeeinrichtung mitgeteilt. Die Zielsteuerung,
die in Verbindung mit der Antriebssteuerung arbeitet, speichert die
angegebenen Zielpositionen und vergleicht sie mit den eingehenden
Positions-Istwerten (über Schaltfahnen mit Vor-Rückwärtszählkette
oder kodierte Schaltfahnen mit speziellem Positionswert). Abhängig
von diesem Vergleich gibt sie Verzögerungs- und Haltebefehle an die
Steuerung des Antriebes.

Die Gewichts-Istwerte werden von einer Wiegeeinrichtung übernommen.
In einem Vergleicher wird die Differenz zwischen Soll- und Ist-Gewicht
ständig ermittelt. Bei Annäherung an das Sollgewicht wird Vorend-
schaltung zum Feindosieren und schließlich Stoppbefehl für die Aus-
tragesteuerung gegeben. Nach der Beruhigungszeit wird ein Wiegeprotokoll entweder auf dem Wagen selbst oder in der Zentrale ausgedruckt.
Ein Beispiel zur Erfassung der Gewichtswerte und Herstellung von Wie-
geprotokollen mit Hilfe eines Rechners zeigt. Abb.3.5. Abb.3.6 zeigt
ein beispielhaftes Wiegeprotokoll.

Bei der Erweiterung und bei Neubauten von HO-Anlagen wird von Hütten-
werksplanern immer mehr der Bandmöllerung der Vorzug gegeben, denn
diese läßt eine vollkommene Automatisierung zu. Außerdem wird bei den
modernen Großhochöfen durch das steigende Rohmaterialvolumen die Grenze der Leistungsfähigkeit der üblichen Möllerwagen erreicht. Im Prinzip kann die Anlage der Bandmöllerung ähnlich aufgebaut sein wie die-
jenige mit Möllerwagen. Unter jeder Bunkerreihe läuft ein Sammelband,
das das von den Austragevorrichtungen abgezogene Material zu einem
Zwischenbunker an der Übergabestelle zum HO-Aufzug oder Schrägband
transportiert. Die Bandmöllerung mit einzelnen den Bunkern zugeordneten Wiegegefäßen oder Bandwagen ist wesentlich leistungsfähiger
und flexibler als die Möllerung mit Möllerwagen, weil mehrere Wiege-
vorgänge parallel laufen und die Zeiten für das Verfahren des Möllerwagens zwischen den Wägungen eingespart werden können. Es ergeben sich
auch wesentliche steuerungstechnische Vorteile, da die Wiegeeinrichtungen den Bunkern zugeordnet sind und alle Austragevorrichtungen,
Wiegeeinrichtungen, Meßwertübertragungen, etc. direkt über Draht mit
der Zentrale verbunden werden können.

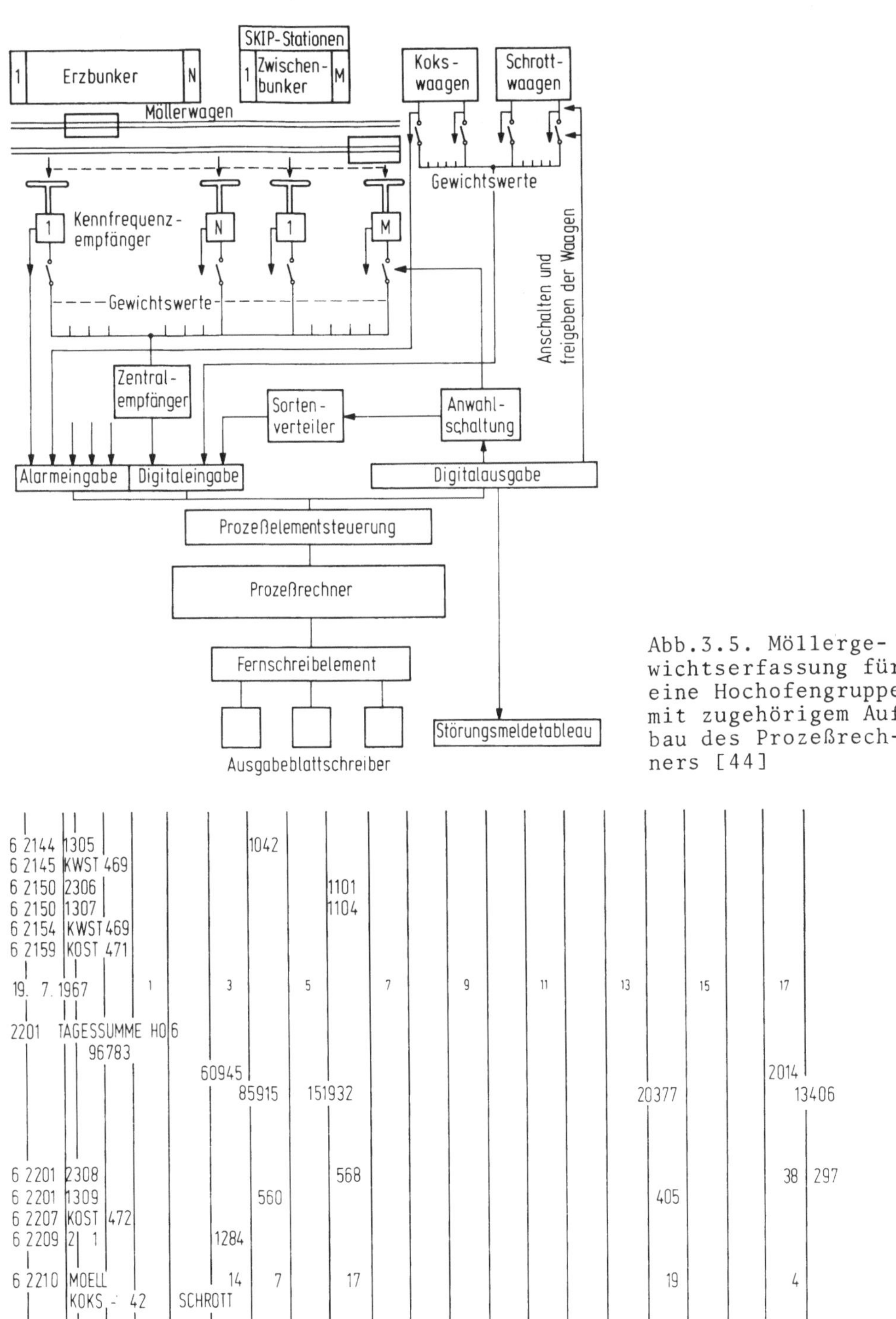

Abb.3.5. Möllergewichtserfassung für eine Hochofengruppe mit zugehörigem Aufbau des Prozeßrechners [44]

Abb.3.6. Protokoll der Möllergewichtserfassung (Rotdruck bei Koksfahrt und für Zyklusbilanz) [44]

In Abb.3.7 ist das Prinzip einer Steuerung für eine automatische Möllerung mit Lochstreifenleser und Istwertdrucker für 5 Hochöfen mit
Bandbeschickung dargestellt.

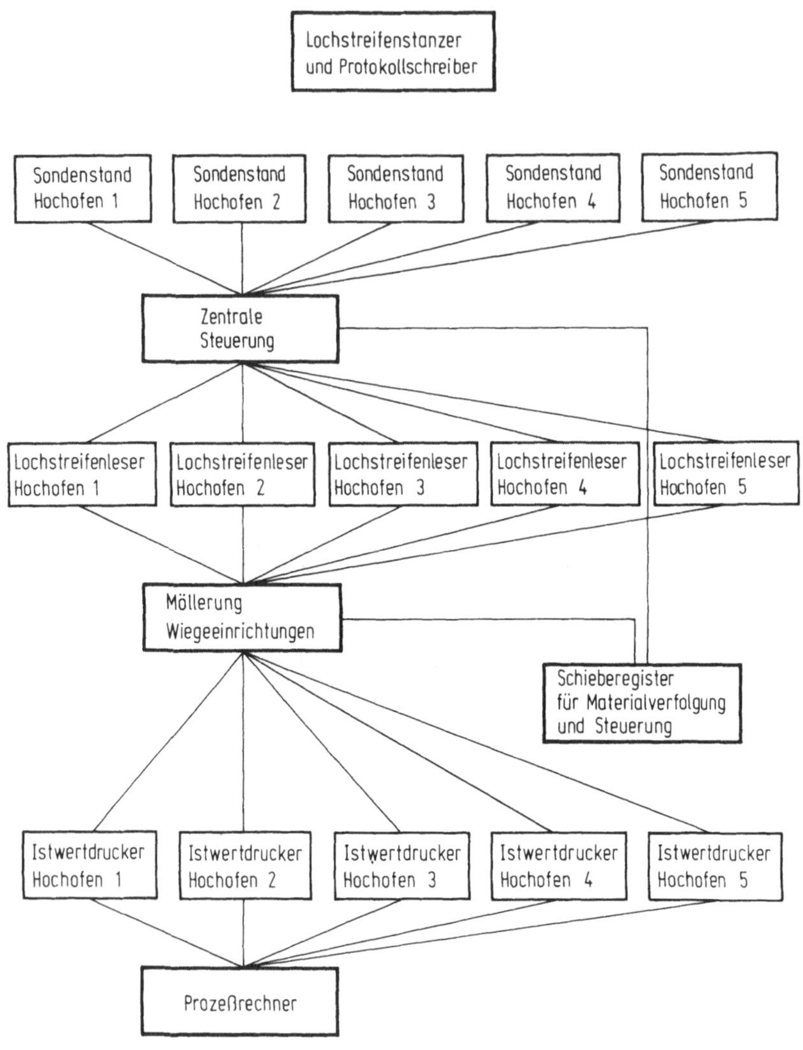

Abb.3.7. [45]

Als Programmträger für die Datenvorgabe und Steuerung bieten sowohl
der Lochstreifen als auch Festprogrammspeicher große Vorteile, wenn
für jeden HO einer Gruppe ein Lochstreifenleser mit Endlosschleifen
und der dazugehörigen Lesesteuerung vorgesehen wird. Da beliebig viele in auswechselbaren Kassetten untergebrachte Programmbänder hergestellt werden können, ist die Speicherkapazität praktisch unbegrenzt.
Die Programmstreifen eines jeden HO werden zyklisch abgefragt, und

die Befehle an die automatisch arbeitende Möllerung weitergeleitet.
Eine zentrale Steuerungseinrichtung fragt die HO ebenfalls zyklisch
nach dem über Teufensonden festgestellten Materialbedarf ab und
spricht den Programmleser des HO an, der die nächste Ladung erhalten
soll.

Transport von Möller und Koks zur Gicht

Das heute noch gebräuchlichste System ist der Skip-Aufzug, der in Verbindung mit der Bandmöllerung einen vollautomatischen Betrieb bei ge-
drängter räumlicher Anordnung zuläßt.

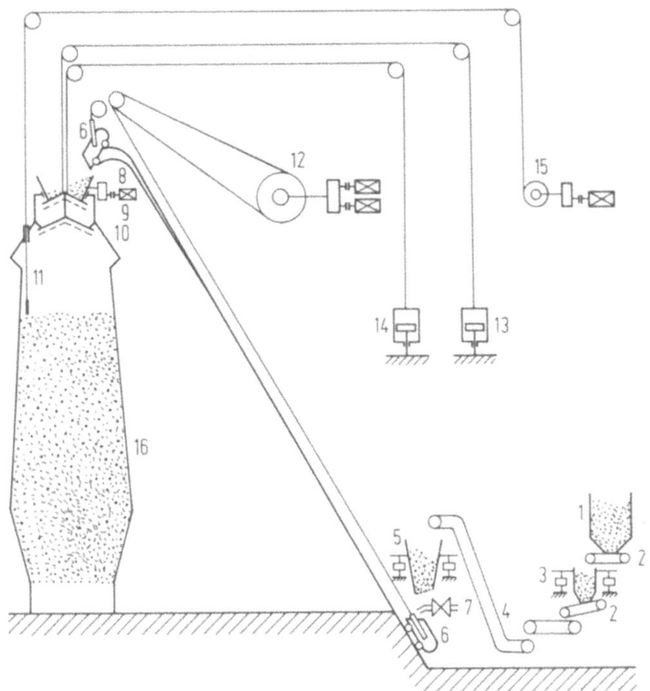

1 Vorratsbunker, 2 Austragbänder, 3 Wägetasche, 4 Transportbänder
5 Zwischenbunker, 6 linker und rechter Hunt, 7 Wasseraufgabe,
8 Trichterdrehwerk, 9 Oberglocke, 10 Unterglocke, 11 Sonden, 12 Auf-
zugwinde, 13 Oberglockenzylinder, 14 Unterglockenzylinder, 15 Sonden-
winden, 16 Hochofen

Abb.3.8. Hochofenbeschickungsanlage mit Bandmöllerung und Skipaufzug
[46]

Ein doppeltrümmiger Schrägaufzug bringt in wechselseitig beladenen
Skipgefäßen (Hunte) die zuvor abgewogenen Möller- und Koksmengen zur

Gicht und entleert durch entsprechende Ausbildung der Laufschienen
die Ladung selbsttätig in den Drehtrichter. Jede Fahrt ist eine Nutz-
fahrt (Abb.3.8).

Als Windenantrieb werden zwei drehzahlgeregelte Gleichstrom-Nebenstrom-
motoren eingesetzt, die überwiegend über Stromrichter gespeist werden.
Aus Sicherheitsgründen (24-Stunden-Betrieb) werden Windenmotoren, Speisung und Regelung, oft auch die Steuerung mit 100% Reserve installiert.

Zur wegeabhängigen Steuerung des Drehzahlsollwertes dient ein mecha-
nisches Fahrkopierwerk, das zur genauen Einstellung der Endlagen
Feinendschalter enthält, oder ein elektronisches Kopierwerk, das den
Fahrweg digital abbildet. Das Kopierwerk besteht im wesentlichen aus
einer dekadischen Zähleinrichtung, einer Auswerteschaltung, die den
Fahrweg überwacht und erforderliche Kommandos ausgibt, sowie einem
DAU, der den wegabhängigen Drehzahlsollwert abgibt. Die Wegeimpulse
können kontaktlos von Initiatoren oder von an Aufzugsmotoren montier-
ten digitalen Drehgebern geliefert werden. Im Automatik- wie im Handbetrieb sind Verriegelungen wirksam, die z.B. eine Doppelfüllung des
Skips sowie eine Abwärtsfahrt mit nichtentleerter Ladung verhindern,
eine Aufwärtsfahrt unterbrechen, wenn der Trichter dreht oder noch
drehen soll, die Oberglocke offen bzw. die vorangegangene Schüttung
noch nicht abgesenkt ist. Weiterhin werden Hochstgeschwindigkeit,
Schlaffseil, Überfahren wichtiger Endschalter, etc. überwacht, so
daß im Störungsfall eine unmittelbar auf Windentrommel wirkende Not-
bremse ausgelöst werden kann [46, 47].

Mit dem Trend zum Großhochofen erhält die Bandtransport-Beschickung
immer mehr den Vorzug. Man nutzt hier für die gesamte Beschickung ein
gleichartiges, kontinuierlich arbeitendes Transportsystem aus und erhält damit gute Voraussetzungen für die Automatisierung. Der Aufbau
einer zentralen Bandtransport- und Begichtungsanlage für mehrere
Hochöfen ist in Abb.3.9 dargestellt.

Die Aufgabe der Automatisierungseinrichtungen ist es, den Materialfluß zu den Öfen nach gespeicherten, flexiblen Begichtungsprogrammen
selbsttätig zu steuern und zu überwachen. Hierzu gehören ein zentra-
ler Begichtungsprogrammspeicher, selbsttätiger Ofenabruf, elektronische Wiegeeinrichtung, zentrale Steuerung der Beschickungseinrichtungen durch Materialflußnachbildung und Erfassung der Beschickungsdaten.

Der für das gesamte HO-Werk zentrale Leitstand bietet eine vollständige Übersicht über alle Betriebsanlagen und erleichtert somit wesentlich die Ofenführung [48].

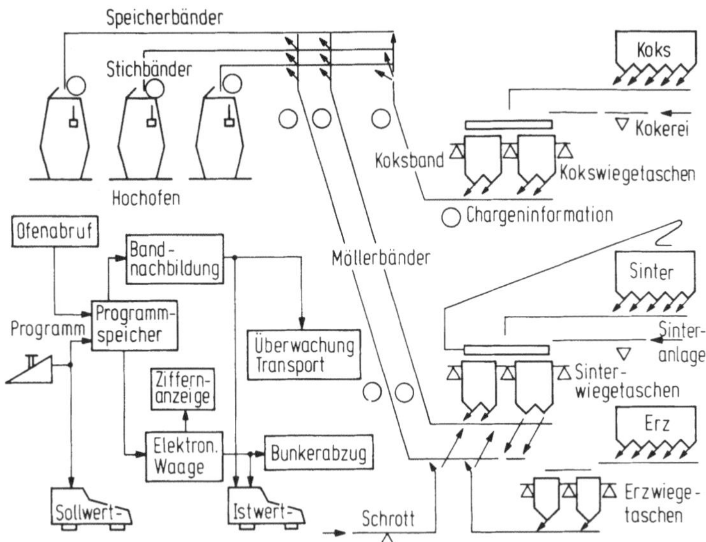

Abb.3.9. Prinzipdarstellung der Bandtransport-Beschickungsanlage für
eine Hochofengruppe mit vereinfachtem Blockschaltbild der automatischen
Steuerung [48]

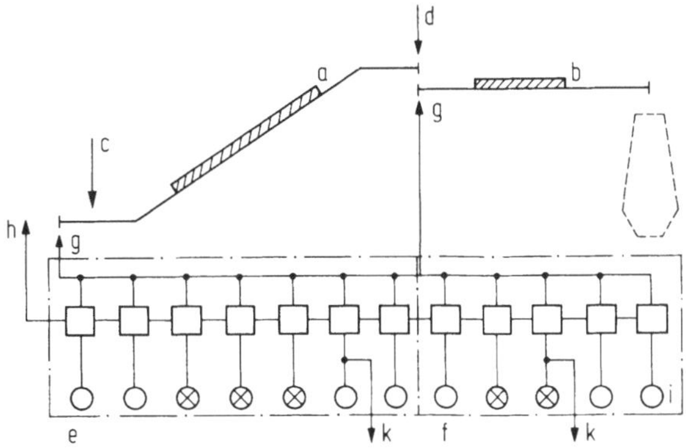

a,b Förderbänder, c Aufgabestelle für Fördergut, d Übergabestelle von
Band a auf Band b, e Schiebespeicher für Band a, f Schiebespeicher für
Band b, g wegabhängiger Schiebetakt, h Fördergut wird aufgegeben,
i Erkennung des Förderguts, k Befehle für Steuerung und Verriegelung

Abb.3.10. Schieberegister für Anzeige und Steuerung des Belegungszustandes für eine Hochofen-Bandbeschickung [45]

Das Beschickungsmaterial gelangt schubweise in verschiedenen Längen,

bestehend aus verschiedenen Sorten nach Befehlen der Programmsteuerung auf die Bänder. Um einen Überblick über den Materialfluß zu erhalten, wendet man Schieberegister für Anzeige und Steuerung des Belegungszustandes an (Abb.3.10).

Jedem Band ist ein Schieberegister zugeordnet, das außer der Kennzeichnung der Bandbelegung auf Leuchtschaubildern auch bestimmend ist für die Freigabe und Verriegelung der Austragevorrichtung,für die Steuerung der Umlenkschnurren sowie der Reversier- und der fahrbaren Bänder, für die Steuerung der Trichterdrehwerke, Klappen und Glocken sowie für die Anzeige von Materialfolge, Art und Ofennummer [45].

Um mit der Materialbeschickung die RE-Güte und den Ofengang zu beeinflussen, wird diese nach einem gespeicherten Programm ausgeführt. Die Programmschritte, die sich zyklisch wiederholen, enthalten eine eindeutige Chargenkennzeichnung (Chargennummer, -zusammensetzung, -ziel, Materialangaben, Gewichtsanteile).

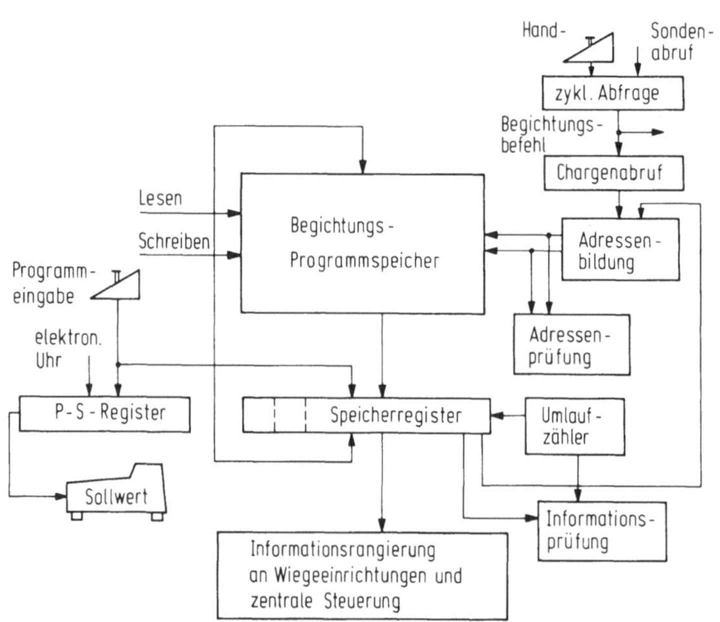

Abb.3.11. Blockschaltbild der Begichtungs-Programmsteuerung der Hochofen-Bandbegichtung [48]

Abb.3.11 zeigt das Blockschaltbild eines Begichtungsprogramms. In einem zentralen Programmspeicher, der auch in Verbindung mit einem Prozeßrechner arbeiten kann, werden die Chargeninformationen gespeichert. Der Speicher hat die Aufgabe, bei einem Ofenabrufbefehl die

Material- und Gesichtsdaten der folgenden Chargen an die zugeordneten
Wiegeeinrichtungen weiterzuleiten. Wesentlich ist, daß das Begichtungsprogramm jederzeit den Anforderungen des HO-Betriebes angepaßt werden
kann, ein kurzfristiger, wahlfreier Zugriff zu jeder Information läßt
eine Programmkorrektur während des Betriebes zu. Um eine falsche Ofenbeschickung zu vermeiden, kann die Chargeninformation mehrfach überprüft werden (Prity-Check, Pseudotetradenprüfung, Koinzidentsprüfung
der gebildeten Adresse mit den ersten drei Dezimalen der Information).

Der Begichtungsbefehl steht in indirekter Abhängigkeit von der Ofenteufe, desgleichen die Verstellung des Schlagpanzers. Jedem Begichtungsbefehl wird ein Chargenabruf aus dem Programmspeicher zugeordnet.
Um beim schnellen Ofengang eine Behinderung der Transportwege und Ver-
zögerungen auszuschließen, wird gefordert, daß vor dem Chargenabruf
die vorhergehende Charge auf den Speicherbändern für Koks und Möller
unterschiedliche Punkte erreicht haben, da Koks- und Möllerchargen
bis zur Verteilerstation in der Regel verschiedene Transportzeiten
bewirken [48].

Für den Hochöfner stellt eine Registrierung der Beschickungsdaten in
einem Chargen-Soll- und Istwert-Protokoll eine wertvolle Unterstützung
dar. Beide Protokolle können über konventionelle Fernschreibmaschinen
ausgegeben werden [47, 49].

Übergabe des Gichtgutes

Mit Hilfe eines Trichterdrehwerkes geschieht die Übergabe des Gichtgutes in den Ofen unter gleichmäßigem Verteilen der verschiedenen
Bestandteile und Körnung. Der Trichter wird hierzu um einen im Programm festgelegten Winkel gedreht. Ein doppelter Gichtverschluß
(Ober- und Unterglocke) verhindert das Entweichen größerer Gichtgas-
mengen. Das Trichterprogramm wird von der Oberglocke ausgelöst, indem sie bei geöffneter Stellung das Entleeren des Drehtrichters quit-
tiert. Das Trichterdrehwerk wird wegabhängig gesteuert, wobei ein
Drehgeber, der je zurückgelegte Winkeleinheit einen Impuls abgibt,
die Drehwinkel digital abbildet und in einen Zähler eingibt. Eine
Drehrichtungsauswertung legt den Drehsinn entsprechend dem kürzesten
Weg fest. Um den unterschiedlichen Trichternachlauf ausgleichen zu
können, ist der Abschaltpunkt variabel. Innerhalb eines gewissen To-
leranzbereichs ist die Trichterstellung zulässig, was in einem Steu-

erwerk überprüft werden kann. Das Öffnen der Oberglocke unter gleich-
zeitigem Hochziehen der Sonden wird nach dem Aufzugsstart durch ein
Glockensteuerwerk ausgelöst. Die Rückmeldung "Oberglocke geöffnet"
leitet das Vorrücken des Trichterprogramms und eines Zählers für die
Schüttungen auf die Unterglocke ein. Über eine Steuerung kann der
Schlagpanzer eingestellt werden, eine Auswertung der Stellung geschieht nach dem Absenken der Unterglocke. Abb.3.12 zeigt schematisch den Ablauf einer Beschickung mit elektronischer Programmsteuerung [46].

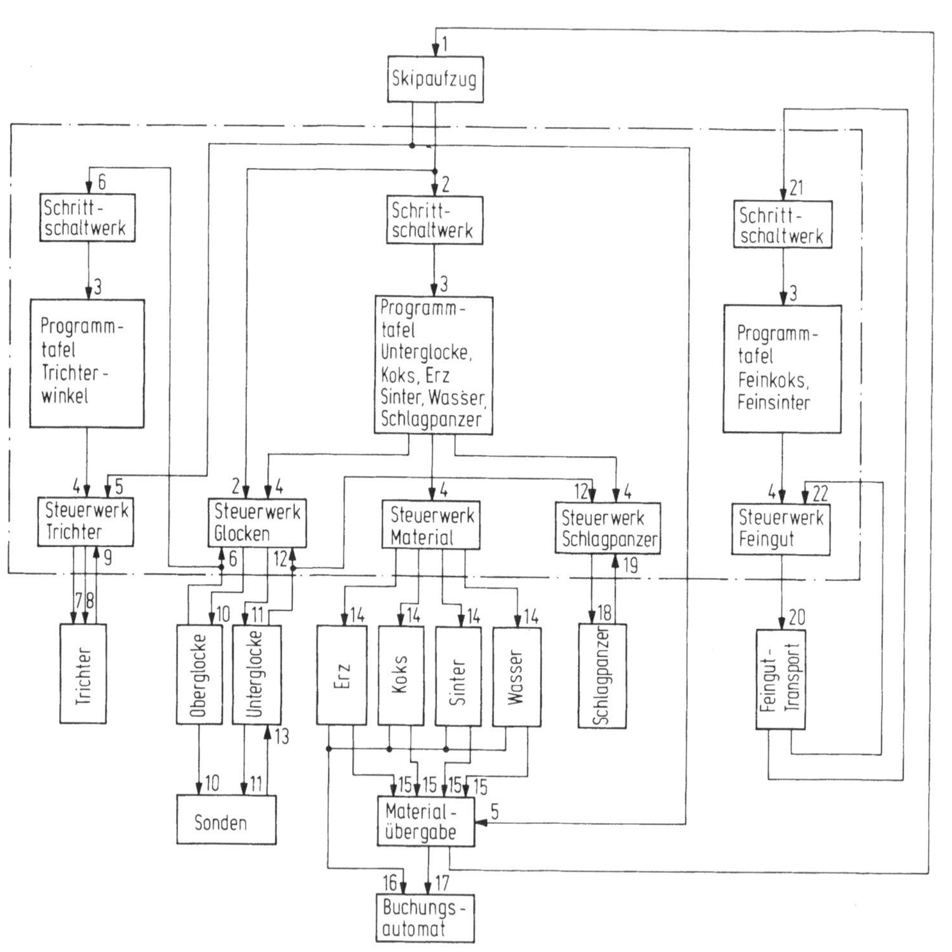

Abb.3.12. Schematischer Aufbau einer elektronischen Programmsteuerung
1 Material ist übergeben (Startbefehl für Skipaufzug), 2 Skipaufzug
gestartet, 3 Programmschritt, 4 Programmabfrage, 5 Hunt in Endlage,
6 Oberglocke geöffnet, 7 Trichter soll links oder rechts drehen,
8 Abschaltbefehl Trichter, 9 Trichter steht, 10 Oberglocke soll öffnen,
11 Unterglocke soll öffnen, 12 Unterglocke geöffnet, 13 Sonden hochge-
zogen, 14 Materialanforderung, 15 Material ist abgezogen, 16 Einzelge-
wichte, 17 Summengewicht, 18 Schlagpanzer/Sollwert, 19 Schlagpanzer/
Istwert, 20 Startbefehl für Feinguthunt, 21 Feinguttransport startet,
22 Feinguttransport unten

Wiege- und Dosierungseinrichtungen

Die vollautomatische Zusammenstellung von Erzmischungen und Möllerchargen erfordert Wiegeeinrichtungen, die große vorgegebene Mengen mit
höchster Genauigkeit erfassen. Hiervon wird die Wirtschaftlichkeit des
HO-Prozesses sowie die Qualität des RE entscheidend bestimmt.

Zum Einsatz kommen mechanische und elektronische Bandwaagen, die eine
kontinuierliche Mengenmessung von Schüttgütern in dem laufenden Trans-
portfluß ermöglichen. Zum Teil sind diese aufgrund ihrer elektrischen
Einrichtungen, mangelnder Eichfähigkeit und Genauigkeit sowie einem
erhöhten Wartungsaufwand jedoch wenig zur Automatisierung geeignet.
Dies gilt im wesentlichen auch für Dosierungseinrichtungen (Banddo-
sierung, intermittierendes Blcokverfahren), so daß sich in erster
Linie mit Bunkerwaagen die gestellten Forderungen erfüllen lassen [50].
Bunkerwaagen arbeiten diskontinuierlich, d.h. während der Messung und
Protokollierung muß der Materialstrom unterbrochen werden. Als Last-
aufnehmer dienen Kraftmeßsonden mit Dehnmeßstreifen oder nach dem
magneto-elastischen Prinzip (Preßdrucktoren). Sie bieten den Vorteil,
eine dem Gewicht proportionale elektrische Größe abzugeben, bei einer
sehr guten Langzeitkonstanz, Robustheit, Genauigkeit und Wartungs-
freiheit. Die Meßspannung wird meist in einem selbstabgleichenden
Kompensator (analog oder digital) ausgewertet (Abb.3.13).

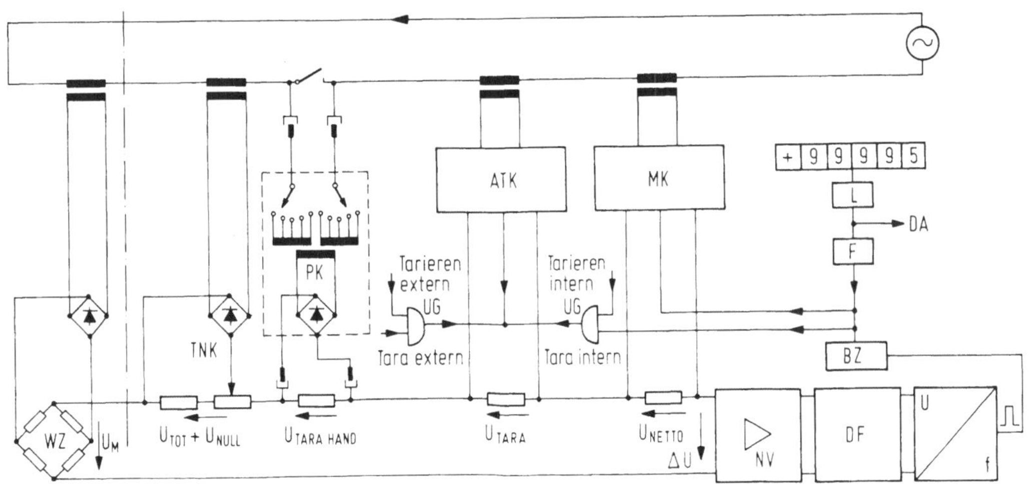

Abb.3.13. Blockschaltplan der Nettowaage mit automatischer Abgleich-
schaltung [51]

Eine Weiterverarbeitung der Spannung erlaubt Füll-, Abzugs- oder Gattierwägungen mit automatischer Nullpunktkorrektur, Grenzwertsignalisierung, Verriegelungs- und Steuereinrichtung, Ausgänge für Protokolldruck und den Anschluß an Datenverarbeitungsanlagen [47, 49, 51].

3.2.3 Überwachung und Steuerung des HO-Betriebes

Überwachung der Teufe

Für den Betrieb großer Öfen gilt als wesentliches Führungsmittel das genaue Messen und Einhalten einer festgelegten Teufe bei der Beschickung, um ein günstiges Schüttprofil und damit zufriedenstellende Durchgasungsbedingungen mit höchstmöglicher Gasausnutzung zu erreichen. Die frühere mechanische Teufenmessung mittels Tastsonden ließ viel zu wünschen übrig. Versuche mit Lichtstrahlen im sichtbaren oder infraroten Bereich sowie mit Schall im hörbaren oder Ultraschallbereich ergaben keine zufriedenstellenden Ergebnisse, so daß ein Meßverfahren mit radioaktiven Isotopen (z.B. Kobalt 60 mit der relativ geringen Ausgangsaktivität von 10 mCi) entwickelt wurde [52].

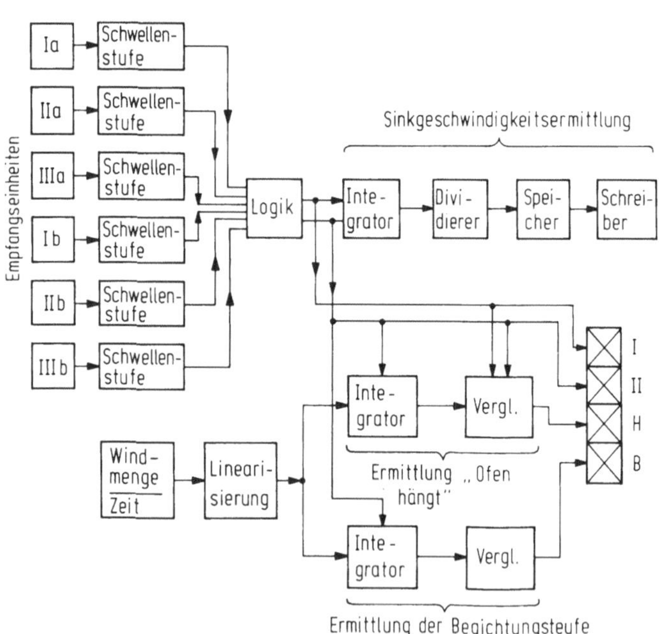

Abb.3.14. Blockschaltbild der Teufenmeßanlage [52]

Der Nachteil einer diskontinuierlichen Teufenmessung wurde in Kauf
genommen. Strahlungsschranken mit je einem Geber und einem Empfänger
werden in allen Meßebenen eingebaut und signalisieren, ob in der be-
treffenden Höhe Möller vorhanden ist oder nicht. Diese Schrankensig-
nale werden u.a. auf einen Rechner geführt (Abb.3.14), wo die Sinkgeschwindigkeit der Mölleroberfläche und die Begichtungsteufe ermittelt wird und damit über die Aufzugsautomatik den Begichtungsvorgang
einleitet.

In Abhängigkeit von der Windmenge wird die Sinkgeschwindigkeit ermittelt, um frühzeitig Störungen im Ofengang, wie "Ofen hängt" zu erkennen und einen eindeutigen Stauchbefehl nach Ablauf verschiedener War-
tezeiten geben zu können. Um zu gewährleisten, daß das "Hängen" so
schnell wie möglich beseitigt wird, muß ein Wert für den RE-Füllstand
im Gestell vorhanden sein, der dann den Sollwert für die gedrosselte
Windmenge verändert. Die in Abb.3.15 gezeigte Einrichtung liefert zwar
keinen Meßwert, läßt jedoch auf den Füllstand schließen.

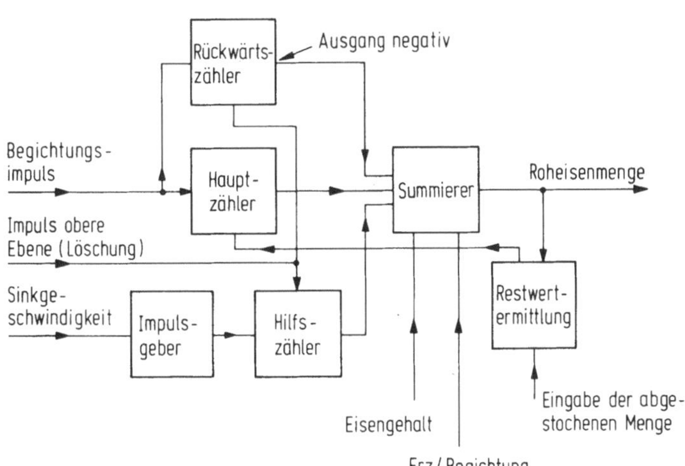

Abb.3.15. Blockschaltbild der Einrichtung zum Ermitteln des Roheisen-
füllstandes im Ofengestell [52]

Es können damit erfaßt werden:
a) Gleiche Erzsorten und gleiche Erzmenge
b) Änderung der Erzsorte und der Begichtungsstufe
c) Roheisenrestmenge bei unterbrochenem Abstich und Absinken der Mölleroberfläche

Über eine längere Zeit wird jedoch eine ständig zunehmende Roheisenmenge fälschlich angezeigt, so daß eine Korrektureinrichtung erforder-

lich ist, die nach 10 bis 20 Abstichen den Fehler selbsttätig berich-
tigt. Mit dieser Anordnung ist eine weitere Teilautomatisierung des
HO-Betriebes gegeben. Der Einsatz einer Recheneinheit für mehrere HO
wird als durchaus möglich und anstrebenswert angesehen [53].
Abb.3.16 zeigt ein Blockschaltbild der Gesamtanlage.

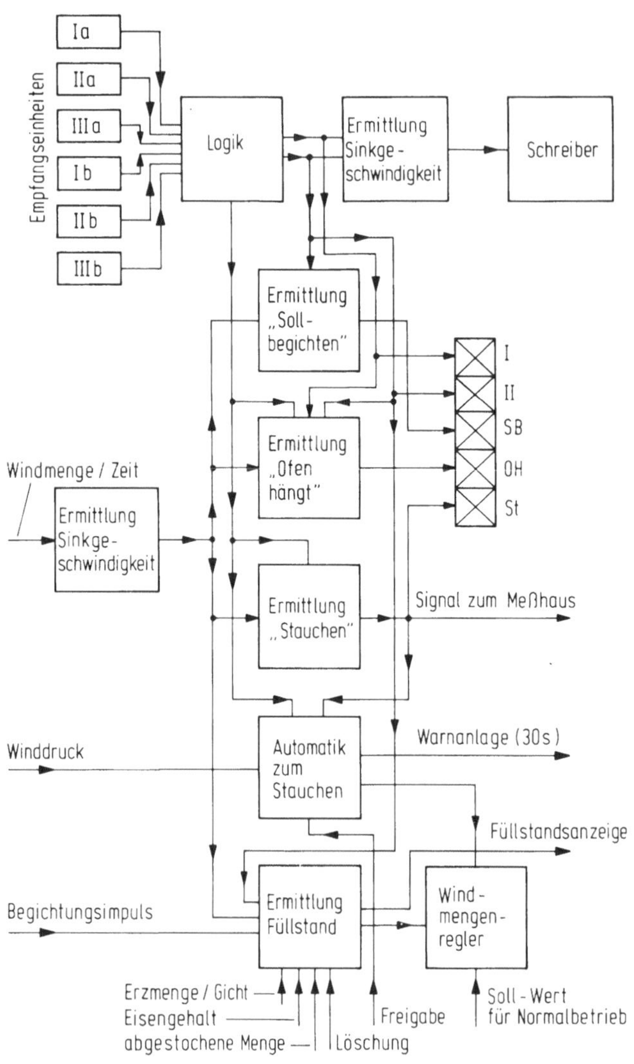

Abb.3.16. Blockschaltbild der gesamten Anlage [52].

<u>HO-Gasanalyse</u>

Wegen ihrer Bedeutung für die Hochofensteuerung sei die Gichtanalyse
genauer besprochen. Die Verfügbarkeit der Gebergeräte hängt dabei
nicht nur von der Arbeitsfähigkeit des Gerätes selbst ab, sondern
auch von einer guten Entnahmetechnik, einschließlich richtiger Wahl
des Entnahmeortes.

Eine Möglichkeit, das HO-Gas zu analysieren, bietet sich mit einem
Ultrarot-Analysengerät. Die optische Unabhängigkeit von Störgasen,
also die Selektivität, erreicht nahezu das theoretische Maß. Als
Gleichlichtgerät mit verhältnismäßig einfachem Aufbau hat es keine
dem Verschleiß unterworfenen Bauelemente und ist weitestgehend er-
schütterungsunempfindlich. Neben dem Ultrarot-Analysengerät stehen
auch Prozeß-Gas-Chromatographen zur Verfügung, die die vorgeschrie-
benen Analysen selbsttätig durchführen. Die Ergebnisse werden in Kur-
venschrift aufgezeichnet und die Konzentration der Komponenten in
Ziffern ausgedruckt. Eine Verbindung mit dem Prozeß über Regler oder
Rechner ist möglich [41].

Eine Verschmutzung der Meßkammer mit Auswirkung auf die Empfindlichkeit der Geräte wird durch sorgfältige Reinigung des Meß- und Eich-
gases vermieden. Die Steuerung des Gasreinigungsprozesses kann über
eine Rechenanlage mit Hilfe der Regressionsanalyse erfolgen [55].

Die Verwendung eines Massenspektrometers erlaubt eine kontinuierliche,
gleichzeitige und quantitative Konzentrationsbestimmung von mehreren
Prozeßkomponenten und ermöglicht die aktuelle Beurteilung der Prozeßparameter, somit ein schnelles Einleiten geeigneter Maßnahmen, um unerwünschte Änderungen der Produkteigenschaften zu vermeiden.

In der Praxis wird die Eichung für in Frage kommende Gaskomponenten
sequentiell durchgeführt. Hierbei aktiviert ein Rechner die entsprechenden Magnetventile für vorgegebene Zeiten und steuert das Eich-
verfahren nach einem Zeitprogramm.

Der HO-Prozeß stellt sehr hohe Anforderungen an die Genauigkeit der
Gasanalyse, denn bei einem bestimmten vorgegebenen Relativfehler sämtlicher Prozeßgrößen hat der Fehler in der Bestimmung der Gaskonzentra-
tionen den größten Einfluß auf den Fehler der charakteristischen Parameter. Die maximale Breite des Fehlerintervalls für jede Gaskonponente

liegt bei 0,2 Vol-%, bezogen auf die digitalen Meßwerte am Rechner-
ausgang [54].

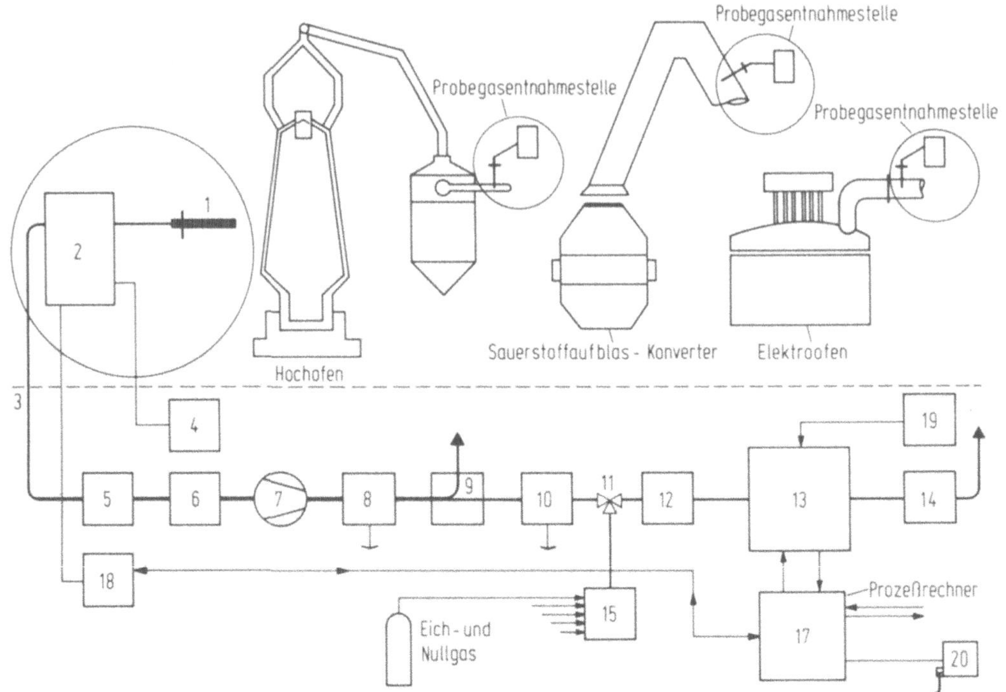

Abb.3.17. Blockschema des Gesamtsystems für die Gasanalyse zum Hochofen, Sauerstoffaufblaskonverter [54]
1 Sonde, 2 Vorfilterstation, 3 Begleitheizung, 4 Druckgas für Vorfil-
terreinigung, 5 Probegasfeinfilter, 6 Ansaugdrucküberwachung, 7 Probe-
gaspumpe, 8 Probegasvorentfeuchtung, 9 Überströmstrecke, 10 Probegas-
feinentfeuchtung, 11 Magnetventil, 12 Sicherheitsfilter, 13 Massenspektrometer, 14 Feindruckregelung, 15 Eichgas-Magnetventil-Kombination
16 Interface (nicht gezeichnet), 17 Digitalrechner, 18 Filtersteuerung
und Überwachung , TTY-Fernschreiber, 19 Massenspektrometerkühlung,
20 Fernschreiber

Steuerung des HO-Wärmehaushaltes

Um den HO optimal auszulasten, bestimmte RE-Qualitäten zu erzielen und
gleichzeitig die Wärmeeinsatzstoffe zu minimieren, ist eine Regelung
und Stabilisierung der HO-Wärme notwendig. Hierzu bieten sich mehrere
Möglichkeiten an: Veränderung der Temperatur und Feuchte des Windes,
der Zusammensetzung von Koks, Erdgas und Öl sowie deren Einsatzmengen
und der Erzbelastung [56, 57, 58, 59].

a) Steuerung des Wärmehaushalts über die Koksmenge

Mit Hilfe eines Rechners wird die Veränderung des Wärmeeintrages in
der Zone der indirekten Reduktion ΔM_o im Vergleich zur vorhergegange-
nen Periode berechnet und Empfehlungen zur Erhöhung bzw. zur Verringerung der Koksmenge je Gicht gegeben. Abb.3.18 zeigt den schematischen
Aufbau eines Regulierungssystems.

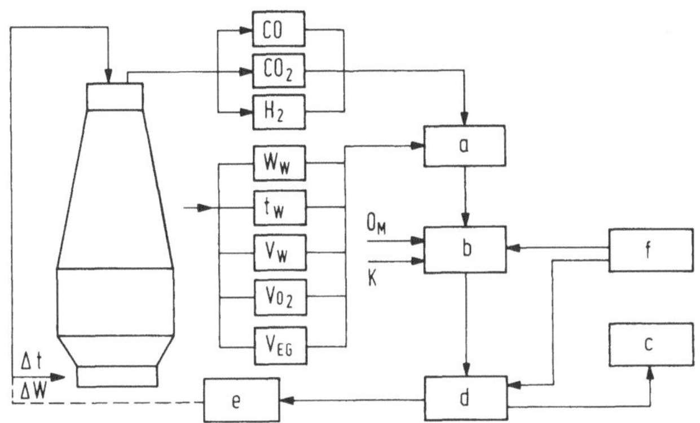

Abb.3.18. Blockschaltbild des Regulierungssystems für den Wärmezu-
stand eines Hochofens [57]

a Eingangsteil zur Aufnahme und Umformung in digitale Werte der Informationen über die Prozeßparameter, wie Zusammensetzung des Gichtgases (CO, CO_2, H_2); Windmenge V_W; Erdgasmenge V_{EG}; Sauerstoffmenge
  V_{O_2}; Windtemperatur T_W; Windfeuchte W_W; Kalksteinmenge je Gicht K
  und Oxydationsgrad des Einsatzes O_M
b Ditigalrechner
c Speicher für laufende Werte und Mittelwerte der Eingangsinformatio-
  nen und der berechneten Kennwerte über den Ofenzustand
d Steuerorgan für den Rechner (Programmänderungen, Signalisierungen)
e Ausgabe und Registrierung der Empfehlungen, Handeingriffsmöglich-
  keit

Aus der über 1 Stunde gemittelten Information ermittelt der Rechner
den Gesamtwärmeeintrag in der unteren Zone, die Veränderungen des
Wärmeeintrages in der Zone der indirekten Reduktion ΔM_o, die momentane Leistung des Ofens sowie andere Kennzahlen. Hierbei ist M_o der
wichtigste Kennwert des Wärmezustandes, anhand dessen die Empfehlung
für eine Veränderung des Erz-Kohle-Verhältnisses entwickelt wird. Er
wird ermittelt als die Differenz zwischen dem Wärmeeintrag in den

Ofen insgesamt und dem Wärmeeintrag in den unteren Teil des Ofens, wobei der Fehler bei der Messung der Primärinformationen herausgerechnet und praktisch keinen Einfluß auf dessen Größe hat.

In 90-95% aller Fälle wird eine 5-7 Stunden bevorstehende Änderung des Wärmezustandes des Ofens und damit einer Zusammensetzung des RE in Größe und Richtung vorausberechnet. $\Delta M_o > 0$ zeugt davon, daß auf eine Sauerstoffeinheit im Möller in der Zone der indirekten Reduktion mehr Wärme kommt als in der vorangegangenen Periode, d.h. die relative Erwärmung der Schmelze steigt an; $\Delta M_o < 0$ weist auf eine bevorstehende Abkühlung hin. Die Wirksamkeit einer Regulierung des Wärmezustandes über die Koksmenge erhöht sich natürlich bei stabiler Zusammensetzung des Möllers und gleichmäßigem Ofengang [57].

b) Steuerung des Wärmehaushaltes über die Erzbelastung

Auch hier wird ein optimaler stabiler Wärmehaushalt angestrebt, mit dem Ziel, mögliche Tendenzen zur Änderung zu erkennen und Empfehlungen zur Stabilisierung abzuleiten, die auf Wärmebilanz-Werten (bezogen auf 1kg Kohlenstoff im trockenen Gichtgas C_{trGG}) beruhen. Hierzu wurde ein Algorithmus für die schnelle Umwandlung der Informationen über den Gang des HO entwickelt. Die Berechnungen nach diesem Algorithmus erlauben es, mögliche Veränderungen des Wärmehaushaltes für 7-10 Stunden vorherzusehen und rechtzeitige Maßnahmen für die Stabilisierung zu treffen.

Für den Rechenvorgang werden Konstanten und als konstant angenommene Größen verwendet (wie z.B. Volumina und Bildungswärme, Wärmeinhalte und Wärmebedarf der HO-Gase usw.). Weiterhin werden wesentliche Veränderungen der RE-Qualität, der Zusammensetzung des Erdgases etc. angegeben. Der Rechner ermittelt dann nach einer Reihe von Zwischenwerten die empfohlene Größe der Erzgicht für den folgenden Gichtzyklus.

Der Algorithmus läuft in Deutschland bereits im Dauerbetrieb. Die Ausführung der Empfehlungen des Rechners führen zu einer Stabilisierung des Wärmehaushaltes, mit dem Vorteil der Einengung der Schwankungsbreite des Siliciumgehaltes im RE und der Windmenge, zu einer Leistungserhöhung und einer Senkung des Koksverbrauches [56].

Die dem Prozeßrechner zur Steuerung des Wärmezustandes des HO zuzu-
führenden Eingangsgrößen müssen zum Teil mit Genauigkeiten erfaßt
werden, die durch derzeitige Meßeinrichtungen noch nicht gewährleistet sind. Es ist daher erforderlich, genauere Informationen, auch
über längere Zeit, insbesondere über die Zusammensetzung des Gichtgases zu bekommen [58].

3.2.4 Winderhitzer

Winderhitzer, auch Cowper genannt, haben die Aufgabe, die für den HO-
Prozeß benötigte Windmenge auf die erforderliche Temperatur zu erhitzen. Es sind Wärmeaustauscher, die nach dem Regenerativverfahren arbeiten. In ihrem Brennschacht werden Heizgase mit Luft verbrannt, die
dabei entstehende Wärme wird zum größten Teil an das Gitterwerk abgegeben. Ist das Gitterwerk aufgeheizt, dann beendet man die Heizzeit
und schaltet um auf "Wind" (Umsteuerung). Jetzt wird Kaltwind in ent-
gegengesetzter Richtung durch das Gitterwerk geblasen. Er erwärmt
sich und tritt als Heißwind aus.

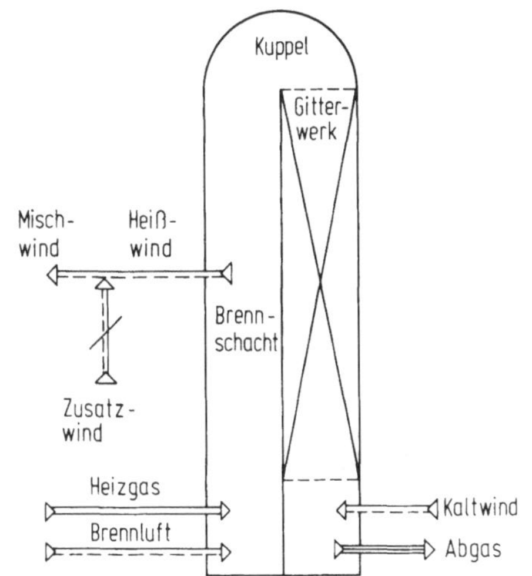

Abb.3.19. Hochofenwinderhitzer [60]

Die Windtemperatur hat einen entscheidenden Einfluß auf die Optimierung der RE-Erzeugung (eine Steigerung der Windtemperatur bewirkt
eine Reduzierung des Koksverbrauchs).

Da einerseits der vom HO angebotene Gichtgasheizwert abgesunken, andererseits immer höhere Heißwindtemperaturen gefordert werden, kann
die dadurch bedingte Energielücke nur durch ein höheres spezifisches

Wärmeangebot, z.B. Vorwärmung der Verbrennungsmedien, geschlossen werden, d.h. also, die Wirtschaftlichkeit des Winderhitzerbetriebes muß überwacht und, falls erforderlich, verbessert werden.

Messung der Kuppeltemperatur

Eine Verbesserung der HO-Einsatzstoffe ergab eine gleichmäßigere Durchgasung des Schachtquerschnittes und erlaubte damit u.a. eine Steigerung der Windtemperaturen, was sich in einer Verminderung des Koksverbrauches je t RE positiv bemerkbar machte. Die bei Heißestwind bis zu 1600°C auftretenden Kuppeltemperaturen werden durch folgende Arten gemessen.

a) Thermoelektrische Messung

Die zuverlässige Messung bei ausreichender Haltbarkeit ist für Thermoelemente begrenzt, für Pt 10% Rh/Pt bis max. 1300°C. Mit PtRh 18 hat man bis 1300°C gute Erfahrungen gemacht; bei geeigneter Schutzarmatur wird eine Brauchbarkeit bis 1600°C angenommen. Zwar gibt PtRh 18 eine relativ geringe Thermospannung ab, ist dafür jedoch bei höheren Temperaturen weniger anfällig gegen Eindiffundieren von Leicht- und Schwermetallen. Besondere Beachtung ist daher der Aufbewahrung und dem Einbau der Platinelemente sowie deren Schutzarmatur (metallische und keramische Schutzrohre) zu widmen. Die längere betriebliche Anwendungsmöglichkeit von Thermoelementen bleibt durch die derzeit vorhandenen Schutzwerkstoffe noch begrenzt bis ca. 1300°C mit einer maximalen Einsatzdauer von mehreren Wochen [61].

b) Messung mittels Pyrometer

Die Einsatzmöglichkeit von Thermoelementen in Winderhitzerkuppeln bei höchsten Temperaturen und Drücken scheinen demnach begrenzt zu sein. Bei nahezu unbegrenzter Haltbarkeit des Fühlers bietet die optische Messung einen Ausweg. Besondere Beachtung erfordert hier die Reinigung der Schutz- und Spülluft (zur Vermeidung der Verschmutzung und Beschlagen der Quarzscheibe). Der Wartungsaufwand wird damit bei einwandfreien Meßergebnissen gering, womit die optische Temperaturmessung eine kostensparende Einrichtung darstellt [61].

Man verwendet Gesamtstrahlungs-, Teilstrahlungs- und Farbpyrometer,
die sich in Bezug auf die Ergebnisse nicht wesentlich unterscheiden.
Das Meßprinzip wird aus der Anordnung der Pyrometermessung nach
Abb.3.20 deutlich.

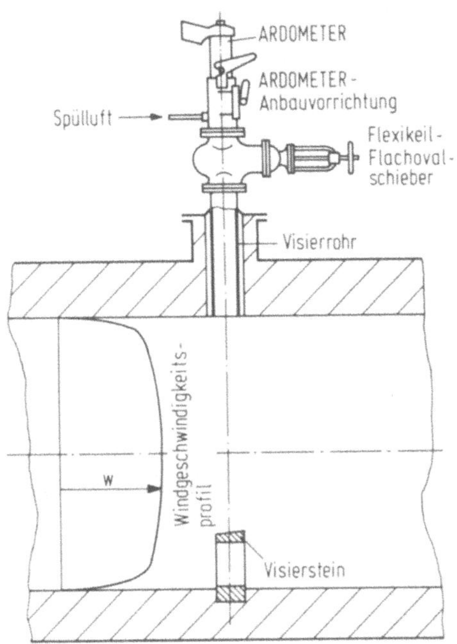

Abb.3.20. Einzelheiten der Meßanordnung zur pyrometrischen Messung
der Heißwindtemperatur an Hochöfen [62]

Eine Voraussetzung ist, daß das Emissionsvermögen des Visiersteins
gleich eins ist [62]. Das von dem Pyrometer abgegebene Ausgangssignal
hängt nichtlinear mit der Temperatur zusammen. Mit Hilfe von vorge-
spannten Dioden kann man eine Linearisierung erreichen. Über einen
A/D-Wandler kann die Analoggröße in digitale Form umgewandelt (mit
Nullpunktanhebung durch Konstantspannungszusatz für 900-1600°C) und
für eine weitere Verarbeitung vorbereitet werden (Speichern, Drucken,
Weiterleiten zur Datenverarbeitungsanlage) [63].

Messung des Heißwinddurchflusses in den Düsenstöcken

Zur Überwachung des HO-Ganges hat sich die Heißwinddurchflußmenge an
den HO-Düsenstöcken seit Jahren bewährt. Bei der Öleindüsung in die
Düsenstöcke ist die Messung des Winddurchflusses erforderlich, da bei

zu niedrigem Wert die Verbrennung des Öls innerhalb der Windform
stattfindet und diese beschädigt werden kann. Sinkt der Durchfluß auf
einen Minimalwert, so muß die Ölzufuhr der zugehörigen Öleinspritzdü-
se selbsttätig abgestellt werden. Eine zuverlässige Lösung bietet die
Mehrlochsonde von J. Burton, die auf dem Prinzip der Pitotrohr-Mehto-
de aufbaut, bei der die Differenz zwischen dem statischen und dem dynamischen Druck integrierend über den Durchmesser der Heißwindleitung
vor den Balsformen gemessen wird. Vergleichende Versuche zeigte, daß
im Bereich von 35-100% des Durchflusses mit der befriedigenden Toleranz von ±5% gemessen werden kann. Eine Verbesserung der Genauigkeit
wird als möglich angesehen [64].

Regelungen im Winderhitzerbetrieb

a) Überblick über Regeleinrichtungen

In dem in Abb.3.21 dargestellten Konzept ist ein fester Umsteuerzyk-
lus und damit verbunden ein konstanter in die Cowper einzubringender
Wärmefluß für eine Heizperiode vorausgesetzt. Für eine Heizperiode
wird durch eine Heizenergiefluß-Recheneinrichtung ein rechnerisch er-
mittelter Verbrennungsluftbedarf konstant gehalten. Der Verhältnis-
regler zieht die entsprechende Mischgasmenge nach. Die Wertigkeit des
Mischgases ist dabei mit dem Sollwertsteller im Regelkreis für das
Starkgas/Schwachgas-Verhältnis festgelegt und wird mit dem Mischgas/
Luft-Verhältnis vorgegeben. In einem anderen Verfahren wird je nach
Belastung der Cowper (errechneter Wert aus Winddurchfluß und gefor-
derter Mischwindtemperatur) eine variable Blaszeit eingestellt. Da-
mit dabei ebenfalls optimale Energieumsätze erreicht werden, wird
einem Optimierungsrechner kontinuierlich die Momentanbelastung der
Winderhitzerbatterie mitgeteilt, um noch während der Heizphase den
Energiefluß anpassen zu können [65].

b) Kuppeltemperaturregelung

Mit dem Bemühen um möglichst hohe Windtemperaturen ergeben sich besondere Probleme bei der Kuppeltemperaturregelung. Um bei sinkendem
Gichtgasheizwert die entsprechenden Temperaturen von ca. 1400°C zu
erreichen, wird vielfach Starkgas oder Öl beigemischt oder die erforderliche Verbrennungsluft in einem eigenen Rekuperator vorgewärmt.

Die Kuppeltemperaturregelung kann über die Brennluft-Austrittstemperatur durch Regelung der Reku-Beheizung oder über das Brenngas/Brennluft-Verhältnis erfolgen. In beiden Fällen kann eine Aufschaltung der Abgastemperatur auf die Brenngasregelung so erfolgen, daß nach Erreichen oder Überschreitung einer bestimmten einstellbaren Abgastemperatur das Brenngas langsam zurückgenommen wird.

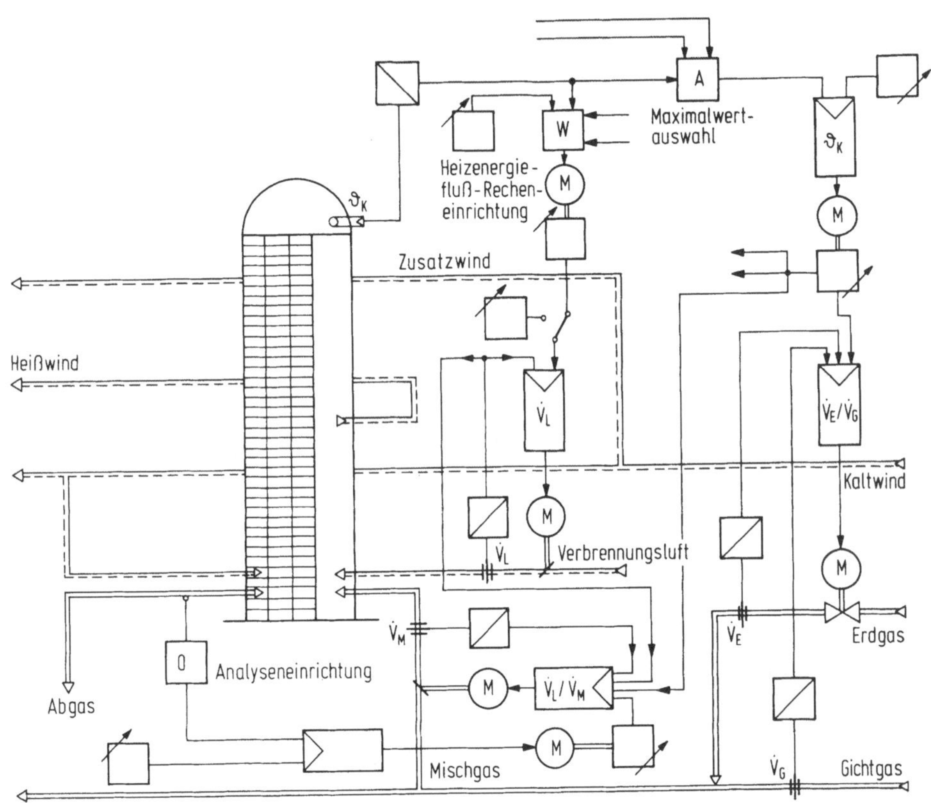

Abb.3.21. Regelkreise am Winderhitzer [65]. $\dot{V}_E$ Erdgasdurchfluß, $\dot{V}_G$ Gichtgasdurchfluß, $\dot{V}_L$ Luftdurchfluß, $\dot{V}_M$ Mischgasdurchfluß, ϑ_K Kuppeltemperatur

c) Feuchtemessung und Feuchteregelung

Da Veränderungen der natürlichen Luftfeuchtigkeit den Wärmehaushalt des HO empfindlich stören können, wird dem Wind durch Wasserdampfzusätze eine gleichmäßige Feuchtigkeit mitgegeben. Für die Messung der Feuchte eignen sich feuchte Durchlaufzellen oder LiCl-Feuchtmesser in Verbindung mit einem Widerstandsthermometer. Die Windprobe wird aus der Kaltwindleitung vor den Winderhitzern oder aus der Heißwind-

leitung entnommen. Die Feuchteregelung wird als Kaskadenregelung aufgebaut. Der Feuchteregler wirkt dabei als übergeordneter Regler auf
einen Verhältnisregelkreis Kaltwind zu Dampf. Dieser Verhältnisregelkreis sorgt dafür, daß bei Windschwankungen, Störungen in der Wind-
versorgung sofort der anteilige Dampfteil mitgezogen wird. Schwankungen der Feuchtigkeit der Umgebungsluft werden durch einen übergeordneten Feuchteregelkreis ausgeglichen.

<u>d) Regelung der Windführung (Windverteilung an den Düsenstöcken)</u>

Um ein gleichmäßiges Niedergehen des Möllers im Schacht zu erreichen,
muß auch der Mischwind so verteilt werden, daß auf alle Blasformen der
gleiche Windanteil kommt. Folgeerscheinungen wie z.B. "Hängen des
Ofens" werden damit gemindert. Der Gesamtwinddurchfluß wird hierzu auf
allen Windformen gleichmäßig oder je nach Anteilstellen an Einzelreg-
lern anteilmäßig verstellt. Jede Windform hat einen Regler, dessen
Sollwertspannung jeweils gleich dem arithmetischen Mittelwert der
Sollwertspannung aller anderen Regler ist. Jeder Regler regelt also
den arithmetischen Mittelwert der Durchflüsse aller anderen Regler,
sofern die Anteilsteller alle gleich sind.

Diese Schaltung wird durch eine Klappenstellungs-Extremwert-Auswahl-
einrichtung ergänzt, die dafür sorgt, daß alle Klappen im Regelbereich
bleiben (Überwachen des Schmierens einer Form bzw. Verminderung der
Windannahme). Wird ein Regler wegen seiner schadhaften Windform abge-
schaltet, kommt er nach dem Freiblasen einer Form wieder automatisch
in Betrieb. Diese Windverteilungsregelung, die unabhängig von der
Gesamtwinddurchflußregelung arbeiten soll und die eine dem Ofengang
angepaßte Windbeaufschlagung unter Berücksichtigung unterschiedlicher Düsenquerschnitte zum Ziel hat, bildet eine weitere Automatisierungsmöglichkeit [41, 65].

<u>Verfahren zum automatischen Umsteuern</u>

Zur Regelung einer bestimmten für den HO-Prozeß notwendigen Windtemperatur wird dem Heißwind im allgemeinen im Nebenschluß kalter Zusatz-
wind zugemischt. An den HO wird dann fortwährend Misch- bzw. Heißwind
abgegeben, wobei mindestens zwei Winderhitzer in Betrieb sein müssen;
einer Steht auf "Blasen", der andere auf "Heizen".

Da der Einfluß der Windtemperatur auf den RE-Erzeugungsvorgang sehr große Auswirkungen hat, ist eine selbsttätige Einrichung für den Umsteuervorgang angebracht. Hierzu bieten sich zwei Möglichkeiten an:

a) Bestimmung des Umsteuerzeitpunktes

Vom HO wird eine über die Zusatzwindregelung in bestimmten Grenzen einzuhaltende Mischwindtemperatur T_B gefordert. Hieraus ergibt sich, daß die Umsteuerung dann einzuleiten ist, wenn die Windaustrittstemperatur am blasenden Winderhitzer auf die Temperaturgrenze T_{Bmin} des Mischwindes gesunken ist. Ein Grenzwertmelder löst die Umsteuerung, die von bisher üblichen Einrichtungen vorgenommen wird, aus.

b) Vorgabe des Heizgasdurchflusses

Bei Vernachlässigung der Umschaltzeiten wird der momentane Gasdurchfluß Q_{HB}

$$Q_{HB} = \frac{T_B \, c_L \, Q_K}{H \, \eta} = \frac{\text{augenblickliche Windbelastung}}{\text{Heizwert des Gases}}$$

mit T_B Betriebstemperatur, c_L spezifische Wärme der Luft,
     Q_K Kaltwinddurchfluß, H Heizwert des Gases,
     η Wirkungsgrad des Winderhitzers (ermittelt aus Oberflächen-,
     Umsteuer- und Abgasverlusten)

Damit die Sicherheit und Wirtschaftlichkeit des Betriebes gewährleistet ist, genügt es nicht, den Sollwert für Q_H allein proportional zu der errechneten Betriebsbelastung Q_{HB} zu führen, sondern es muß auch nachgeprüft werden, ob nach der Umsteuerung der eben aufgeheizte und auf "Blasen" umgestellte Winderhitzer wirklich wieder auf das vorgesehene Sollniveau aufgeheizt, d.h. der optimale Gasumsatz getätigt wurde (Gefahr des Zusammenbrechens des Winderhitzerbetriebes). Eine Korrektur des Gasdurchflusses bei einer großen Abweichung des Verhältnisses Soll- zu Ist-Menge wird automatisch während des Umsteuerungsvorganges durch einen überlagerten Hilfsregelkreis sehr geringer Verstärkung durchgeführt. Damit erreicht man, daß sich die Einrichtung selbsttätig, unabhängig von der jeweiligen Belastung zum bestmöglichen Zeitpunkt hin korrigiert und immer mit optimalen Heizgasumsatz fährt [60].

3.2.5 Entwicklungsschwerpunkte des Rechnereinsatzes bei der Automatisierung

Die Optimierung des HO-Möllers nach Kostengesichtspunkten

Bei der Optimierung des HO-Möllers im Rahmen der Beschaffung von Erzen und Zuschlagstoffen wird seit längerem die Lineare Programmierung eingesetzt. Die jeweils verwendeten mathematischen Modelle haben eine typische Form, bestehend aus Mischungs-, Erzeugungs- und Beschaffungsbedingungen sowie einer Zielfunktion. Das durch diese Bedingungen gegebene System kann bei nahezu beliebiger Größe mit Hilfe effizienter Verfahren auf Rechenanlagen gelöst werden. Bei der Anwendung eines derartigen Möllermodells bereitet allerdings noch die quantitative Erfassung der Verhüttungskosten, bezogen auf die Mengeneinheit des Möllerbestandteils für die Zielfunktion unüberwindliche Schwierigkeiten. Der Koksverbrauch kann nicht isoliert den übrigen Möllerbestandteilen zugerechnet werden, er ist vielmehr eine Funktion der gesamten qualitativen Zusammensetzung des HO-Möllers, die ihrerseits als Lösung des Möllermodells bekannt ist [66].

HO-Modelle zur HO-Überwachung und Steuerung

Untersuchungen an großen Produktionsanlagen müssen immer unvollständig bleiben, da zur Gewinnung allgemein gültiger Aussagen eine Vielzahl von Parametern zu variieren wäre, was aber aus betrieblichen Gründen schwierig und meistens gar nicht möglich ist. Eine entscheidende Voraussetzung für die Automatisierung und den Einsatz von Prozeßrechnern am HO ist nach wie vor die Entwicklung von HO-Modellen. Diese Modelle müssen dann in die HO-Überwachung eingegliedert und während des Betriebes angepaßt werden.

Als Grundlage zur Erstellung eines HO-Modells dienen chemische und physikalische Gesetzmäßigkeiten. Die darin enthaltenen Parameter versucht man entweder aus Messungen direkt oder mit Hilfe von statistischen Analysen zu bestimmen.

a) Statisches Modell und Leitfunktion

Das statische Modell (metallurgischer Teil) ist im wesentlichen eine
Stufenbilanz, die den Prozeß in drei Stufen unterteilt und den einzelnen Zonen konstante Reaktionstemperaturen zuordnet. Die über Bilanzpe-
rioden zu bestimmenden Eingangsgrößen werden kontinuierlich erfaßt:
Sämtliche Windgrößen, die Größen der Gichtanalysen sowie einige Möl-
ler- und Abstichgräßen. Diese Meßwerte müssen vor der Verarbeitung
im Modell erst aufbereitet werden, d.h. Durchführung von Grenzwert-
kontrollen und Plausibilitätsprüfungen sowie das Glätten stark
schwankender Werte und die zeitlich richtige Zuordnung von Meßwerten.

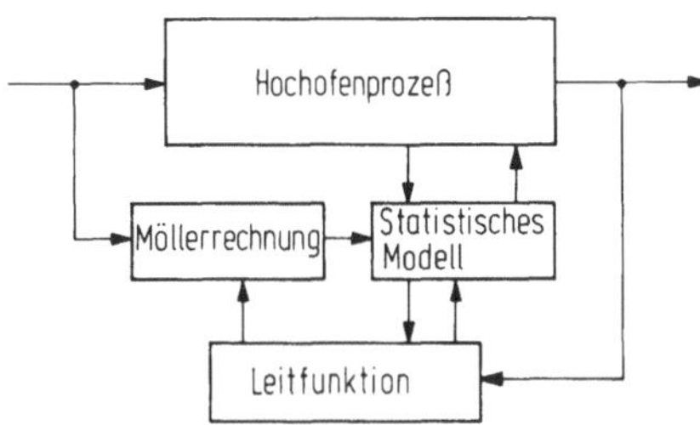

Abb.3.22. Aufbau eines matallurgischen
Modells zur Prozeßregelung [67]

Da ein solches Modell stets nur den stationären Zustand beschreibt,
d.h. das Modell kann nur über den Mittelwert der begrenzten Bilanzpe-
riode, jedoch nichts über die Dynamik des Prozesses aussagen, ist die
Kenntnis der gegenseitigen dynamischen Verknüpfung, also das Übertragungsverhaltens notwendig. Dies wird meist noch durch Versuche (zu
ungenau) ermittelt, kann aber auch mit Hilfe der Auto- und Kreuzkorre-
lation vorgenommen werden (Leitfunktion). Abb.3.23 zeigt den Verlauf
des berechneten Übertragungsverhaltens von Öldurchfluß auf H_2-Konzen-
tration des Gichtgases.

Durch Kenntnis der Gewichtsfunktion, die den dynamischen Zusammenhang
zwischen Eingangs- und Ausgangsgrößen beschreibt, lassen sich dann
Korrekturwerte für die Ausgangsgröße mit Hilfe des Faltungsintegrals
derart berechnen, daß die Werte "gemessene Eingangsgröße" und "korri-
gierte Ausgangsgröße" einander so zugeordnet sind, als ob sie bei sta-
tionärem Prozeßverlauf gewonnen wären.

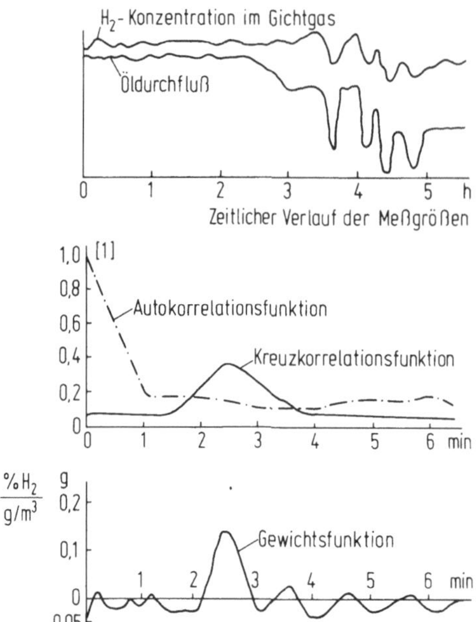

Abb.3.23. Ermittlung des dynamischen Verhaltens des Hochofens
mit Hilfe der Korrelationsrechnung
[39]

b) Dynamisches Modell

Zum Beeinflussen der Ofenvorgänge stehen im wesentlichen die verhältnismäßig schnellwirkenden Windgrößen und die zur langfristigen Führung
geeigneten Möllergrößen zur Verfügung.

Abb.3.24 zeigt einen vereinfachten Blockschaltplan eines regelungstechnischen Modells, das die Nahtstellen mit dem metallurgischen Modell erkennen läßt. Das regelungstechnische Modell stellt ein vereinfachtes
Abbild des Prozesses im Rechner dar, das mit den Mitteln der Systemtheorie die Wirklichkeit beschreibt. Die aus dem metallurgischen Modell gewonnenen realen Übertragungsfunktionen werden angenähert durch
idealisierte, aus der Systemtheorie bekannte Übertragungsfunktionen.
Ein Adaptionsalgorithmus ermittelt die variablen Koeffizienten des
Modells (Zeitkonstanten, Totzeiten, Verstärkungsfaktoren) und paßt so
das Modell dem sich ändernden Prozeßgeschehen an. Damit werden, im Gegensatz zu einer Regelung, Voraussagen über den Prozeßablauf möglich.
Diese Prediktionseigenschaft des Modells ist die wichtigste Voraussetzung für eine erfolgreiche Führung des Erz/Koks-Verhältnisses
[39, 65, 67]. Weiterhin können die Abstichergenisse, insbesondere der
Siliciumgehalt im RE verbessert, d.h. besser innerhalb vorgegebener
Toleranzen gehalten werden.

Das in Abb.3.25 dargestellte HO-Modell ist bereits in mehreren Fällen
im On-line-closed-loop-Betrieb in der Erprobung [65, 68].

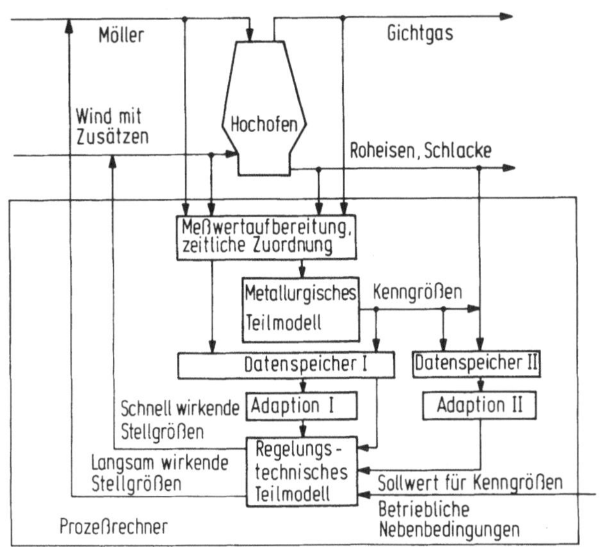

Abb.3.24. Vereinfachter Blockschaltplan des regelungstechnischen Hoch-
ofenmodells [39]

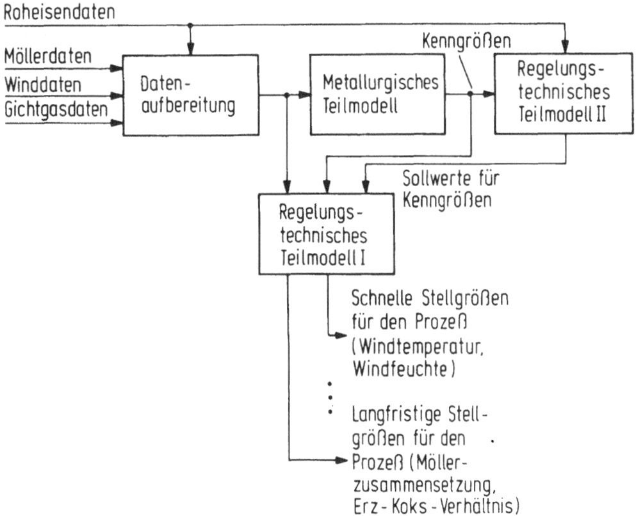

Abb.3.25. Hochofenmodell [65]

c) Literaturhinweise für spezielle mathematische Modelle

[69] Untersuchung des Druckverlustes und der Strömung im HO-Schacht;
     Zusammenstellung von wesentlichen dimensionslosen Kennzahlen umd
     mathematischen Analogien mit Beispielen.
[70] Mathematisches Modell für Raffinationsprozesse zwischen zwei Flui-
     den für die Raktionstypen "physikalische Verteilung" und Aus-
     tauschreaktion; Einfluß der Entkohlungsreaktion beim Sauerstoff-
     austausch für Metall-Schlacke-Reaktionen; Optimierung eines Pro-
     zesses mit Schlackenarbeit am Beispiel.
[71] Prüfung eines aus induktivem und deduktivem Teil bestehenden
     mathematischen HO-Modells; Plausibilitätskontrolle; Errechnung
     der Geschwindigkeit der RE-Erzeugung und verfahrenstechnischer
     Kenngrößen.
[72] RE-Erzeugungs-Optimierungsmodell mit Hilfe der linearen Program-
     mierung (Matrizenform).

3.2.6 Schlußbetrachtung

Die schon oft in Sichtweite geglaubten Grenzen des HO scheinen noch
lange nicht erreicht zu sein. Der deutliche Trend zum Großhochofen
(mit 10000t RE/24h schon in Betrieb) fordert einen größtmöglichen
Automatisierungsgrad, um zum einen Stillstandszeiten, die in erhöhtem
Maße zu Buche schlagen, zu vermeiden und zum anderen eine optimale
Ausnutzung des gegebenen Aggregats zu erzielen. Zur Beeinflussung des
HO-Prozesses stehen zum Teil sehr wirksame technologische Mittel zur
Verfügung, wie z.B. Betrieb mit Gegendruck an der Gicht (Überdruck
1-3 bar), verstellbare Schlagpanzer, höchste Windtemperaturen, Wind-
feuchtesubstanz, Einblasen von Zusatzbrennstoffen, Sauerstoffanrei-
cherung des Windes usw.. Damit nimmt jedoch die Zahl der Einflußgrößen
immer mehr zu, so daß mit der weitgehend ausgebauten Meß- und Regeltechnik unvorhergesehene oder beabsichtigte Änderungen des HO-Betriebs-
zustandes nicht mehr erfaßbar sind.

4. Stahlerzeugung

4.1 Allgemeines zur Stahlerzeugung

Unter Stahl versteht man alles technische Eisen (Eisen-Kohlenstoff-
Legierungen), das ohne Nachbehandlung schmied-, walz- oder preßbar
ist. Es hat 0,05-1,7% Kohlenstoff und läßt sich auch in Formen gießen
(Stahlformguß oder Stahlguß; Gußstahl dagegen ist eine allgemeine Bezeichnung für flüssig gewonnenen Stahl). Der Kohlenstoffgehalt kann
bei weiteren Legierungszusätzen (Si, Mn, Cr u.a.) erhöht oder erniedrigt werden. Der gesamte Kohlenstoff im Stahl ist chemisch gebunden.

In der Regel wird Stahl aus Roheisen allein oder aus Roheisen und
Schrott durch Vermindern des Kohlenstoffgehalts hergestellt. Das Roheisen wird mit wechselndem Schrottanteil in Stahlschmelzöfen eingesetzt. Weiterhin wird Sauerstoff zum Verbrennen (Frischen) überflüs-
sigen Kohlenstoffs und anderer störender Begleitelemente zugeführt.

Es werden folgende Verfahren unterschieden:

1. Unterwindfrischverfahren
   Hier werden Wind, sauerstoffangereicherter Wind oder andere oxy-
   dierende Gase durch das Roheisenbad geblasen, wodurch die Elemente
   Kohlenstoff, Silizium und Mangan mehr oder weniger oxydiert werden.
   Die dabei auftretenden Reaktionswärmen erhitzen das Metallbad von
   der Roheisentemperatur von etwa 1250°C auf Stahltemperatur von etwa
   1650°C. Es erfolgt also keine Fremdbeheizung.

2. Zu den Oberwindfrischverfahren gehören das LD-, LD-AC- und OLP-
   Verfahren.

3. Zu den Herdfrischverfahren zählen Siemens-Martin- und Elektrostahl-
   Verfahren.
   Diese beiden Verfahren finden heute noch breite Anwendung.

Abgesehen von einem kleinen Teil, der in Stahlgießereien zu Stahlguß
vergossen wird, wird der in den Stahlwerken erzeugte Stahl in Walzwerken in Form von Blöcken, Brammen zu Halbzeugen und anschließend zu
Profilstahl, Schienen, Kantstahl, Rundstahl, Draht, Grob- und Fein-
blechen, sowie nahtlosen Rohren eingewalzt. Die Eigenschaften des
Stahls können noch durch zahlreiche Glühverfahren verbessert werden.

4.2 Das Sauerstoffaufblas-Verfahren (LD-Verfahren)

4.2.1 Der Aufbau der Anlage

Bei dem 1952 in Linz und Donawitz (Österreich) entwickelten Stahler-
zeugungsverfahren wird phosphor- und schwefelarmes, sog. Stahleisen
aus dem Hochofen zusammen mit bis zu 30% festem Schrott in einem bir-
nenförmigen Tiegel (Fassungsvermögen bis zu 400t) mit Hilfe technisch
reinen Sauerstoffs (> 99,5% O_2) zu Stahl umgewandelt.

In Abb.4.1 ist die Anlage eines Aufblas-Stahlwerks schematisch dargestellt. Kern einer solchen Stahlwerksanlage ist der Konverter mit den
zugehörigen Beschickungseinrichtungen.

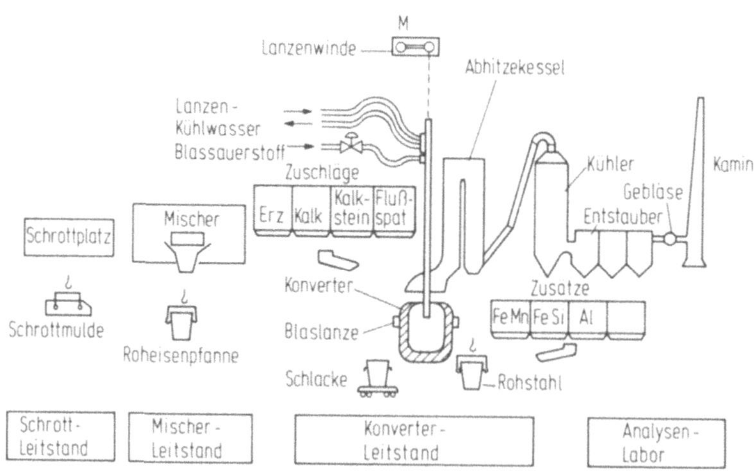

Abb.4.1. Konverteranlage im Blasstahlwerk [90]

4.2.2 Der Prozeßablauf

Der Konverter wird zu Beginn einer Charge mit der vorgesehenen Schrott-
menge gefüllt. Aus einer Transportpfanne wird dann die Roheisenmenge
mit einer Temperatur von ca. 1250°C eingeleert. Danach wird der zum
Chargieren geneigte Tiegel aufgerichtet und durch eine wassergekühlte
Lanze Sauerstoff mit hoher Geschwindigkeit auf das Metallbad geblasen.
Der Sauerstoffstrahl dringt in das Metall ein. Dabei verbrennen die
Elemente Silizium und Kohlenstoff. Die oxydierenden Elemente sind spe-
zifisch leichter als das Metall. Sie steigen deshalb auf und bilden
entweder zusammen mit den schmelzenden Kalk- und Flußmittelverbindun-
gen eine Schlackenschicht oder gehen als Abgase ab. Die Begleitelemente Phosphor und Schwefel gehen ebenfalls in die Schlacke über.

Da bei der Kohlenstoffreduktion pro Tonne Roheisen ca. 40kg Kohlenstoff
durch das Aufblasen von reinem Sauerstoff "herausgebrannt" werden, muß
bei einem derart stark exothermen Prozeß die Temperaturerhöhung der
Schmelze begrenzt werden (die Abstichtemperatur liegt bei etwa 1600°C).
Das geschieht einmal durch den zu Beginn eingebrachten kühlenden
Schrott, zum anderen während des Blasens durch Zugabe von Kalk, Eisen-
erz oder Eisenschwamm.

Der aufzublasende Reinsauerstoff wird dem Bad durch eine in der Höhe
verstellbaren Lanze zugeführt. Zwei häufig angewandte Aufblasverfah-
ren, LD (Linz-Donawitz-Verfahren) und LD-AC, unterscheiden sich durch
die Art des Kalkzuschlags, der bei LD-AC als Kalkstaub durch die Blas-
lanze auf das Bad geblasen wird, bei LD als Stückkalk beigemengt
wird. Nach einer Blaszeit von maximal 30min, im Mittel 13 bis 18min,
wird der Stahl an eine Gießpfanne übergeben, in die zur Erreichung
der gewünschten Stahlqualität die erforderlichen Legierungselemente
wie z.B. Mangan, Nickel usw. gegeben werden.

4.2.3 Die Automatisierung

Sauerstoffaufblas-Konverter benötigen große Mengen an Rohstoffen und
Sauerstoff. Eine Senkung der Stoffkosten ist möglich, wenn einerseits
der Stoffluß genau überwacht wird und andererseits die technologischen
Vorgänge beim Frischen so gesteuert werden können, daß kein Stahlver-
lust und kein Ausschuß entstehen können. Beides ist Voraussetzung für
die Optimale Betriebsweise eines Konverters einschließlich seiner
größtmöglichen Schonung [73, 74, 75].

Meßgrößen und Meßverfahren

Die Abb.4.2 gibt Aufschluß über die zu messenden Größen. Im folgenden seien einige der Meßverfahren näher erläutert.

Meßgröße	Meßstelle	Meßfühler
Temperatur	Roheisen Stahl	Thermoelement Farbpyrometer
	Kühlwasser für Lanze und Haube	Widerstands- thermometer
	Mauerwerk im Tiegel	Thermoelement Strahlungspyro- meter
	Sauerstoff	Widerstands- thermometer
	Flamme am Konvertermund	Fotoelement- pyrometer
Gaskonzentration	Lanzensauerstoff	O_2 - Meßgerät
	Abgas	CO - und CO_2 - Meß - geräte (für Ent- kohlungs- geschwindigkeit) O_2 - Meßgerät (für Nachverbrennung)
Durchfluß	Sauerstoff	Meßumformer für Durchfluß
	Kühlwasser	
	Abgas	
	Stück - oder Feinkalk	Elektronische Waagen
Druck	Sauerstoff	Meßumformer für Druck
	Kühlwasser	
	Abgas	
Gewicht der Einsatzstoffe	Roheisen Kalk Schrott Erz Zuschläge Rohstahl	Elektronische Kran -, Plattform -, Gleis -, Dosier - und Gattierwaagen
Stellung	Lanze	Drehfeldgeber oder
	Konverter	Digitalverschlüßler

Abb.4.2. Elektrische Geräte und Einrichtungen zum Messen im Konverter- stahlwerk [74]

Wiegen der Einsatzstoffe

Die Forderung nach hoher Genauigkeit beim Abwiegen der einzusetzenden Stoffe (Schrott, Roheisen, Zuschläge, Kalkstaub) hat zum Übergang von analogen zu digitalen Meßmethoden geführt. Diese meßtechnischen Aufgaben werden heute i.a. mit elektromechanischen Waagen (EMW) durchgeführt. Hierunter werden Wägeeinrichtungen verstanden, die mit Hilfe von Meßgrößenumformern (Dehnungsmeßstreifen, Kraftmeßdosen) die Belastung direkt in eine elektrische Größe umformen. Neben der Aufgabe, vorgegebene Mischungsverhältnisse der Einsatzstoffe einzuhalten, ermöglicht der Einsatz von EMW die Optimierung und Erstellung von Stoffbilanzen in Verbindung mit Meßwertverarbeitungsanlagen oder Prozeßrechnern.

Je nach Einsatzzweck der EMW gibt es verschiedene Ausführungsformen:

Bunkerwaagen dienen zum Abwägen großer Einsatzstoffmengen wie Schrott, Kalk, Erz. Da der Wägevorgang in kurzer Zeit abgeschlossen sein muß, werden für diese Zwecke meist Einkomponentenwaagen eingesetzt, d.h. für jede Stoffsorte ist eine Waage vorhanden. Für kleinere Stoffmengen reichen Mehrkomponentenwaagen aus, auf denen mehrere Stoffsorten nacheinander abgewogen werden.

Plattform- oder Gleiswaagen zum Wägen von Pfannen für Roheisen oder Stahl, von Torpedogleisfahrzeugen, von Schrott usw. unterliegen einem äußerst rauhen Betrieb (Aufsetzen von Pfannen, Befüllen von Schrottschuren mit Magnetkränen). Dies bedingt eine robuste Ausführung der Wägeelemente.

Fahrzeugwaagen werden in Pfannentransportfahrzeugen für Schlacke oder Roheisen benutzt und müssen den starken Temperatureinflüssen Rechnung tragen.

Kranwaagen haben den Vorteil, daß der Wägevorgang während des Transports abgeschlossen ist. Durch die große erzielbare Genauigkeit ist man in der Lage, die Chargen der heute größten Blaskonverter direkt nach Gewicht zu vergießen [51].

Band- oder Dosierbandwaagen werden eingesetzt, um z.B. die Zuschläge kontinuierlich wiegen zu können. Verglichen mit den statischen Waagen ist bei den Bandwaagen die erzielbare Meßgenauigkeit geringer.

Die Wägezellen mit Dehnungsmeßstreifen gelten heute als ausgereifte Entwicklung. Selbst jahrelanger rauher Betrieb bestätigen die Standfestigkeit und Betriebssicherheit, sowie die Langzeitstabilität der technischen Daten der EMW.

<u>Temperaturmessungen</u>

Bei der Erzeugung und Verarbeitung von Stahl spielt die Temperatur
eine entscheidende Rolle. Sie gibt Auskunft über den Ablauf der metallurgischen Vorgänge und die Eigenschaften und Qualität des Endpro-
duktes. Ferner ist die genaue Temperaturbestimmung zur wirtschaftlichen Stahlerzeugung unabdingbar.

Die folgenden Temperaturen sind von Wichtigkeit [74]:

- Roheisen-, Stahltemperatur
- Überwachungstemperaturen zur Sicherung der Anlage

Im folgenden werden Tauchtemperaturmessungen an Metallschmelzen und
ihre Automation beschrieben.

Bei Temperaturmessungen in Schmelzen haben sich heute Eintauch-Thermo-
elemente durchgesetzt. Man fordert bei der Messung eine Genauigkeit
von $\pm 5^{\circ}C$, beim Stranggußverfahren sind die Toleranzen sogar noch en-
ger [76,77].

Um die wahre Badtemperatur und nicht die davon abweichende Oberflächentemperatur zu ermitteln, ist eine Eintauchmessung unumgänglich. Damit
die Meßeinrichtung ihre Meßgenauigkeit behält, muß die chemische Zusammenstellung der Materialien des Thermopaars über große Stichzahlen konstant bleiben.

In [78] wird eine Digital-Meßanlage beschrieben. Die Analge ist für 10
Meßstellen mit je einem Meßwertspeicher ausgelegt. Das Meßprinzip beruht darin, die Veränderung des Temperaturverlaufes mit Hilfe der fort-
laufenden Bildung eines Differenzenquotienten zu erfassen. Wird der
Differenzenquotient zu Null, so strebt die Temperatur ihrem Endwert zu.
Abb.4.3 zeigt das Blockschaltbild der Differenzenquotient-Bildung sowie
des Vergleichs mit vorgegebenen Sollwerten. Störspannungen üben nur
einen sehr geringen Einfluß aus.

In Abb.4.4 wird anschaulich gezeigt, wie sich der Differenzenquotient
mit fortschreitender Temperatur ändert.

In [79] wird eine nach dem gleichen Prinzip arbeitende Anlage beschrieben, die lediglich moderner mit vollelektronischen Funktionsgruppen
aufgebaut ist (1971).

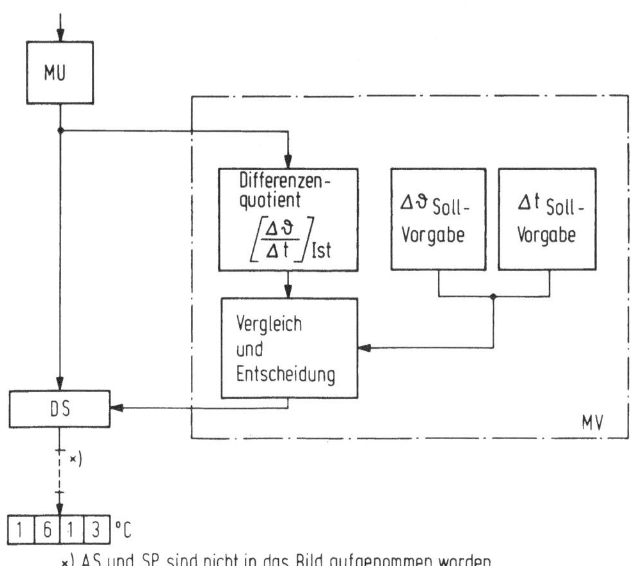

Abb.4.3. Blockschaltbild für die Differenzenquotienten-Berechnung und Vergleich mit den Soll-Werten [78]

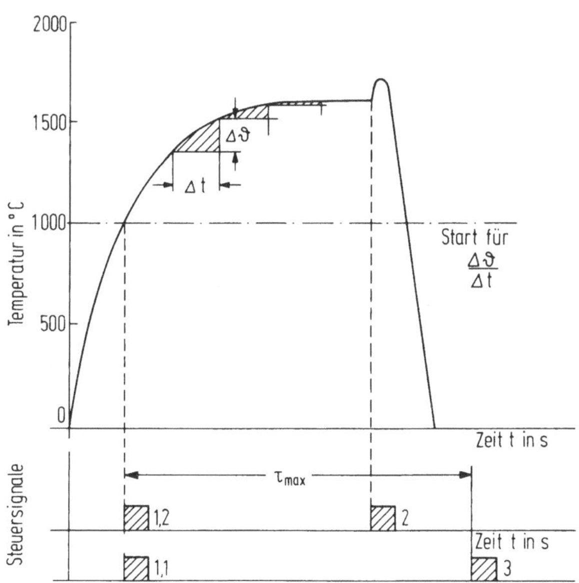

Abb.4.4. Temperaturverlauf bei einer Tauchmessung nach dem Differenzenquotienten-Verfahren [78]

Steuersignale:

1,1 Beginn der Meßzeit   1,2 Start für die Berechnung $\dfrac{\Delta\delta}{\Delta t}$

2   Meßwertübernahme   3   Begrenzung der längsten Meßzeit (τ_{max})

Methoden der Abgasanalyse

Die Analyse des Konverterabgases gestattet es, wichtige Schlüsse aus
dem Blasverlauf, z.B. aus der Entkohlungsgeschwindigkeit, zu ziehen
(siehe Abb.4.5).

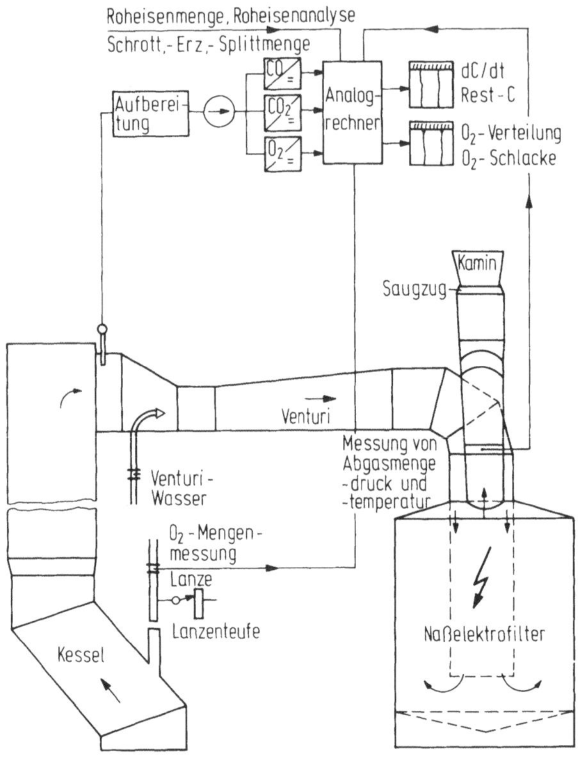

Abb.4.5. Schema der Konverterabgasführung und der Abgasanalysenver-
arbeitung [86]

Die herkömmlichen Analysenmethoden benötigen für verschiedene zu ana-
lysierende Gase verschiedene Einrichtungen: CO und CO_2 werden über
ihre Infrarot-Absorption gemessen; Sauerstoff über die magnetische
Suszeptibilität; der Nachweis von Stickstoff ist nur indirekt möglich.
Dagegen bietet ein Massenspektrometer die direkte Bestimmung aller
Gaskomponenten.

Die Methoden zur Steuerung des Prozeßablaufs

Das Ziel der Steuerung ist

- eine kurze Blaszeit ohne Nachblasphase,
- das Vermeiden von Auswurf und Überschäumen der Schlacke,
- das Erreichen der gewünschten Zusammensetzung und Temperatur des
  Stahls und der Schlacke.

Hierfür werden die den Prozeßablauf bestimmenden Gesetzmäßigkeiten
möglichst genau untersucht und mit mathematischen Mitteln beschrieben [80-90].

Ein solches mathematisches Modell stellt den Zusammenhang zwischen
folgenden Prozeßgrößen her:

1. vorgegebene Größen: Roheisenzusammensetzung
                          Roheisentemperatur
                          Schrottzusammensetzung

2. einstellbare Größen: Roheisengewicht
                          Schrottgewicht und -temperatur
                          Gewicht und Zusammensetzung der Zuschläge
                          Sauerstoffzufuhr: Durchfluß und Blaszeit

3. Zielgrößen: Stahltemperatur und -zusammensetzung
                          (insbesondere Kohlenstoffgehalt)
                          Chargengewicht des Stahls

Gibt man die Zielgrößen vor und berücksichtigt die vorgegebenen Größen,
so sollten mit Hilfe des Modells die einstellbaren Größen, d.h. die
Einsatzstoffmengen, bestimmt werden. Diese Einsatzstoffe werden einmal
zu Beginn des Prozesses eingebracht. Während des Prozesses steht als
Steuergröße nur die Sauerstoffzufuhr und der Lanzenabstand zum Bad zur
Verfügung.

Die heute wichtigsten Modelle dienen der Einsatzstoffberechnung und
gehen aus von den Stoff- und Wärmebilanzen über den ganzen Prozeß. Die
einstellbaren Größen werden als Gewichte bzw. Mengen errechnet, die
für den Gesamtprozeß gelten. Dynamische Modelle versuchen, die Vorgänge während des Prozesses zu berücksichtigen. Sie bieten eine Möglich-

keit zur Steuerung der Sauerstoffzufuhr und dienen vor allem zur Verbesserung der Treffsicherheit der statischen Modelle.

Die Einsatzstoffberechnung

Grundlage der Einsatzstoffberechnung ist ein mathematisches Modell
für die metallurgischen Vorgänge während des LD-Prozesses. Ausgangspunkt für die Berechnungen sind thermodynamische Gleichgewichte, sowie Stoff- und Energiebilanzen, nämlich

- die Eisenbilanz,
- die Wärmebilanz,
- die Sauerstoffbilanz,
- die Schlackenbilanz.

Die Schlackenbilanz dient vor allem der Berechnung des Kalkzuschlages,
die übrigen der Bestimmung des Roheisen- und Kühlmittelgewichtes und
der Sauerstoffmenge.

Der Erfolg des Modells hängt ab von der Strategie bei der Berechnung
der Koeffizienten in den Bilanzgleichungen, mit welcher Genauigkeit
man einen Koeffizienten aufgrund chemisch-physikalischer Berechnungen
angeben kann. Ist der Zusammenhang nicht gesichert, so erfolgt eine
statische Bewertung mit Hilfe einer Regressionsanalyse.

Einsatzstoffberechnungen auf dieser Basis werden heute in fast allen
Stahlwerkbetrieben eingesetzt, wobei die eingesetzten Modelle nach
den betrieblichen Bedingungen variieren. Als Beispiel für einen Ein-
satzfall sei hier [86] angegeben.

Die dynamische Prozeßführung

Aufgabe der dynamischen Prozeßführung ist es, an Hand von Messungen
charakteristischer Prozeßvariablen den Zustand des ablaufenden LD-
Prozesses zu erfassen und diesen mit Hilfe der Steuerung des Sauer-
stoffzuflusses zu steuern. Zur Beobachtung des Prozesses werden heute
vor allem Abgasmessungen sowie Schallmessungen an der Mündung des Konverters herangezogen. Eine wichtige Frage ist hierbei, inwieweit aus
den Messungen Rückschlüsse auf den metallurgischen Zustand der Schmelze mit einer hinreichenden Sicherheit gezogen werden können [91].
Die Abgasmessung erlaubt im wesentlichen Rückschlüsse auf die Kohlen-

stoffabbrandgeschwindigkeit und die Oxydations- oder Reduktionsgeschwindigkeit der Schlacke. Aus diesen Aussagen über die Geschwindigkeiten, mit denen sich die metallurgischen Zustände ändern, lassen sich durch Integration auch Aussagen über den Zustand selbst gewinnen. Damit wäre eine Endpunktbestimmung der interessierenden Größen möglich. Es hat sich jedoch gezeigt, daß infolge verschiedener Fehlereinflüsse, die von der Einsatzseite, der mathematischen Beschreibung und vor allem der Abgasmessung herrühren, eine solche Endpunktbestimmung praktisch nicht verwertbar ist. Neuere Entwicklungen gehen von der direkten Messung der Temperatur und des Kohlenstoffgehaltes des Bades während des Blasens aus. Hierbei wird eine sogenannte TC-Meßlanze verwendet, die bei ungefähr 90% der Blasdauer zur Probenahme von oben in den Konverter herabgesenkt wird. Die Probe wird möglichst schnell analysiert und mit den Meßwerten eine Nachberechnung der Einsatzstoffe, vor allem die Restblasezeit des Sauerstoffs, durchgeführt. Untersuchungen über die Wirksamkeit dieses Verfahrens sind zur Zeit im Gange.

4.3 Das Siemens Martin-Verfahren

4.3.1 Der Anlagenaufbau und der Prozeßablauf

Die Bedeutung dieses Verfahrens liegt neben der Möglichkeit, hochwertige Stähle zu erschmelzen, darin, daß größere Mengen Schrott verarbeitet werden können. Die Stahlherstellung erfolgt in Herdöfen (Kipp- und Standöfen) mit einem Fassungsvermögen bis zu 900t Rohstahl. Der von einem Gewölbe überspannte Schmelzraum wird über zwei Brennköpfe durch Verbrennung von Öl oder Gas mit Luft (teilweise unter Sauerstoffzusatz) beheizt.

Erz- und Luftsauerstoff oxydieren die Roheisen-Begleitelemente und schaffen nach dem Einschmelzen eine oxydreiche Schlacke, wie sie für den Frischvorgang notwendig ist. Das bei der Verbrennung entstehende Kohlenmonoxyd bringt Stahlbad und Schlacke in Bewegung (Kochvorgang). Nach einigen Stunden kann der Stahl abgestochen werden.

Der Aufbau des SM-Ofens ist Abb.4.6 zu entnehmen. Die zum Schmelzen des Stahlschrotts nötigen hohen Temperaturen (1700-1800°C) können nur durch Vorwärmen des Brenngases und der Verbrennungsluft erreicht werden. Deshalb hat der SM-Ofen im Unterofen vier Wärmespeicher (Regeneratoren) mit Gitterwerken aus feuerfesten Steinen, je zwei Kammern für Gas und Luft, in denen die Vorwärmung stattfindet. Den größten Teil des Oberofens nimmt der wannenförmige Herd ein, der rechts und links einen Brennerkopf hat, durch den Luft und Gas eingeblasen werden.

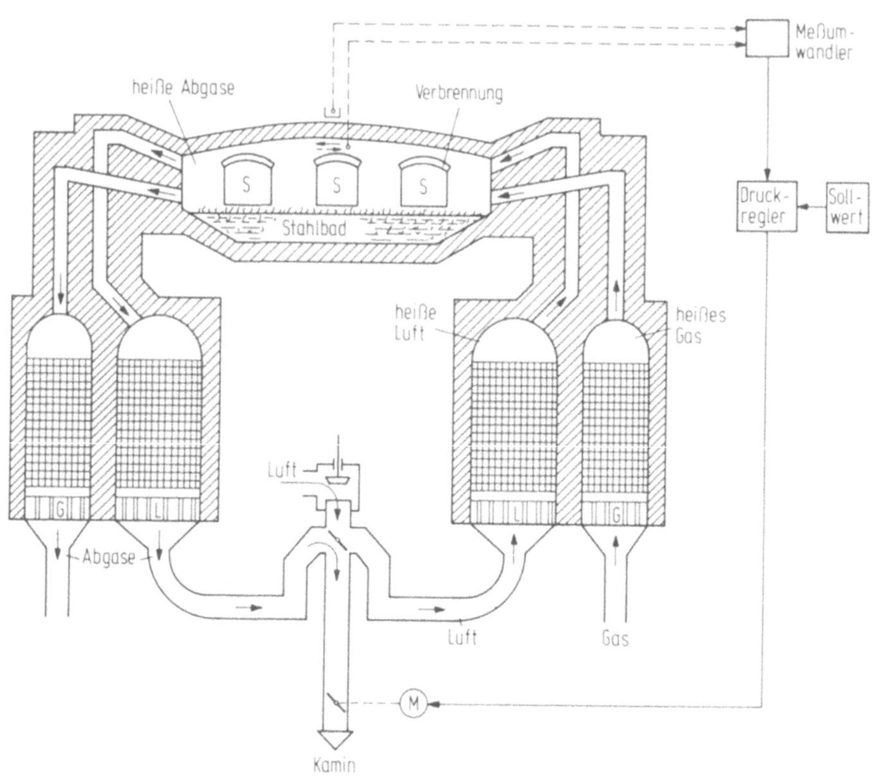

Abb.4.6. Siemens Martin-Ofen mit Blockschaltbild der Ofendruckregelung
G Gaskammer   L Luftkammer   S Arbeitstür

4.3.2 Die Automatisierung

Die Herdraumdruckregelung

Diese Regelung hat die Aufgabe, den Ofendruck in dem engen Toleranzbereich von -0,5 bis +0,5mbar zu halten; je nach Anlage liegt das Optimum bei ca. +0,5mbar. Durch die Begrenzung der Druckhöhe nach unten soll der Eintritt von Falschluft in den Herdraum verhindert werden, durch Begrenzen des Drucks nach oben wird ein Ausflammen vermieden [92,93].

Da die Gewölbetemperatur ohne Änderung der Brennstoffmenge in weiten
Grenzen durch den Herdraumdruck beeinflußbar ist, kann durch einen
geregelten Druck eine Störgröße auf die Temperaturregelung ausgeschal-
tet werden.

Wegen der Vielzahl der Störgrößen zählt die Regelung des Ofendrucks
auch heute noch zu den schwierigen Regelungsaufgaben. Als Hauptstör-
einflüsse sind zu nennen:

- Änderung der Druckverhältnisse durch Öffnen der Türen beim Chargieren und Fertigmachen der Schmelze
- Änderung der aerodynamischen Ofencharakteristik durch Abbrand der
  feuerfesten Ausmauerung, Ablagerung von Staub in den Kammern und
  Abgaswegen, Falschlufteinbrüche durch undichtes Mauerwerk, Unterschiede des hydraulischen Widerstandes zwischen rechter und linker
  Ofenseite, Veränderung des spezifischen Volumens und der Temperatur der Verbrennungsprodukte.

In Abb.4.6 ist das Blockschaltbild einer einfachen Herdraumdruckregelung dargestellt. In einer anderen Regelung wird der Ofendruck über
einen Zwischenschieber geregelt, der im Abgaskanal der Luftkammern
liegt. Die Abgasmenge der Gaskammern wird nicht erfaßt. Ein zusätz-
licher Saugzug gewährleistet auch beim Chargieren, daß der Herdraumdruck nicht zu hoch wird und daß der Zwischenschieber in seinem optimalen Stellbereich geregelt werden kann (Abb.4.7).

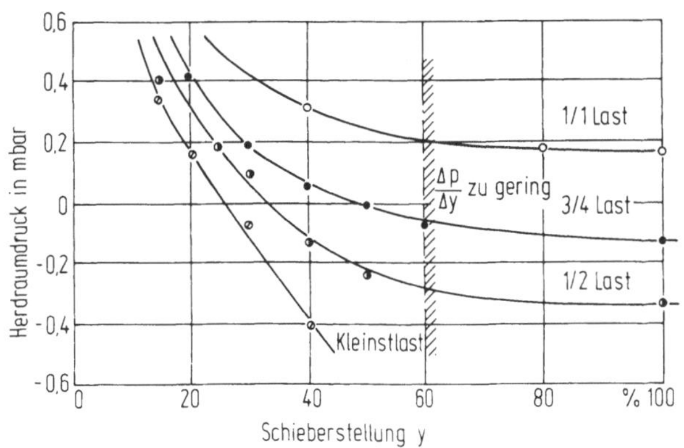

Abb.4.7. Diagramm [93]

Die Übertragungsfunktion der Regelstrecke wird für verschiedene Bedingungen (Vollast, Halblast, mit/ohne Saugzug) in Abb.4.8 dargestellt.

Bei der Aufnahme dieser Kennlinien waren folgende Einflüsse zu berücksichtigen:

- Nichtlineares Stellverhalten des Schiebers und dadurch gegebene
  nichtlineare Verstärkungskennlinie (vgl. Abb.4.7)
- Lastabhängigkeit des Schiebers
- Zeitverhalten des Druckmeßgebers
- Fahrweise des Ofens.

Auch hier ist es nicht möglich, die erforderliche Sprungfunktion in
der Zeit t=0 zu erzeugen; es ist eine mittlere Verstellzeit des Stellgliedes von drei Sekunden anzusetzen. Abb.4.8 zeigt also nicht die ex-
akten Übergangsfunktionen, die man jedoch durch Rückrechnung erhalten
kann.

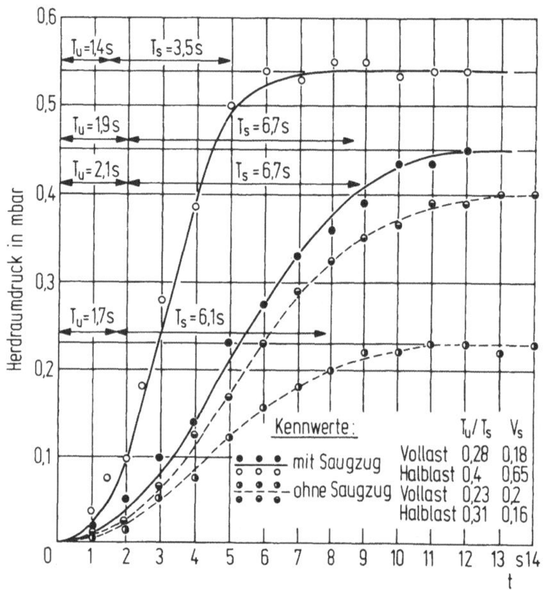

Abb.4.8. Diagramm [93]

Das Zeitverhalten bei Kaminbetrieb weist kaum Unterschiede auf (ge-
strichelte Linien): Verhältnis der Zeitkonstanten T_u/T_s = 0,23 bzw.
0,31 und Verstärkung V_s = 0,2 bzw. 0,16. Anders verhält es sich bei
Saugzugbetrieb (ausgezogene Linien), wo bei Halblast das Verhältnis
T_u/T_s größer ist als bei Vollast. Die entsprechend größere Verstärkung V_s von 0,65 gegenüber V_s = 0,18 bei Vollast liegt in der höheren Drosselwirkung bei Saugzugbetrieb begründet (stark gekrümmte Kennlinie im unteren Stellbereich des Zwischenschiebers, Abb.4.7).

Umsteuerung des Ofens

Die Temperatur der Steine in den Regeneratorkammern soll $1300^{\circ}C$ nicht
übersteigen. Bei einer Temperaturdifferenz von $80^{\circ}C$ zwischen ein- und
ausziehender Kammer oder bei Erreichen der zulässigen Grenztemperatur
einer Kammer wird der Umsteuerprozeß eingeleitet. Hierbei ist aus Gründen der Wirtschaftlichkeit - bei jedem Wechseln geht ein Kammervolumen
Brenngas verloren - vor jedem Umsteuern außerdem eine gewisse Mindest-
zeit, etwa 15min, abzuwarten [92].

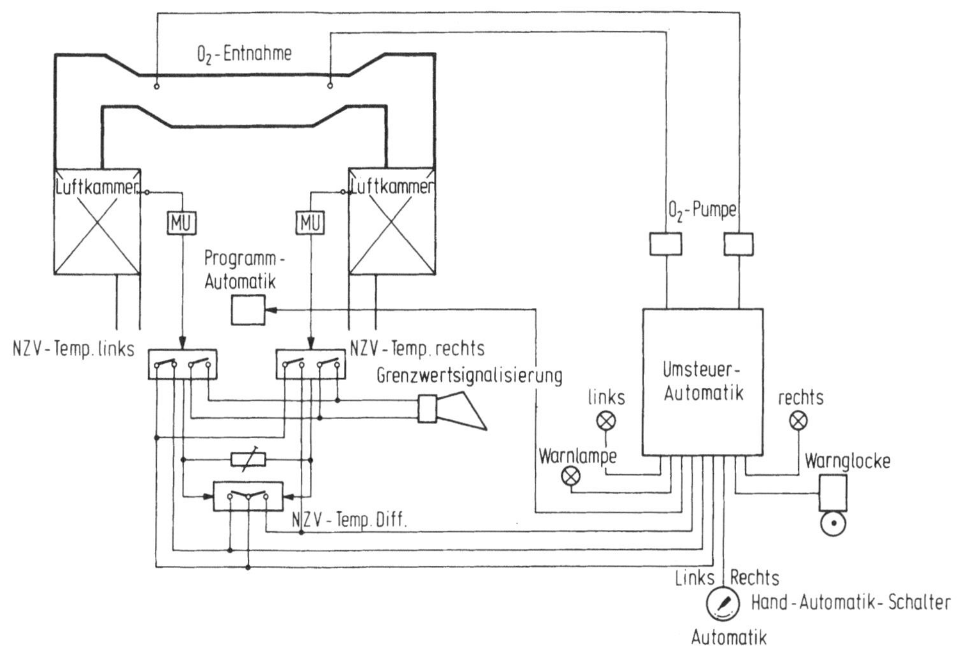

Abb.4.9. Blockschaltbild der Umsteuer-Automatik [92]

Abb.4.9 zeigt die schematische Darstellung einer ausgeführten Umsteu-
erautomatik. Sind die o.a. Kriterien für eine Umsteuerung gegeben, so
werden automatisch die Ölventile, die Schieber für Gas, Luft und Abgas
betätigt. Wegen der Gefahr des Ausflammens ist die Umsteuerung bei ge-
öffneten Türen verriegelt; eine Warn- und Signallampe sorgt dafür, daß
sich während des Umsteuerns keine Personen in der Nähe der Ofentüren
aufhalten. Die eben beschriebene Automatik sorgt dafür, daß die Vorteile des Zweikammer-Regenerativverfahrens optimal ausgenutzt werden,
da man die Kammertemperaturen stets an der oberen Grenze fährt. Unsym-
metrien innerhalb des Ofensystems werden teilweise erfaßt und ausgeregelt. Neben erhöhter Standzeit der Anlage ergibt sich ein nicht uner-
heblicher Gewinn durch Brennstoffersparnis.

4.4 Die Elektrostahlerzeugung

<u>4.4.1 Der Anlagenaufbau und der Prozeßablauf</u>

Die Elektrostahlherstellung erfolgt überwiegend in Lichtbogen-, in
geringem Maße auch in Induktionsöfen (Mittel-und Hochfrequenzöfen)
[96,97].

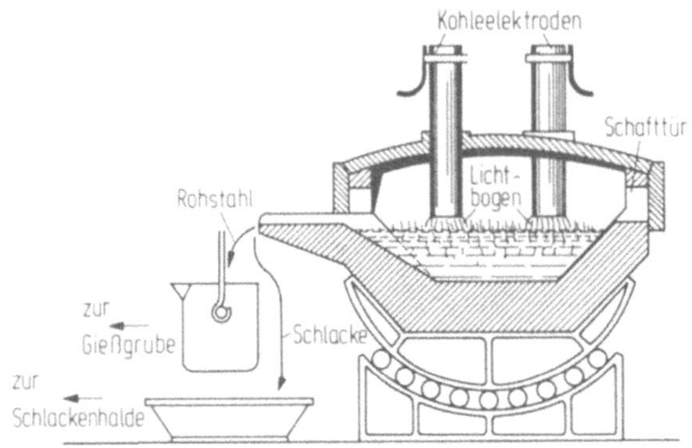

Abb.4.10. Lichtbogenofen

Im Lichtbogenofen, einem zylindrischen Ofengefäß mit bis zu 180t Fassungsvermögen, wird über Elektroden elektrische Energie im Lichtbogen
in Wärme umgewandelt, vgl. Abb.4.10. Der Einsatz besteht zum größten
Teil aus kompaktem Schrott und Flußmitteln und wird mit kleinstückigem
Schrott kontinuierlich eingesetzt. Vorgefrischtes Metall aus dem Blas-
stahl- oder Siemens Martin-Werk findet ebenfalls Verwendung. Die
Frischvorgänge verlaufen ähnlich wie beim SM-Verfahren. Der Vorteil
des Lichtbogenofens liegt in der hohen Temperatur des Lichtbogens und
in der guten Regelbarkeit. Der Elektrostahl eignet sich besonders zum
Legieren mit anderen Metallen zu Edelstählen.

Der Arbeitszyklus im Lichtbogenofen beginnt mit dem Einschmelzen des
Schrotts, der in zwei bis drei Chargen in den Ofen eingesetzt wird.
Ist der Schrott vollständig eingeschmolzen, erfolgt das Frischen und
zuletzt das Feinen, siehe Abb.4.11.

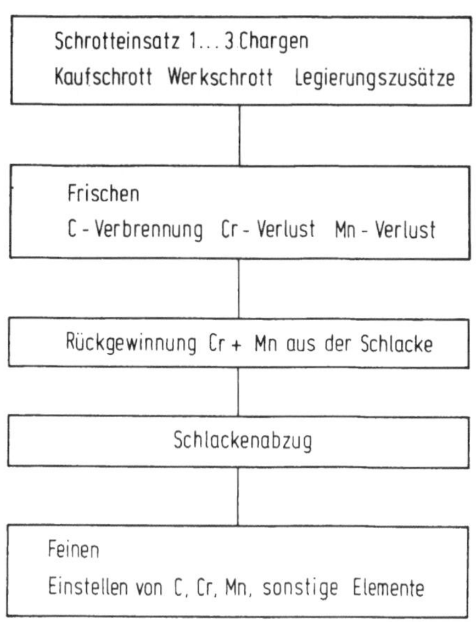

Abb.4.11. Prinzipielle Arbeitsschritte eines Schmelzprozesses (Fluß-
diagramm) [95]

4.4.2 Die Automatisierung

Im folgenden wird eine Programmsteuerung beschrieben, die die zum
Einschmelzen des Schrotts erforderliche Energiemenge vorgibt, sowie
den optimalen Zeitpunkt zum Einsatz weiterer Schrottchargen bestimmt.
Des weiteren werden die günstigsten Strom- und Spannungsstufen für das
An- und Abfahren des Ofens vorgegeben [95].

Die Funktionen dieser Programmsteuerung lassen sich am Chargenablauf
aufzeigen:

- Einsetzen der ersten Schrottcharge
- Eingeben des Schrottgewichts, des zum Einschmelzen des Schrotts erforderlichen spezifischen Energiebedarfs
- Multiplikation der beiden Werte ergibt die Einschmelzenergie für
  die erste Charge; Anzeige des errechneten Wertes
- Einstellen vorprogrammierter Strom- und Spannungsstufen; eine Logik
  verhindert Überlastung des Ofentransformators
- Anzeigen, in welcher Phase sich der Ofen befindet und Auslösen bestimmter Signale für das Bedienungspersonal, z.B. "Bereitstellen
  der 2. Charge", "Einsetzen der 2. Charge"

In einer zweiten Ausbaustufe des Systems kommt ein Prozeßrechner zum
Einsatz, der zusätzlich zur Vorgabe der Schmelzenergie die wichtigsten
Schmelzdaten protokolliert; er berechnet weiter die zum Frischen benötigte Sauerstoffmenge und die zum Feinen erforderlichen Legierungskor-
rekturen. Wenn im Stahlwerk mehrere Elektroöfen gleichzeitig in Betrieb
sind, so kann der Rechner zusätzlich den Werkenergieverbrauch überwachen und wirksam steuern.

Die Berechnung der Einschmelzenergie erfolgt aufgrund statistischer
Auswertung mehrerer vorangegangener Schmelzen. Dasselbe gilt für die
Ermittlung der spezifischen Einschmelzenergien für die verschiedenen
Schrottarten. Es werden ferner das Alter der Ofenausmauerung, dadurch
bedingte Abstrahlungsverluste, sowie Verlust- und Stillstandzeiten in
die Berechnung einbezogen.

Das Legierungsmodell berücksichtigt die für einen optimalen Feinungs-
prozeß relevanten Parameter:

- Temperatur der Schmelze
- Kohlenstoffgehalt
- Konzentration sonstiger Elemente in der Schmelze
- Substitution der Legierungszusätze

Dieses spezielle Modell faßt die genannten Parameter in Form eines
linearen Gleichungssystems zusammen, in dem die erschmolzenen Elemente und die Legierungszusätze die Variablen darstellen und chemische
Spezifikationen, Bedienungs- und metallurgische Erfordernisse und verfügbare Materialvorräte die Restriktionen und Grenzwerte bilden.

Der Rechnereinsatz ist gesichert, wenn er neben der Prozeßsteuerung
mehrerer Lichtbogenöfen eine Reihe anderer Aufgaben übernimmt:

- Kontrolle des gesamten Stoff- und Energiehaushalts
- Zeitliches Abstimmen der vorhandenen Öfen im Hinblick auf eine gün-
  stige Energieausnutzung, Elektroenergiemaximum
- Aufgrund der Laboranalysen ermittelt der Rechner die Legierungszu-
  schläge und den Sauerstoffbedarf (Leg.-Modell Veröffentlichung BFI)
- Der Prozeßrechner wird eingesetzt zum Zwecke der Marktanpassung und
  Optimierung

Wie bei den anderen metallurgischen Verfahren, so versucht man auch
bei der Elektrostahlherstellung die Phasen des Prozesses in mathematischen Funktionen bzw. Modellen mit Hilfe von Stoff- und Wärmebilanzen auszudrücken.

Die in der Einschmelzphase benötigte Lichtbogenenergie wird durch die
Gleichung erfaßt:

$$Q_E = Q_{Schrott} + Q_{Flick} + Q_{Störung} - Q_{Reakt} - Q_{O_2} - Q_{Vorwärmen}$$

Hierin bedeuten:

Q_E — errechnete Lichtbogenenergie, die zum Erreichen der
Badtemperatur erforderlich ist

$Q_{Schrott}$ — Schmelzenergie für Schrott

Q_{Flick} — Energieverlust durch Flickarbeiten

$Q_{Störung}$ — Energieverlust durch Störungen, abh.von der Dauer
und der Badtemperatur

Q_{Reakt} — Reaktionswärme sauerstoffaffiner Elemente in Schrott,
Kalk, Aufkohlungsmitteln etc.

Q_{O_2} — Wärmemenge, die durch aufgeblasenen Sauerstoff entsteht, durch Verbrennen von CO zu CO_2, durch Ver-
schlacken der Schwermetalle und Silizium

$Q_{Vorwärmen}$ — Wärmemenge des vorgeheizten Schrotts

Das Prozeßmodell erarbeitet aufgrund der Gleichung die notwendigen Anweisungen (Art und Menge der Zuschläge, Zeitpunkte für das Chargieren
der nächsten Schrottkörbe) an das Schmelzpersonal.

Am Anfang der Frischperiode wird aus der Schmelze eine erste Probe gezogen. Läßt z.B. das Lieferprogramm des Stahlwerks einen gewissen
Spielraum hinsichtlich der Stahlqualität zu, so bestimmt der Prozeßrechner aufgrund der Schnellanalyse der Probe, welche Stahlmarke sich
unter optimalen Bedingungen aus der Charge herstellen läßt (innerhalb
kürzester Zeit mit einem Minimum an Zuschlägen). Das Rechnersystem
gibt wiederum Anweisungen über Art und Menge der einzusetzenden Zuschläge und Frischmittel sowie über Energiemenge und Zeit.

Die erforderliche Kalkmenge (ermittelt aus der ersten Analyse) wird
aus zwei Funktionen abgeleitet:

CaO (P, S, Si) - Kalkverbrauch als Funktion von P-, S- und Si-Gehalt
                der ersten Probe
CaO (C)   - Kalkverbrauch als Funktion des C-Gehalts der ersten
                Probe

4.5 Stranggußanlagen

4.5.1 Anlagenaufbau und Prozeßablauf

Bereits vor dem zweiten Weltkrieg wurde das Stranggießverfahren entwickelt. Es wurde zuerst zum Gießen von Blöcken, Rohren und Profilen
aus Aluminium und seinen Legierungen, später auch in erheblich abge-
wandelter Form für Kupfer und seine Legierungen eingesetzt.

Man versuchte, dieses Verfahren auch für Stahl anzuwenden, stieß jedoch auf große Schwierigkeiten: Roheisen fällt wegen seiner schmelz-
technischen Gewinnung stoßweise in großen Mengen an; es muß verhältnismäßig schnell vergossen werden. Ebenso ungünstig wirken sich der
hohe Wärmegehalt bei gleichzeitig schlechter Wärmeleitfähigkeit und
die hohen Arbeitstemperaturen aus. Man beherrscht jedoch diese meist
apparativen Schwierigkeiten bereits so gut, daß grundsätzliche Probleme beim Stranggießen nicht mehr bestehen, und kann daher die An-
strengungen verstärkt auf die Automatisierung richten [98,99,100].

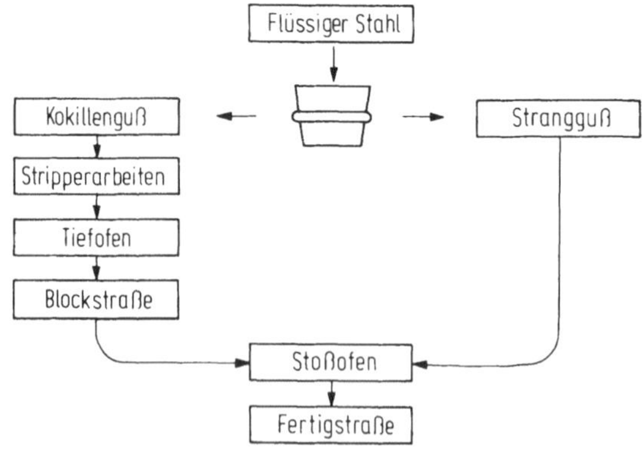

Abb.4.12. Gegenüberstellung Stranggußverfahren - herkömmliche Knüppel-
erzeugung

Die Vorteile des Stranggießens gegenüber dem Gießen des Stahls in fest-
stehenden Kokillen seien anhand der Abb.4.12 kurz erläutert: Es entfal-
len der Kokillenguß (als solcher) mit seinen Nachteilen, die Block-,
Brammen- oder Knüppelstraße, und man erreicht eine erhebliche Zeiter-
sparnis.

Unter Stranggießen versteht man ein Gießverfahren, bei dem die Gieß-
form kürzer ist, als der in ihr entstehende Guß. Es gibt verschiedene
Bauarten von Stranggußanlagen; der Strang kann senkrecht nach unten
abgezogen und in bestimmten Längen geschnitten werden, er kann endlos
hergestellt werden, indem er später oder sofort im Kreis- oder Oval-
bogen abgebogen wird [101].

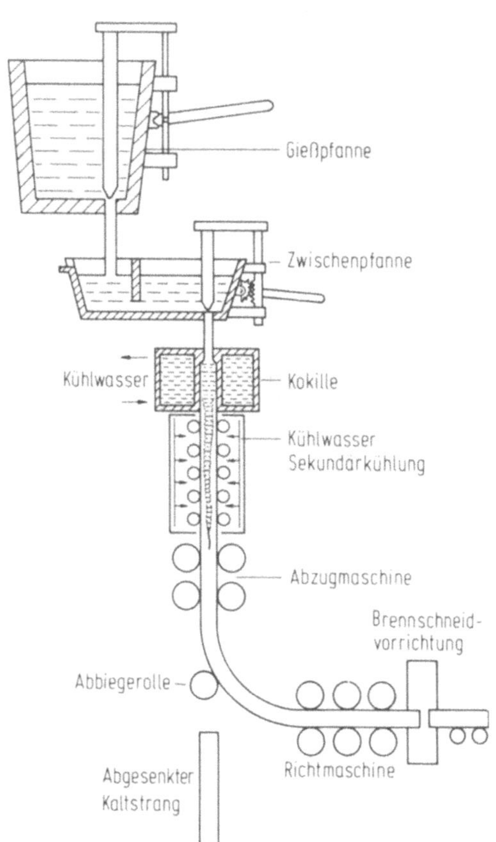

Abb.4.13. Aufbau einer Senkrecht-Stranggießanlage [104]

Der flüssige Stahl von $\leq$ 1600°C wird aus der Gießpfanne in einen be-
heizten Zwischenbehälter (Verteilerrinne) gegossen (Abb.4.13), aus
dem er in eine oder auch mehrere Kokillen gelangt. Am Anfang des

Gießvorganges wird die Kokille an der Unterseite durch den sogenannten
Kaltstrang verschlossen, der bei einfließendem Stahl hydraulisch langsam abgesenkt wird. Der flüssige Stahl erstarrt außen zuerst, Wasser-
kühlung der Kokille beschleunigt den Erstarrungsprozeß. Die entstehende Schale muß so dick sein, daß sie dem ferrostatischen Druck des noch
flüssigen Kerns in dem Moment standhält, in dem der Strang die Kokille
verläßt.

Um ein Haften des entstehenden Stranges an der Kokille zu verhindern,
schmiert man sie und läßt sie gleichzeitig oszillierende Bewegungen
in der Längsrichtung ausführen. Wegen der noch geringen Festigkeit
der Strangschale läßt man den Strang nach dem Austritt aus der Kokille ein Stützrollengerüst durchlaufen, in dem Kühlwasser auf den Strang
gesprüht wird. Es wird ihm hier so viel Wärme entzogen, daß er nach
dem Verlassen dieser Sekundärkühlzone meist formstarr ist. Nach dem
Verlassen der Treibwalzen wird der Strang mit Gasbrenn-Schneidmaschi-
nen in kleinere Längen geteilt, die über Rollengänge abtransportiert
werden. Die Knüppel oder Brammen gelangen dann weiter zum Walzwerk.

Die Güte der Strangoberfläche läßt sich durch genaues Einhalten des
Gießspiegels in der Kokille verbessern. Diese Gießspiegelregelung erfolgte früher durch Handverstellung des Verteilerstopfens; heute automatisiert man auch diesen Punkt, wobei die oben erwähnte Oszillation
der Kokille die genaue Messung des Gießspiegels erheblich erschwert.

4.5.2 Die Automatisierung

Antriebe und ihre Regelung

Für die Antriebstechnik ist es belanglos, welche der drei Formen der
Strangausförderung vorliegt. Der wichtigste Antrieb ist der Treiber
(Abzugmaschine). Er zieht sowohl den zum Anfahren der Anlage benötigten Kaltstrang nach oben wie auch den Warmstrang aus der Kokille nach
unten ab. Es wird hier zweckmäßig ein Gleichstrommotor eingesetzt oder
ein über Thyristoren gesteuerter Wechselstrommotor, da verschiedene
Geschwindigkeiten eingeregelt werden müssen.

Kühlung des Stranges

Die sachgemäße Kühlung des Stranges ist von entscheidender Bedeutung
für die Qualität des Erzeugnisses. Unsachgemäße Kühlung in der Kokille
bewirkt Risse an der Strangoberfläche, schlechte Sekundärkühlung begünstigt Lunkerbildung bzw. Spannungsrißbildung. Optimal ist diejeni-
ge Kühlung, die die Strangoberflächentemperatur über die Stranglänge
konstant hält (Abb.4.14) [98,103,104].

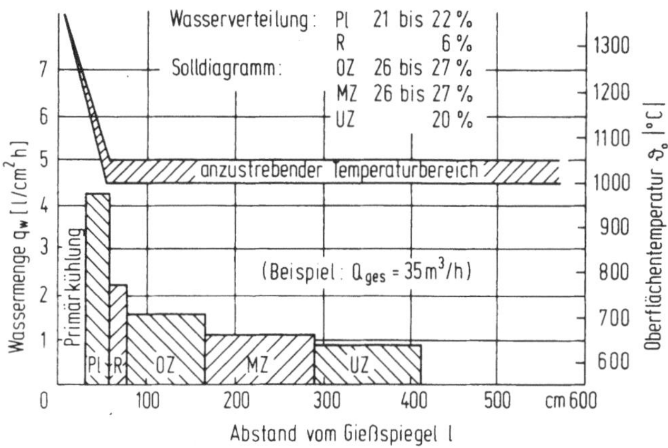

Abb.4.14. Optimale Oberflächentemperatur und Kühlwasserverteilung beim
Stranggießen eines Stranges mit dem Querschnitt 160mm x 160mm aus St 35
bei 1,3 m/min Gießgeschwindigkeit und aus St 45 bei 1,7 m/min Gießge-
schwindigkeit [104]
Pl Plattenkorsett; R Sprühring; OZ, MZ, UZ obere, mittlere, untere
Sprühzone

Dieses Ziel wird durch entsprechende Abstufung der Sprühdüsenquer-
schnitte erreicht; die Oberflächentemperatur des Stranges wird hierzu
in den einzelnen Sekundärkühlzonen gemessen.

Die Abb.4.15 zeigt die AUsführung einer Strangtemperaturregelung in
der Sekundärkühlzone des Stützrollengerüstes. Die Temperaturmessungen
erfolgen durch Pyrometer. Kurzzeitige Schwankungen der Meßwerte sind
prozeßbedingt. Sie entstehen durch unterschiedlich dicke oder abgelö-
ste Oxydhäute, ungleichmäßige Sprühwasserverteilung oder geschlossenen Wasserfilm auf dem Strang und werden mit Hilfe eines Spitzenwert-
speichers eliminiert, der den jeweiligen Höchstwert der Strangoberflächentemperatur festhält.

Nach dem Konzept eines anderen Herstellers wird das Wasser für die
Kokillenkühlung im Kreislauf über Wärmetauscher gefördert und dadurch

auf konstanter Vorlauftemperatur gehalten. Plötzliche Mengenstörungen
werden von einem untergeordneten Regler ausgeregelt und somit der Temperaturregelung ferngehalten.

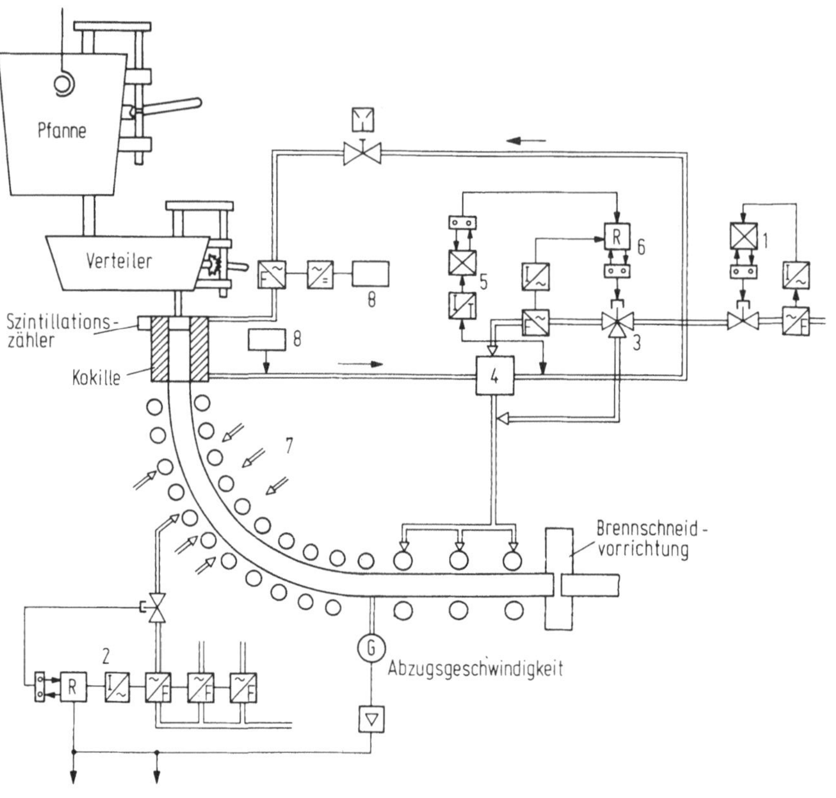

Abb.4.15. Vereinfachtes Regelschema der Kühlkreisläufe einer Stranggießanlage
1 Regelkreis Maschinenkühlung; 2 Regelkreis Spritzwasserkühlung;
3 Dreiwegeventil; 4 Wärmetauscher; 5 Temperaturregelung, Kokillenkühlung; 6 Ausregelung von plötzlichen Mengenstörungen; 7 Spritzwasser-
zonen 1...n; 8 Registrierung

Die Sekundärkühlzone wird in mehrere Spritzzonen unterteilt, von denen
jede einem Regelkreis zugeordnet ist. Hierdurch können die kleinen Was-
sermengen optimal dosiert und über die Gießperiode konstante Werte erzielt werden. Damit die Kühlung voll wirksam werden kann, muß der Was-
serdruck hoch genug sein, um die sich an der Strangoberfläche bilden-
de Dampfschicht zu durchdringen.

In Beitrag [105] wird ein mathematisches Modell beschrieben, das es
gestattet, die Strangoberflächentemperatur in der Primär- und Sekundärkühlzone anzugeben.

Ausgangspunkt ist die partielle Wärmedifferentialgleichung

$$\frac{\partial T}{\partial t} - \frac{\lambda}{c\rho}\, \Delta T = 0$$

mit T - zeit- und ortsabhängige Temperaturverteilung; t - Zeit;
   λ - Wärmeleitzahl; Δ - Laplacescher Differentialoperator;
   c - spezifische Wärme; ρ - Dichte

Das Lösungsverfahren der Entwicklung nach Eigenfunktionen wird in ab-
gewandelter Form angewendet, so daß auch nichtlineare Randbedingungen
(hervorgerufen durch Wärmestrahlung) näherungsweise erfaßt werden. Es
ergibt sich für runde und rechteckige Strangquerschnitte eine gute
Übereinstimmung mit gemessenen Werten.

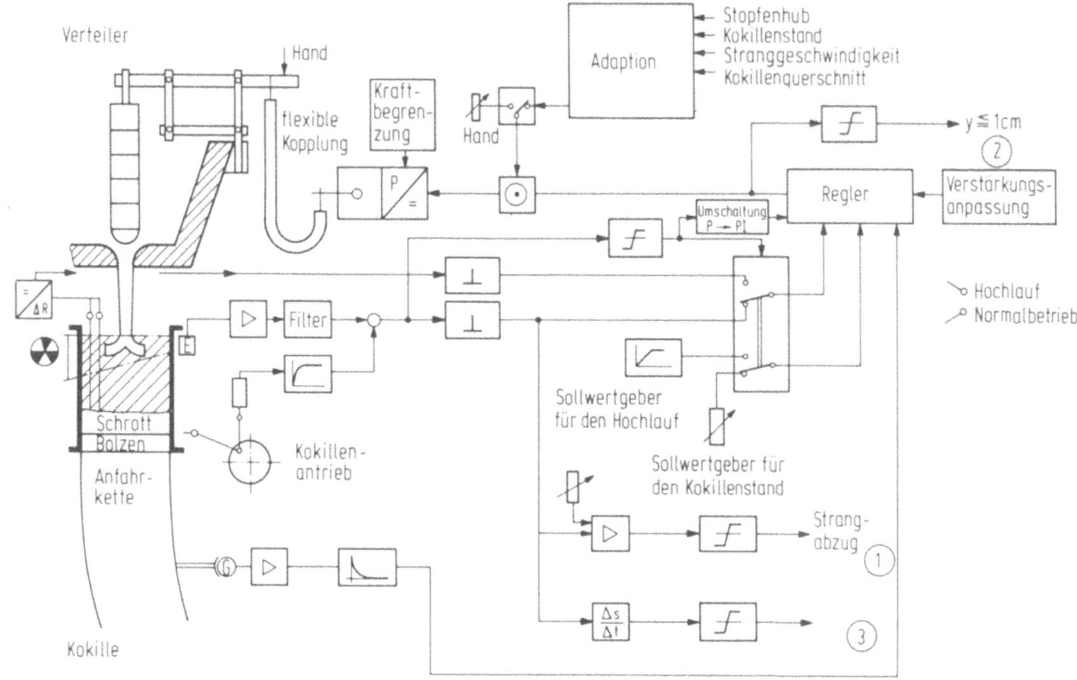

Abb.4.16. Aufbau einer Stranggießanlage [99]

Messen der Gießspiegelhöhe

Erste Voraussetzung für die Regelung des Kokillenfüllstandes ist die
Messung der Gießspiegelhöhe. Hierzu hat sich heute das Isotopen-Meß-
verfahren durchgesetzt (Abb.4.16). Am Kokillenoberrand durchstrahlt

ein Co60-Präparat die Wandungen, und ein Strahlenmeßgerät (Szintilla-
tionszähler) mißt die radioaktive Strahlung, die je nach Gießspiegelhöhe mehr oder weniger absorbiert wird.

Die Messung ist nichtlinear, da die Entfernung zwischen Sender und
Empfänger nach unten hin größer wird und die Strahlungsintensität
mit dem Quadrat der Entfernung abnimmt. Eine Verstärkung des Präpa-
rats nach unten hin gleicht diesen Effekt hinreichend gut aus[102].

Aus Sicherheitsgründen muß die Strahleraktivität begrenzt bleiben
(ca. 5mCi). Hierdurch ergeben sich eine starke Verzögerung des Meß-
signals sowie dessen Überlagerung durch ein Rauschsignal. Man erreicht
dennoch in ausgeführten Regelungen eine Gießspiegelkonstanz von ± 2mm.

Stopfencharakteristik

Die Begrenzung der Stellcharakteristik wird bereits bei sehr kleinen
Stellhöhen von 1-2cm erreicht (Abb.4.17). Nach Erreichen eines bestimmten Stellhubes h_{so} wird eine Steigerung h_s keine weitere Zunahme der
abfließenden Stahlmenge Q mehr bewirken.

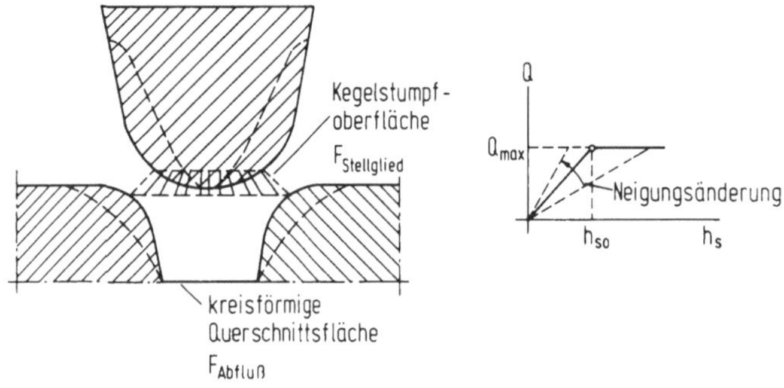

Abb.4.17. Begrenzung der Stopfencharakteristik [99]

Der maximale Durchfluß Q_{max} wird dann erreicht, wenn $F_{Stellglied} =
F_{Abfluß}$ ist; Q_{max} wird im wesentlichen von der kreisförmigen Abfluß-
öffnung bestimmt. Die Kennlinie des Stellgliedes Stopfen, die sich
hierbei ergibt ist äußerst steil und deshalb regelungstechnisch sehr
ungünstig.

Stopfen- und Abgußänderungen ergeben Verschiebungen und Neigungsände-
rungen der Stopfenkennlinie. Hierbei stellt die Neigungsänderung eine

Veränderung der Kreisverstärkung dar und kann zu Instabilitäten bzw.
zu langsamerem Ausregeln auftretender Störungen führen.

Einfluß des ferrostatischen Drucks

Während des Gießens sinkt der Füllstand der Pfanne ständig; dadurch
nimmt auch der ferrostatische Druck auf die Ausflußöffnung ständig ab.
Die Regelung muß absinkende Kreisverstärkung berücksichtigen. Der
gleiche Effekt tritt bei sinkender Badtemperatur und Qualitätsände-
rungen auf.

Messen des Verteilerniveaus

Der Verteiler kann auf Druckmeßdosen gesetzt werden; die Füllstands-
messung wird also auf eine Gewichtsmessung zurückgeführt. Dynamisch
auftretende Störgrößen erschweren den Meßvorgang: Impulskräfte der zu-
und abfließenden Stahlmengen, Trägheitskraft der Stahlmasse bei Niveau-
änderungen.

Verkoppelung der Füllstandsregelkreise

Die Stellgröße für die Verteilerfüllstandsregelung ist die aus der
Pfanne nachfließende Stahlmenge Q_{Pf}, d.h. also, es liegt integrales
Verhalten vor. Als Störgrößen im Verteilerregelkreis treten die in
die Kokillen abfließenden Stahlmengen Q_1 und Q_2 auf; es ist also die
Differenz $Q_{Pf} - (Q_1+Q_2)$ zur Integralbildung heranzuziehen (vgl. Abb.
4.18). Die Größen Q_1 und Q_2 sind aber in den beiden Kokillenfüll-
standsregelungen Stellgrößen, die drei Regelkreise sind also untereinander verkoppelt.

Weitere Störgrößen

Bei der Auslegung einer Regelung müssen weitere Störgrößen in die Be-
trachtungen einbezogen werden:

- Oszillation der Kokille
- Änderungen in der Strangabzugsgeschwindigkeit
- Mechanische Schwingungen des Stopfens, bedingt durch Strudelbildung
  am Ausfluß bei geringer Verteilerfüllhöhe
- Bei der Störung "Strang halt!" muß die Regelfunktion angepaßt werden.

Um eine brauchbare Regelanlage entwerfen zu können, sind die vorste-
henden Probleme auf dem Analogrechner ausführlich studiert worden.
Einige wichtige Ergebnisse seien hier aufgeführt [99].

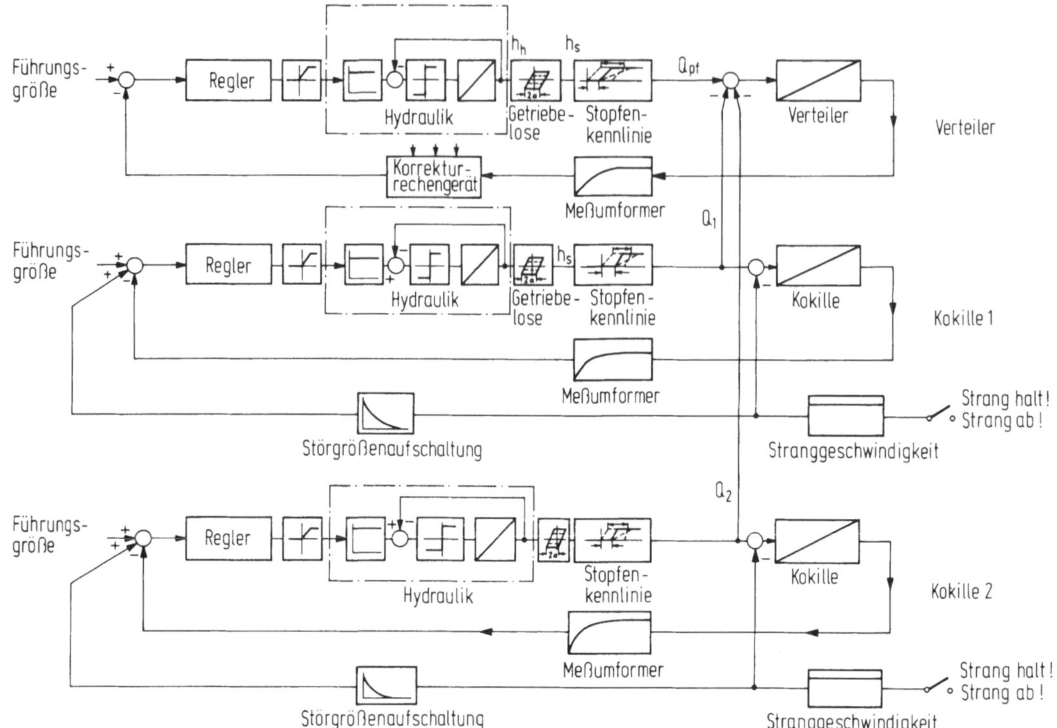

Abb.4.18. Struktur der Regelkreise [99]

Die Anforderungen an die Regelung lassen sich wie folgt zusammenfassen:

- Beherrschen des Angießens
- Schnelles Ausregeln auftretender Störungen bei Gießbetrieb
- Einhalten des Soll-Niveaus auf wenige Millimeter genau
- Erhöhen der Strangabzugsgeschwindigkeit bei Ausfall oder Störung
  der Regelung (z.B. durch starken Stopfenausbruch).

Bei der Simulation auf dem Analogrechner ging es in erster Linie um
Aussagen über:

- Erforderliche Entkoppelungen
- Stabilität der Regelkreise
- Korrekturschaltungen
- Statische und dynamische Kenndaten der Regelkreisglieder
- Erforderliche kontruktive und Maßnahmen auf maschinentechnischer Seite

Simulation einer Gießspiegelregelung auf dem Analogrechner

Die in Abb.4.18 vereinfacht dargestellte Schaltung wurde auf dem Analogrechner untersucht. Die Abb.4.19 und 4.20 zeigen die Einflüsse der verschiedenen Störungen auf das Kokillenniveau und die zufließende Stahlmenge.

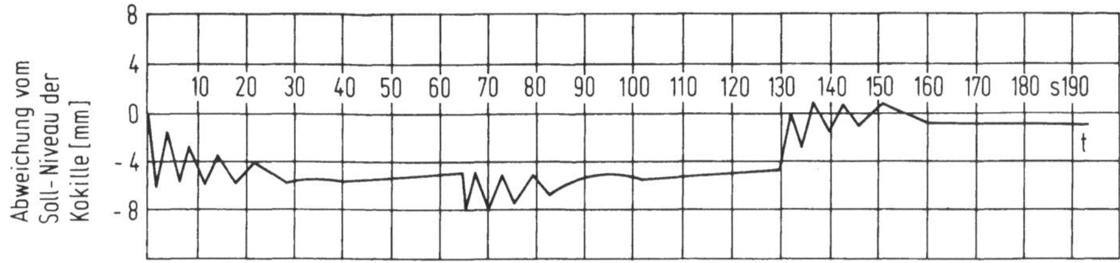

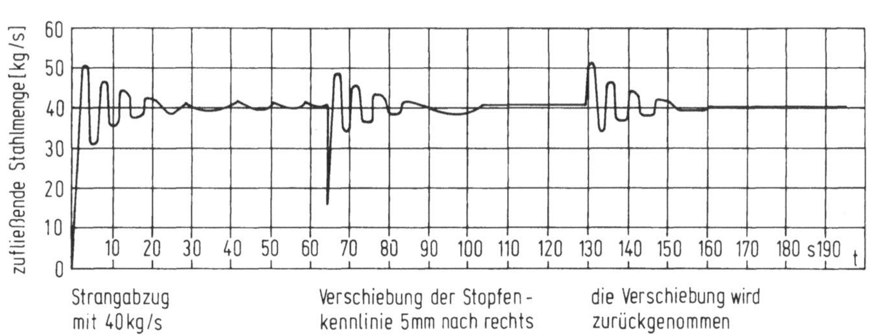

Abb.4.19. Die Störungen "Strangabzug" und "Kennlinienverschiebung" [99]

Zu Abb.4.19: Zur Zeit t=0 wird ein Strang abgezogen, wodurch ein Niveaueinbruch von 6mm entsteht. Die einsetzende Schwingung, die typisch für eine nichtlineare Regelung ist, klingt nach 30sec ab. Zur Zeit t=65sec wird die Störung "Verschiebung der Stopfenkennlinie" aufgeschaltet, die einen erneuten Niveaueinbruch zur Folge hat und in ähnlicher Weise ausgeregelt wird. Nach Zurücknehmen der Störung bei t=130sec wird ca. 30sec später der Sollwert annähernd wieder erreicht.

In Abb.4.20 wird das Verhalten der Regelung bei Auftreten der Störungen "Steigungsänderung der Stopfenkennlinie" und "Strang halt!" gezeigt. Eine Steigungsänderung von 50 kg/s/cm auf 20 kg/s/cm zur Zeit t=6s bewirkt zunächst ein Absinken des Niveaus um 6mm. Wie bereits ausgeführt, ist eine Neigungsänderung in Richtung auf eine flachere Stopfenkennlinie mit einer Verringerung der Regelkreisverstärkung gleichbedeutend. Demgemäß ist die Schwingungsneigung des Systems jetzt

geringer; sie wird wieder größer bei t=71s, wo durch Wiederherstellen
der ursprünglichen Steigung die Kreisverstärkung wieder den alten
Wert erreicht.

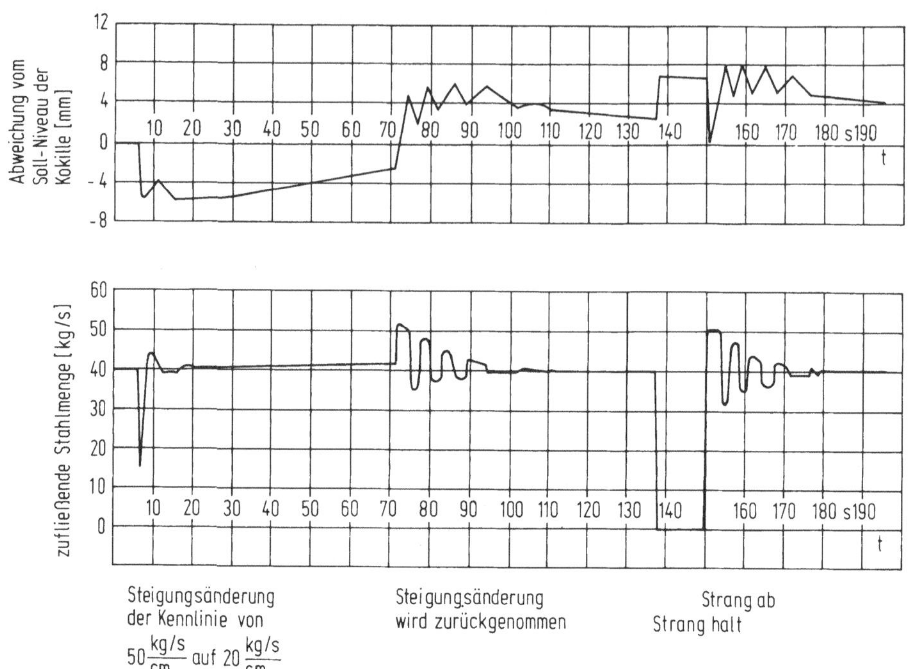

Abb.4.20. Die Störungen "Steigungsänderung" und "Strang halt!" [99]

Bei Eingabe der Störung "Strang halt!" (t-137s) wird der Stahlzufluß
gestoppt, und das Niveau steigt noch um 5mm an. Zur Zeit t=150s wird
der Strang wieder abgezogen, das Niveau sinkt nach einem Einschwing-
vorgang wieder langsam auf den Sollwert ab.

Sämtliche Simulationen wurden zunächst durchgeführt, ohne das Rauschen
des Isotopengerätes zu berücksichtigen. In Abb.4.21 wird dieser Einfluß gezeigt, und zwar a) als Ergebnis der Simulation, und b) als Messung an einer laufenden Anlage.

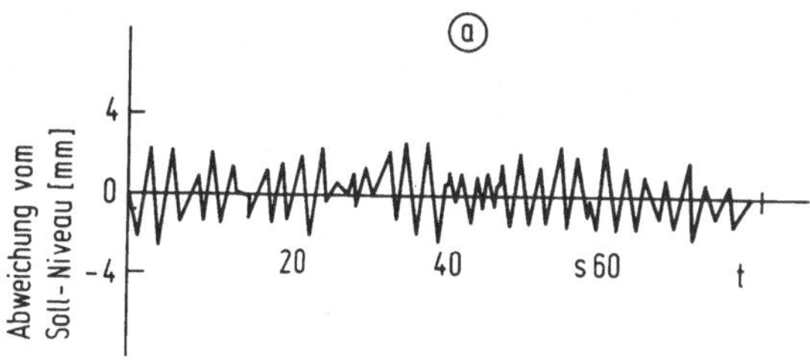

Niveau bei der Simulation

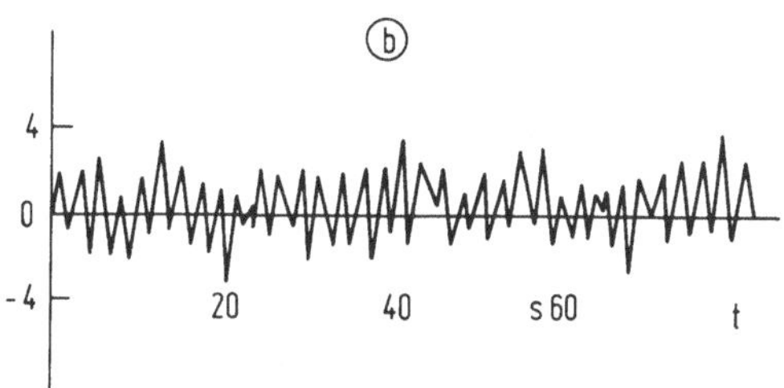

Niveau bei einer laufenden Anlage

Abb.4.21. Einfluß der Rauschstörung auf den Füllstand [99]

Ergebnisse der Simulation und Schlußfolgerungen

- Die beschriebene Regelung ist in der Lage, die dem Verteilerstopfen
  aufgeprägten Schwingungen fast wegzudämpfen.
- Da niederfrequente Schwingungen im Regelkreis verstärkt werden, muß
  der genauen Kompensation der Kokillenoszillation große Beachtung ge-
  schenkt werden.
- Eine Erhöhung der Hydraulik-Stellgeschwindigkeit auf Werte über
  10mm/s bringt keine Verbesserung der Regelgüte.
- Eine progressive Reglerkennlinie zur besseren Ausregelung der vielen
  Nichtlinearitäten bringt keine Verbesserung, sie führt vielmehr zu
  Schwingungen im Kokillenniveau. Diese Art Regler scheidet daher we-
  gen der Gefahr der Instabilität aus.
- Während des Anfahrvorganges ist es zweckmäßig, die Regler von PI-
  auf P-Verhalten umzuschalten, um gegen Ende der Angießphase einem
  Überschreiten des Sollstandes entgegenzuwirken.

Weitere Verbesserungen der Regelung lassen sich durch Adaption der
Reglerverstärkung auf die variable Stopfencharakteristik erzielen.
Hierüber wird im folgenden berichtet.

Adaption auf die veränderliche Steigung der Ventilkennlinie

Um Reglerdaten in Abhängigkeit von den Schwankungen der Prozeßeigen-
schaften geeignet beeinflussen zu können, müssen diese Schwankungen
erst einmal identifiziert werden.

In [100] werden einige der heute üblichen Verfahren im Analogrechner-
vergleich ausführlich auf ihre Eignung zur Identifikation in der inte-
gralen Strecke einer Stranggieß-Regelung untersucht. Im vorliegenden
Beitrag [99] wird von den Möglichkeiten

- Verfahren der modulierenden Funktion
- Lineares Filterverfahren nach Schaufelberger
- Parallelmodellidentifikation
- Serienmodellidentifikation nach Marsik

die letztere gewählt.

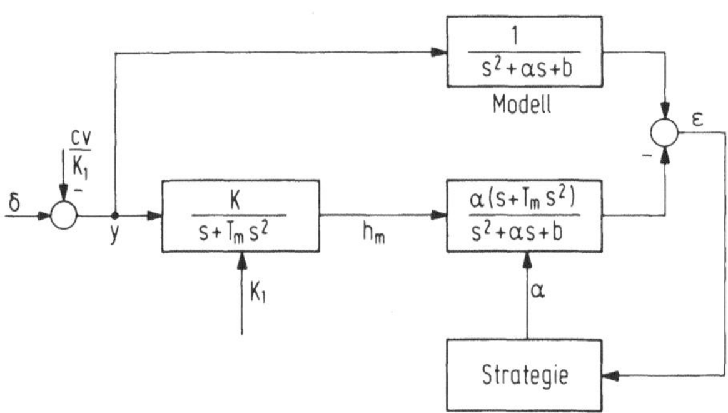

Abb.4.22. Prinzip des Serienmodellverfahrens [99]

In Abb.4.22 ist dargestellt, wie das selbsteinstellende Modell angeordnet wird, das den zeitvarianten Teil der Strecke im wesentlichen
kompensieren soll. Es besteht aus zwei Teilen M_1 und M_2 (vgl. Abb.4.23)
denen die Größen h_M und y als Eingangsgrößen zugeführt werden.

Der durch die zu entwerfende Strategie gebildete Modellparameter α
soll solange verändert werden, bis er umgekehrt proportional dem Strek-
kenparameter K bzw. der gesuchten Verstärkung K_1 ist. Die Strategie
(Gradientenverfahren) erhält als Eingangsgröße die Differenz ε der
beiden Modellteile und bringt die Funktion $f(\varepsilon) = \varepsilon^2$ stets auf ein
Minimum in Bezug auf α.

Die entwickelte Strategie besteht im wesentlichen darin, während der
kurzzeitig geschlossenen Hydraulik die eventuell verschobene Stopfenkennlinie neu zu ermitteln. Nachdem sie im Modellteil M_2 eingestellt
ist, wird die Hydraulik wieder geöffnet, die Einstellung des Modell-
parameters entspricht dann wieder dem Steigungsmaß der Stopfenkennlinie. Es versteht sich, daß diese Vorgänge schnell ablaufen müssen.

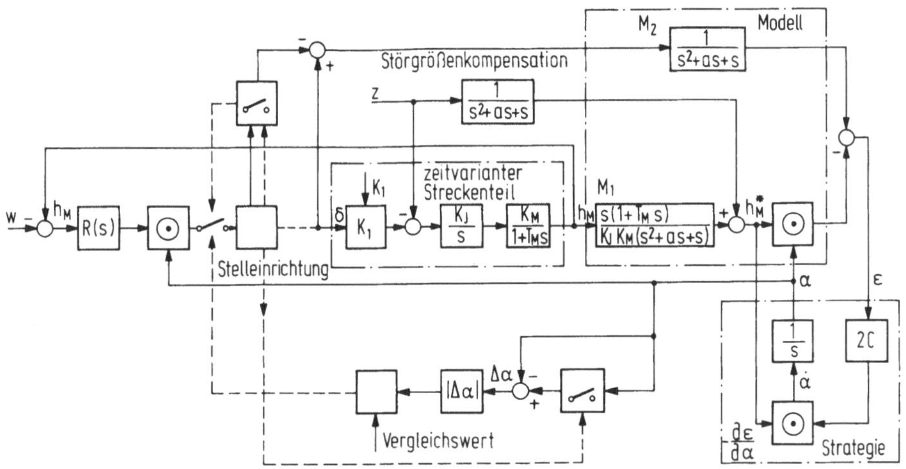

Abb.4.23. Gesamtstruktur der Identifikation von Verschiebung und Neigung der Stopfenkennlinie [99]

Simulationsergebnisse dieser verbesserten Konzeption sind in der
Abb.4.24 wiedergegeben. Es sind die Abweichungen vom Sollniveau, das
Rauschsignal des Isotopenmeßgerätes und der Modellparameter α aufge-
tragen.

Schließlich werden die Niveauverläufe mit und ohne Adaption verglichen. Es ist deutlich zu sehen, daß die von den beiden möglichen Veränderungen der Stopfenkennlinie (Neigungsänderung und Verschiebung)
herrührende Regelabweichungen beim adaptierten System wesentlich kleiner sind.

Die eben erläuterte Regelung wird seit einigen Jahren bereits in die
Stranggußanlagen eingebaut. Diese sind damit so zuverlässig und betriebssicher geworden, daß z.B. die gefährlichen Durchbrüche fast
völlig vermieden werden können.

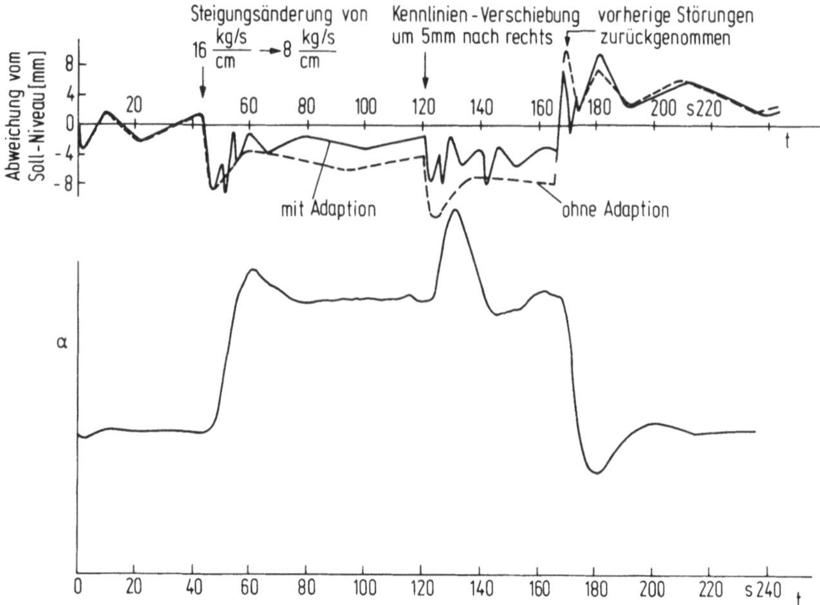

Abb.4.24. Niveau bei adaptivem und nichtadaptivem Regler [99]

4.5.3 Weiterverarbeitung des Stranges

Wie bereits erwähnt, wird der fertig gegossene und gerichtete Strang
mit Brennschneidmaschinen in vorgegebene Längen geteilt. Eine Meßrol-
le treibt einen Impulsgeber an; hat der Strang die vorgegebene Länge
erreicht, d.h. hat der Impulsgeber die entsprechende Impulszahl abgegeben, so erfolgt das Kommando "Schneiden", die Schneidemaschine
läuft mit dem Strang mit und trennt ihn durch [103].

Diese einfache Schnittlängensteuerung reicht nicht mehr aus, wenn
weitergehende Forderungen zu erfüllen sind:

- Messen der Angußlänge
- Speichern mehrerer Schnittprogramme
- Optimieren der Restendlängen

In diesen Fällen findet zweckmäßig ein Kleinrechner Anwendung, der
auch für den Gießprozeß wichtige, von der Stranglänge abhängige Steuersignale ausgibt.

4.6 Allgemeine Datenerfassungsaufgaben in Stahlwerken

In einem Stahlwerk, in dem gleichzeitig große Mengen von Einsatzstoffen und Fertigstahl bewegt werden, muß auf eine sinnvolle Koordinierung des Zugriffes zu den Lagern und der Bewegung besonders geachtet werden. Dies bedeutet, daß die Leitstände an den verschiedenen Punkten des Betriebes, z.B. im Mischerbetrieb, Konverterbetrieb, Schrottplatz oder Gieß- und Stripperbetrieb, ihre Aktivitäten untereinander bekannt machen. Durch laufende Registrierung dieser Aktivitäten in einem Rechner und Ausgabemöglichkeit an die einzelnen angeschlossenen Stellen wird dieser Informationsaustausch möglich.

Die Eingabe in den Rechner erfolgt über die Tastaturen in den Leitständen, Waagen und Schaltern. Die einlaufenden Daten werden nach einem Schlüssel geordnet, z.B. nach Planungsnummern, unter der jede interessierte Stelle dann den aktuellen Zustand erfahren kann. Allgmein gilt die Verarbeitung der erfaßten Daten folgenden Zwecken:

- der Materialdurchflußverfolgung im Betrieb,
- der Berichterstattung abgeschlossener Arbeitsvorgänge, z.B.
  Schmelzbereichte,
- der Langzeitarchivierung.

Bei der Lösung dieser Probleme (zusammen mit den Prozeßführungsaufgaben) bestand früher die Tendenz zur Zentralisierung, d.h. möglichst viele Aufgaben werden mit Hilfe einen zentralen Rechensystems gelöst. Heute versucht man, die Verarbeitung in Teilaufgabenbereiche zu gliedern und jedem Aufgabenbereich ein auf ihn zugeschnittenes Rechensystem zuzuordnen. Diese Rechensysteme sind dann kleiner und die Aufgaben überschaubarer. Ausfälle haben eine begrenzte Wirkung und können wegen der geringen Komplexität der Systeme auch einfacher behoben werden. Der Datenaustausch zwischen den Systemen, d.h. deren Integration, macht mit den heutigen Mitteln der Datenübertragungstechnik keine prinzipiellen Schwierigkeiten. Jedoch stellen die Kosten für die Übertragungseinrichtungen häufig ein Hindernis dar.

5. Warmwalzbetriebe

5.1 Allgemeines zum Walzwerk

Unter der spanlosen oder bildsamen Formgebung versteht man einen Ar-
beitsvorgang, bei dem unter Einfluß äußerer Kräfte eine Änderung der
ursprünglichen Gestalt eines Werkstückes ohne Volumenänderung erreicht
wird.

Das Walzen ist eine dieser Möglichkeiten, eine bildsame Verformung zu
erzielen. Die Stauchung des Werkstoffes erfolgt hierbei in dem Spalt
zwischen zwei Walzen,wobei das Material, das in Richtung des geringsten Fließwiderstandes ausweicht, vorwiegend in der Längsrichtung ge-
formt wird. Die bei einem Durchgang, dem sogenannten Stich, erzielba-
ren Querschnittsabnahmen und damit die Anzahl der Stiche vom Rohblock
bis zum Fertigprodukt sind im wesentlichen abhängig vom Werkstoff und
seiner Formänderungsfestigkeit, der Arbeitstemperatur und den Druck-
verhältnissen im Walzenspalt.

Für das Formen von Blechen und Bändern werden Walzen mit glatter Oberfläche verwendet, deren Walzspalthöhe von Stich zu Stich verringert
wird. Für die Herstellung anderer Querschnittsformen werden profilier-
te Kaliberwalzen eingesetzt, bei denen durch entsprechende übereinan-
derliegende oder ineinandergreifende Profilwalzen die Querschnittsab-
nahme und Formung von Stich zu Stich erfolgt, wobei das Werkstück im
allgemeinen zwischen jeder Verformung um 90° gedreht wird. Die erforderliche Hin- und Herbewegung des Walzgutes mit einem möglichst kleinen Transportweg wird bei Doppelduowalzgerüsten durch gegensinnige Umlaufrichtung des oberen und unteren Walzenpaares erzielt, bei Triowalz-
gerüsten durch unterschiedliche Umlaufrichtung der oberen und unteren
Walze und bei Reversiergerüsten durch Umkehrung der Walzendrehrichtung
von Stich zu Stich. In Abb.5.1 ist die Anordnung der Walzen bei den
verschiedenen Walzwerkbauarten dargestellt. Die Walzwerke können ein-
zeln angeordnet stehen (offene Walzenstraße), so daß das Walzgut hin

und her durch die Walzen läuft. Man spricht von kontinuierlichen
Walzwerken, wenn mehrere Gerüste mit kurzem Abstand hintereinander
stehen. Hierbei erhält das Walzgut nach einmaligem Durchlauf durch
die Straße den gewünschten Endquerschnitt.

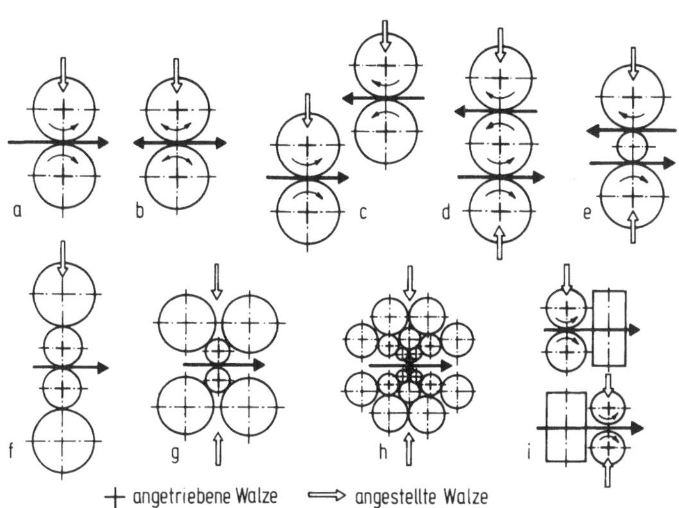

Abb.5.1. Anordnung der Walzen bei den verschiedenen Walzwerkbauarten [106]
a Duo-Walzwerk, b Duo-Umkehr(Reversier)-Walzwerk, c Doppel-Duo, d Trio-
walzwerk, e Lauthsches Trio, f Quarto-Walzwerk, g Sexto-Walzwerk,
h Vielwalzen-Kalt-Walzwerk, i Universal-Walzwerk, oben Ansicht, unten
Draufsicht; Bauarten a,b,c,d,e,f und i für Warmwalzen; a,b,e,f,g,h für
Kaltwalzen. Bei e auch Antrieb der Mittelwalze, dann läuft Oberwalze
als Schleppwalze; g auch als Umkehrwalzwerk gebaut; i ohne waagerechte
Walzen als Stehwalzwerk insbesondere in kontinuierlichen Straßen

Nach dem zu walzenden Gut werden Walzwerke verschieden ausgeführt; als
Blockbrammenstraße, Grobblechstraße, Mittelstraße, Breitbandstraße,
sowie Walzwerke für Sonderzwecke z.B. Rohrwalzwerke usw.

Die zum Walzen erforderliche gleichmäßige Walztemperatur erhalten die
Rohblöcke oder Rohbrammen nach dem Gießen in Wärmeöfen (Stoßöfen, Hubbalkenöfen, Tieföfen, Drehherdöfen u.a.). Stoß- oder Hubbalkenöfen
dienen zum durchlaufenden Erwärmen von Blöcken, Brammen oder Knüppeln.
Während bei Tieföfen nur satzweise Beschickung möglich ist, also unterbrochener Betrieb, wird in Stoßöfen und ähnlichen Öfen kontinuierlich
gewärmt.

Die verschiedenen Arbeitsgänge beim Walzen werden durch weitgehend
regelbare Hilfsvorrichtungen erleichtert, z.B. Blockkipper, Rollgänge,
Hebe- und Wipptische für den Längs- und Vertikaltransport, Kant- und

Verschiebeeinrichtungen für das Einschieben des Walzgutes in die aufeinander folgenden Kaliber, Scheren und Warmsägen zum Abtrennen der
erforderlichen Längen und Breiten, Stapel- und Aufrollvorrichtungen
für das Enderzeugnis u.a. Bei modernen Walzenstraßen sind die Arbeitsgänge vom Rohblock bis zum Endprodukt durch Hintereinanderschaltung
der entsprechenden Walzgerüste und Transporteinrichtungen teilweise
oder völlig automatisiert.

In den folgenden Kapiteln sollen Teilsysteme im Walzwerk unter dem
Aspekt von Automatisierungsmöglichkeiten und -tendenzen näher beschrieben werden.

5.2 Wärmeöfen

Tiefofen

Wenn die gegossenen und noch glühenden Rohstahlblöcke vom Stahlwerk
zum Walzwerk kommen, haben sie keine gleichmäßige Temperaturverteilung.
Außen ist der gegossene Block verhältnismäßig schnell erstarrt, während
das Innere noch längere Zeit flüssig bleibt. Um einen Block walzen zu
können, muß sein Inneres in festem Aggregatzustand mit gleichmäßiger
Temperaturverteilung sein. Um dies zu erreichen, werden Rohstahlblöcke
vor dem Walzen in Tieföfen mit ca. 1300°C einem Wärmeausgleichsprozeß
im Zellen- oder Großraumofen unterworfen. Als Brennstoff dienen alle
Gase und Öle.

Stoßöfen

Stoßöfen dienen zum durchlaufenden Erwärmen von Blöcken oder vorgewalzten Brammen und Knüppeln auf eine Walztemperatur von ca. 1250°C.
Während bei Tieföfen nur satzweise Beschickung möglich ist, also unterbrochener Betrieb, wird in Stoßöfen kontinuierlich gewärmt. Der
Transport durch den Ofen erfolgt über wassergekühlte Gleitschienen.

Für eine einwandfreie Güte des Walzproduktes ist eine gleichmäßige,
gute Durchwärmung des Walzgutes Voraussetzung. Hierzu ist eine vollselbsttätige Regelanlage notwendig. Die Aufgabe der Regelanlage be-

steht darin, das Brennstoffgemisch, die Temperatur der einzelnen
Heizzonen sowie Ofendruck und Ofenatmosphäre zu überwachen.

5.2.1 Automatisierungstechnik an Wärmeöfen

In den letzten Jahren haben Bau und Betrieb von Industrieöfen eine
stürmische Entwicklung hinter sich gebracht. Mit der Verwendung von
gasförmigem und flüssigem Brennstoff ist eine Automatisierung der
Ofenführung möglich geworden. Durch die Forderung nach schnellerer
und gleichmäßiger Durchwärmung für die Verformung oder Wärmebehandlung von Werkstücken wird der Ofenbau und die Regelungstechnik vor
immer neue und schwierige Aufgaben gestellt. Da sich die laufende betriebliche Bestimmung des Erwärmungszustandes eines Arbeitsgutes noch
im Versuchsstadium befindet, wird heute in den meisten Fällen die Ofentemperatur als Ersatzmeßgröße für diesen Zweck benutzt [40,107,108,109].

5.2.2 Regelung eines gasbeheizten Tiefofens

Für den automatischen Betrieb der Anlage ergeben sich für die regelungstechnische Aufgabe folgende Punkte [110]:

- Der Ofen soll an allen Stellen möglichst gleiche Temperatur haben,
  da sich bei Abweichungen die Verformbarkeit des Stahles ändert.
- Innerhalb des Ofens soll ein leichter Überdruck unter dem Deckel
  bestehen, damit keine Falschluft eingesogen wird.
- Die entstehende Verzunderung der Blöcke soll beim Walzen leicht ab-
  springen, weshalb ein bestimmtes Luft/Gas-Verhältnis in der Ofenatmosphäre herrschen muß.

Dies wird durch eine Temperatur-, Druck- und Gas/Luftverhältnisrege-
lung erreicht. Die Ofentemperatur (Kopf- oder Fußraumtemperatur) steuert die Brennluftzufuhr, welche mit einem bestimmten Verhältnis den
Gasstrom nachzieht. Die Temperatur im Ofenraum und im Abgaskanal werden mittels Thermoelemente gemessen. Das Luft/Gasverhältnis wird über
einen Differenzdruckumformer in einen dem Luftstrom proportionalen
Gleichstrom von 0 bis 20mA umgewandelt. Der Reglerausgang steuert dann
über Stelleinrichtungen die Drosselklappen in den Gasleitungen.

5.2.3 Temperaturregelung an einem Mehrzonenstoßofen

In modernen Walzwerken wird der Mehrzonenstoßofen mit Großraumbeheizung als Durchlaufofen zum Erwärmen von Stahlblöcken eingesetzt. Bei Glühöfen mit mehreren Temperaturregelzonen, die nicht durch eine besondere Gestaltung, z.B. Einschnürungen oder Trennwände, gegeneinander abgeschirmt sind, kommt es häufig zu Temperatur-Regelschwingungen. Die Ursache ist die starke gegenseitige Kopplung der Regelstrecken. Durch entsprechende Anordnung der Meßfühler ist eine Endkopplung des vermaschten Mehrgrößensystems zum Teil möglich. Im weiteren soll gezeigt werden, wie ein über Verhältnisregelung gekoppeltes Mehrgrößen-Regelsystem entworfen wurde.

In Abb.5.2 ist die Prinzipskizze des Ofens mit endgültigem Regelschema dargestellt.

Zu Abb.5.2.: Regelschema eines 5-Zonen-Stoßofens [111]
   Nur für die Führungszone 1, die Folgezone 2 und die Ausgleichszone 5 wurde das Regelschema voll eingezeichnet. Bei der Führungszone 3 wurde nur die Störgrößenaufschaltung vom Strahlungspyrometer A_K her angedeutet. Man muß sich für die Führungszone 3 ein gleiches Regelschema vorstellen, wie es Führungszone 1 hat, und ebenso hat man sich für die Folgezone 4 ein Regelschema entsprechend dem der Folgezone 2 vorzustellen.

A_K, A_1, A_3	Strahlungspyrometer,
S	Sollwertsteller,
VS	Verhältnissteller Luft und Brennstoff,
P_1, P_2	Verhältnissteller für lastabhängig gleitende Nachführung der Folgezone 2 zur Führungszone 1,
E	Einflußsteller für Störgrößenaufschaltung,
R	Regler,
M	Stellmotor.

Für die Temperatur- und Gemischregelung ist der Ofen in 5 Zonen unterteilt:

                    Zone 1: Vorwärmzone oben
                    Zone 2: Vorwärmzone unten
                    Zone 3: Heizzone oben
                    Zone 4: Heizzone unten
                    Zone 5: Ausgleichszone

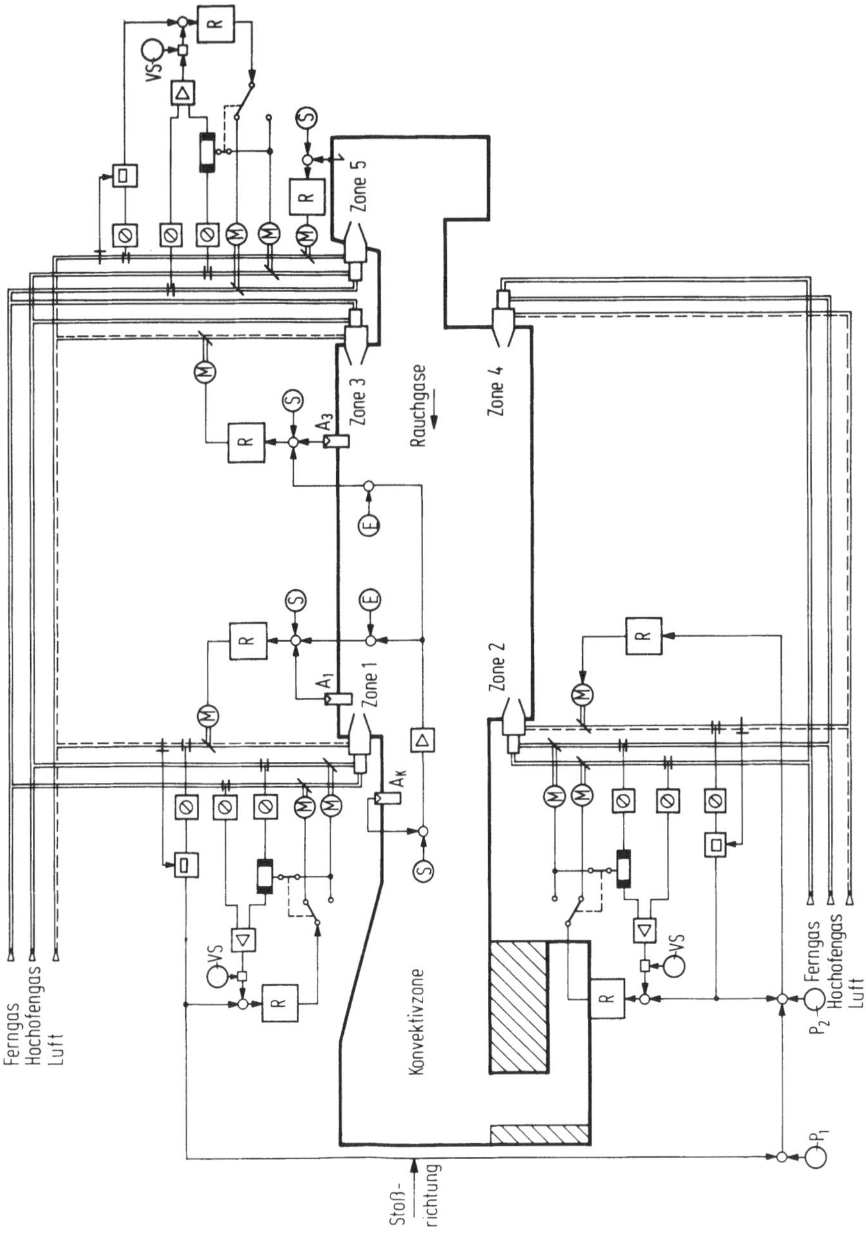

Abb.5.2. Regelschema eines 5-Zonen-Stoßofens [111]

Zunächst wurde in den einzelnen Zonen mit Thermoelementen gemessen. Temperaturregler wirkten dabei auf die Drosselklappen der Luftleitungen der verschiedenen Heizzonen. Mit Luft als Führungsgröße wirkt die Gemischregelung auf die Klappen der Gasleitung. Der Druck der Brennluft wird hinter dem Ventilator durch Leitschaufelverstellung auf konstantem Wert gehalten. In der Ausgleichszone wird der Ofendruck geregelt. Die Ofenatmosphäre wird durch O_2-Messung überwacht. Der Rekuperator wird bei zu hoher Temperatur der Abgase oder Brennluft durch Einblasen von kalter Luft geschützt.

Nach der Inbetriebnahme des Ofens stellte sich heraus, daß die gegenseitige Temperatur-Beeinflussung der Zonen 1 bis 4 untereinander vertikal und horizontal so stark waren, daß keine zufriedenstellende Durchwärmung des Glühgutes erzielt werden konnte [111].

Eine regelungstechnische Lösung für das Einhalten der gewünschten Ofentemperaturen - unterschiedlicher Höhe in Vorwärm- und Heizzone - ergab sich durch regeldynamische Untersuchungen an dem Ofen. Hierbei wurde durch Änderung der Brennstoff-Luftmenge die Übergangsfunktion für die Zone aufgenommen. Es zeigte sich, daß die Stabilität der Regelung zweier benachbarter Zonen durch das Verhältnis $V_{SÄ}/V_{SN}$ gegeben ist.

$$\frac{V_{SÄ}}{V_{SN}} = \frac{\text{Verstärkung einer Zone, in der eine Veränderung der Brennstoffmenge vorgenommen wird}}{\text{Verstärkung der benachbarten Zone bei dieser Verstellung}}$$

Für eine stabile Regelung muß das Verhältnis $V_{SÄ}/V_{SN}$ mindestens 5/1 sein.

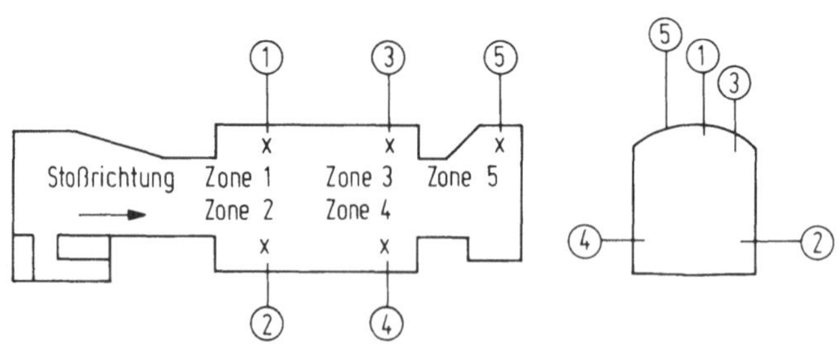

Abb.5.3. Anordnung der Thermoelemente im 5-Zonen-Stoßofen bei einer festen Verhältnisregelung der verschiedenen Heizzonen zueinander [111]

Wurde die Brennstoffmenge in den Zonen 1 und 2 bzw. 3 und 4 gleichzeitig geändert (Abb.5.3), ergab sich für Zone 1 bzw. 4 das beste regel-
technische Verhalten. Das Koppelverhältnis $V_{SÄ}/V_{SN}$ betrug hier etwa
10/1.

Zur Temperaturregelung wurden die Zonen 1 und 2 bzw. 3 und 4 miteinander gekoppelt, wobei als Meßfühler das Thermoelement in Zone 1 bzw. 3
dient. Die Einstellung der Luftmenge erfolgte nach einem festen Verhältnis.

5.2.4 Kopplung an einem 3-Zonen-Glühofen

In Abb.5.4 ist das Meß- und Regelschema eines Bodenglühofens dargestellt. Der Ofen dient zum Erwärmen von Kümpeln und Blechen [112].

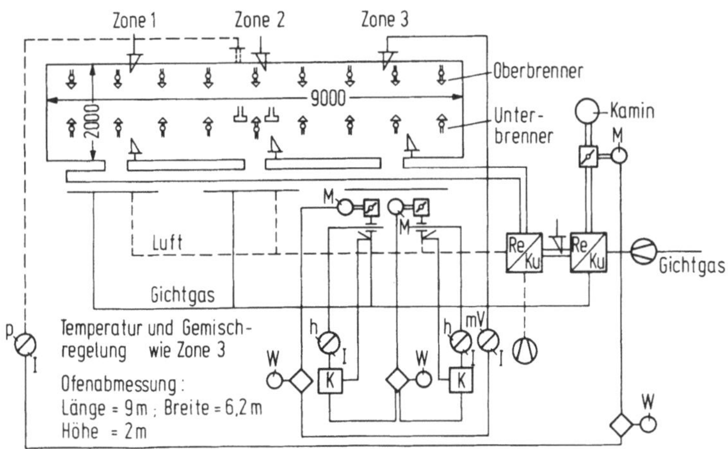

Abb.5.4. Meß- und Regelschema eines Bodenglühofens [112]

Die Temperaturregelung erfolgt über ein Thermoelement im Ofengewölbe.
Ein Gesamtstrahlungspyrometer mißt die Glühguttemperatur. Für das Übertragungsverhalten der Temperaturregelstrecke stellen Leerlauf und Voll-
last Grenzwerte dar. Versuche konnten auf diese Lastpunkte beschränkt
werden.

Mit großer Wahrscheinlichkeit sind die hier festgestellten starken gegenseitigen Beeinflussungen auf eine falsche Bemessung der Zonenlängen
zurückzuführen. Aus den Untersuchungen läßt sich das folgende Blockschaltbild aufstellen (Abb.5.5).

Die gegenseitige Beeinflussung der Zonen erkennt man an den Signal-
flußlinien. Es handelt sich um ein typisches Mehrfachregelsystem, bei
dem sämtliche Stellgrößen alle Regelgrößen beeinflussen. Man spricht
von positiver Kopplung, wenn wie hier, sämtliche Kopplungsglieder bezogen auf den Verstärkungsfaktor gleiche Vorzeichen haben.

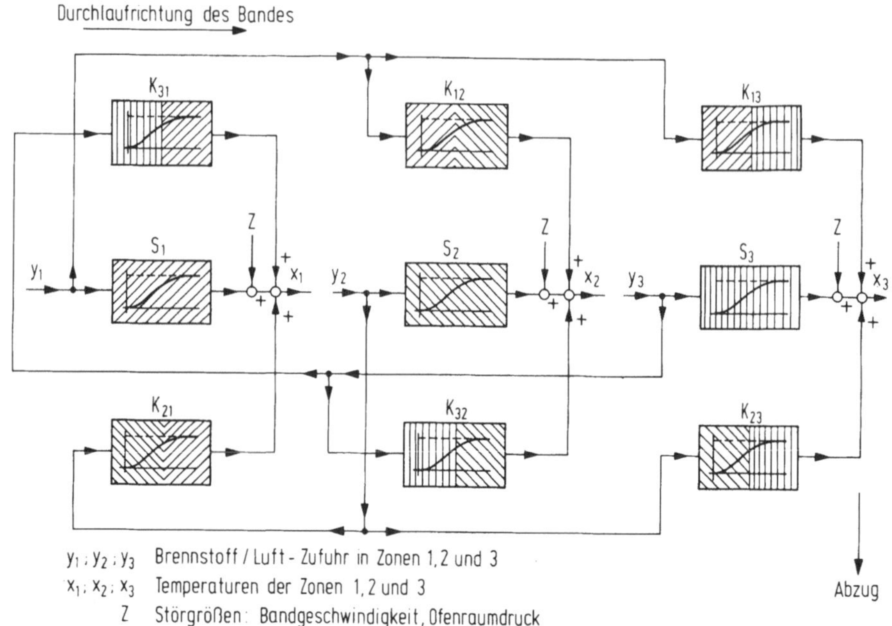

Abb.5.5. Blockschaltbild mit Übertragungsverhalten eines 3-Zonen-
Glühofens [112]

Die positive Kopplung wirkt sich dämpfend auf das Regelverhalten aus,
während die negative zur Instabilität neigt.

Die von der Theorie gelieferten Entkopplungsmaßnahmen führen zu so
komplizierten Netzwerken, daß eine vollständige Entkopplung kaum möglich ist.

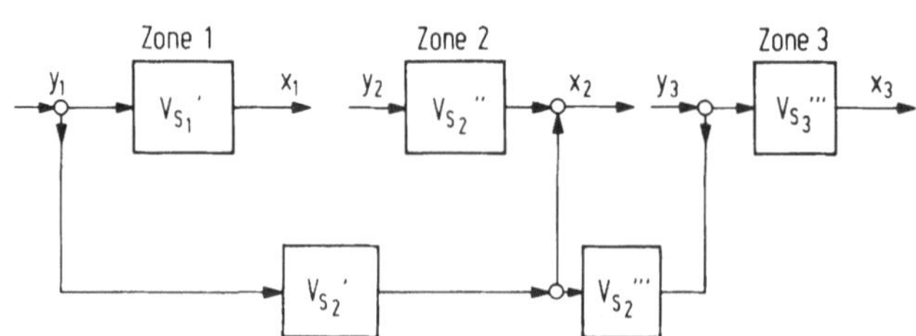

Abb.5.6. Blockschaltbild des Wirkungssinnes von Kopplungen der mittleren Zone in einem 3-Zonen-Ofen [112]

Auf Grund von Untersuchungen zur Beschreibung der gegenseitigen Beeinflussung benachbarter Temperaturregelzonen wurde versucht, eine empirische Gleichung in allgemeiner Form anzusetzen. Der Durchgriff D wird dabei als Maß für die Kopplungswirkung zwischen den Regelstrecken eingeführt (Abb.5.6).

$$D = \frac{\Delta x_2/\Delta y_1 + \Delta x_2/\Delta y_3}{\Delta x_2/\Delta y_2} = \frac{V_{S_2}^{I} + V_{S_2}^{III}}{V_{S_2}^{II}}$$

Dabei ist: $0 < D < 1$

Für die einzelnen Größen gilt:

$\quad x$ Regelgröße, die Ofentemperatur in $^{\circ}C$.

$\quad \Delta x$ Regelgrößenänderung, das ist Temperaturänderung in $^{\circ}C$.

$\quad y$ Stellgröße, die Wärmezufuhr in J/h

$\quad \Delta y$ Stellgrößenänderung, die Änderung der Wärmezufuhr in J/h

$V_S = \frac{\Delta x}{\Delta y}$ Regelstreckenverstärkung in grd·h/J

Die Indizes 1, 2, 3 bezeichnen die Regelgrößenänderung in der jeweiligen Zone 1, 2, 3.

Die Indizes I, II, III, bezeichnen die Herkunft der Ursache für die Regelgrößenänderung, als die Stellgrößenänderung in der jeweiligen Zone 1, 2, 3.

Mit normalen Reglern erzielt man dann eine stabile Temperaturregelung, wenn der Durchgriff kleiner ist, als das Leerlauf/Vollast-Verhältnis der angebotenen Wärmemenge.

Stabilitätsbedingung:

$$\frac{V_{S_2}^{I} + V_{S_2}^{III}}{V_{S_2}^{II}} < \left[\frac{Q_{Leer}}{Q_{Voll}}\right] \quad \text{Zone 2}$$

Q_{Leer} Leerlaufverbrauch in J/h von Zone 2 bei Betriebstemperatur
Q_{Voll} Vollastverbrauch in J/h von Zone 2 bei Betriebstemperatur

$$D = F(1,h,b) \cdot G(w,v)$$

mit

    F Funktion der baulichen Abmessungen

    G Funktion der Betriebsweise des Ofens

    1 Länge der Zone

    h Höhe

    b Breite

    w Verbrennungsströmung

    v Warmguttransport

5.2.5 Mathematisches Modell für die Regelung eines Wärmeofens

Ein wesentlicher Punkt in Walzwerkbetrieben ist heute die Automatisierung der Walzstraße unter Einbeziehung der Öfen. Aus verschiedenen Gründen ist es ratsam, beide Anlagen durch nur wenige physikalische Größen miteinander zu koppeln, so daß sich eine getrennte Automation unter Berücksichtigung dieser Kopplungseigenschaften vornehmen läßt.

Zu diesen Kopplungsgrößen gehören die Brammenziehtemperatur, der zulässige größte Temperaturunterschied im Werkstück, sowie die Verarbeitungszeit eines Werkstückes.

Durch die beiden ersten Kopplungsgrößen werden neue Forderungen der Walzstraße an die Öfen gestellt, während die dritte eine von beiden Anlagen wechselweise bestimmte Größe ist. Diese Größen reichen aus und sind für die Automation des Ofens bestimmend [113].

Eigenschaften des Modells

Das Ziel eines Wärmeofens ist nicht die Ofenraumtemperatur auf bestimmten Sollwerten zu halten, sondern bestimmte Erwärmungsanforderungen an das Wärmegut zu erfüllen. Da es nur selten möglich ist, die zur Prozeßsteuerung erforderlichen Wärmeguttemperaturen kontinuierlich zu messen, werden die Meßeinrichtungen durch ein mathematisches Modell ersetzt.

Eine charakteristische Eigenschaft eines solchen mathematischen Modells ist die Tatsache, daß es im "On-line"-Betrieb arbeitet. Hierdurch ergeben sich die Schwierigkeiten, daß die verwendeten Rechen-

algorithmen dem Ofenbetrieb angepaßt werden müssen. Mehrere bekannte
Algorithmen sind hierfür nicht geeignet.

Das mathematische Modell besteht nun im wesentlichen aus drei Teilen,

- der Temperaturfeldberechnung für die nicht realisierbaren Meßstellen
  im Wärmgut,
- der Bestimmung einer optimalen Heizmitteltemperaturverteilung, sowie
- der Ermittlung einer örtlichen und zeitlichen Überlagerung der Heiz-
  mitteltemperaturen für die einzelnen, im Ofen befindlichen Brammen.

Zur Temperaturfeldberechnung können die bekannten Differenzverfahren
herangezogen werden. Wegen des hohen Rechenaufwandes können zur Berechnung der optimalen Heizmitteltemperatur die Differenzverfahren nicht
herangezogen werden, so daß hierfür eine eigene Lösungsmethode entwik-
kelt wurde. Hierbei wurde von dem Prinzip des thermokinetischen Gleich-
gewichtes zwischen Heizmittel und dem Wärmgut ausgegangen. Es bringt
für beide die mathematisch gleichen Gesetzmäßigkeiten, jedoch mit ver-
änderter Amplitude und in der Regel verschobener Phase. Man geht dabei
von der Fourierschen Differentialgleichung aus, bei der, um zu einer
praktikablen Lösungsmethode zu kommen, einige Vereinfachungen eingeführt werden. Die wichtigste Annahme ist hierbei ein eindimensionaler
Wärmestrom im plattenförmigen Wärmgut.

Die Berechnung im eigentlichen mathematischen Modell wird nicht nur
beim Einstoß einer Bramme durchgeführt, sondern wird in regelmäßigen
Abständen wiederholt. Hierdurch werden veränderte Verhältnisse, wie
Störungen, die eine Änderung der Durchlaufzeit bewirken, automatisch
berücksichtigt.

Das Programm selbst für das mathematische Modell besteht aus fünf
Teilen (Abb.5.7),

- der Anlaufrechnung,
- der Sollwert-Berechnung,
- der Temperaturfeld-Berechnung,
- dem "Einstoßinterrupt" und
- dem "Ausstoßinterrupt.

Die Aufgabe des Prozeßrechners besteht nun darin, die Bramme beim
Durchlauf im Ofen, den Brennstoffbedarf, sowie die Durchlaufgeschwin-

digkeit optimal zu regeln. Die Temperatursollwerte für den Temperaturverlauf im Ofen werden von einem im Rechner gespeicherten Modell berechnet. Den Durchsatz bestimmt die größtmögliche Ziehfolge.

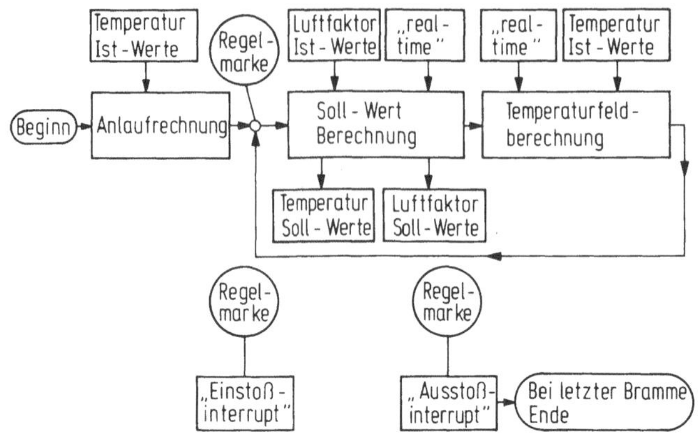

Abb.5.7. Programmübersicht des Regelmodells [113]

Mit dem Programm müssen drei verschiedene Arten von Daten erfaßt werden. Die Eigenschaften jeder Bramme müssen dem Programm automatisch
über Datenträger mitgeteilt werden. Dazu kommen Daten 2. Ordnung, die
einem langzeitigen Wechsel unterliegen, wie Brammenanlieferungstempe-
ratur im Sommer-Winter-Betrieb. Die Daten 3. Ordnung enthalten wärmetechnische Eigenschaften der Ofenanlagen, ihre Feststellung ist ein-
malig. Die Ermittlung geschieht durch Versuche. Datenänderungen kommen nur bei Ofenumbau oder Brennstoffumstellung in Frage.

Zur übergeordneten Regelung eines Wärmeofens kann das mathematische
Modell so angesehen werden, als ob in jeder Bramme, sowohl an der Oberfläche, als auch im Kern ein Temperaturfühler angebracht wäre, welcher
die Regelung der Ofentemperatur an einer entsprechenden Stelle vor-
nimmt.

5.3 Block- und Brammenwalzwerke

Das Kernstück eines Hüttenbetriebes bilden heute noch neben den
Stranggießanlagen die Block- und Brammenwalzwerke. Die Bauart, sowie
die Größe der Walzgerüste und der dazugehörigen Hilfseinrichtungen
wird durch Art und Höhe der Produktion festgelegt. Man unterscheidet

zwischen reinen Blockstraßen, reinen Brammenstraßen und Block-Brammenstraßen für gemischtes Programm.

Auf der Blockstraße wird aus den gegossenen Rohblöcken Vormaterial für
die Knüppel- und Profilstraßen erzeugt. Ein hoher Ausstoß bedingt große
Einsatzgewichte. Hiervon hängt der Durchmesser der Walzen und damit die
Größe des Gerüstes und die Leistung des Antriebes ab. Je nach Rohblock-
gewicht und Walzprogramm können verschiedene Ausführungen angewendet
werden. Das Trio-Blockwalzwerk wird für mittlere und leichte Blöcke
verwendet.

Für große Stücke und wechselndes Walzprogramm werden heute meist Duo-
Umkehr-Blockstraßen benutzt. Hierbei wird nach jedem Stück die Drehrichtung der Walzen umgekehrt. Das bedingt schwungradlose Antriebe.

Bei Gleichstrommotoren erfolgte die Einspeisung früher über Leonard-
Ilgner-Anlagen, heute verwendet man Stromrichter-Steuerungen. Die
Übertragung des Drehmomentes auf die Walzen kann entweder von einem
Motor über Kammwalzgetriebe oder von zwei Motoren direkt (Zwillings-
antrieb) erfolgen, Abb.5.8.

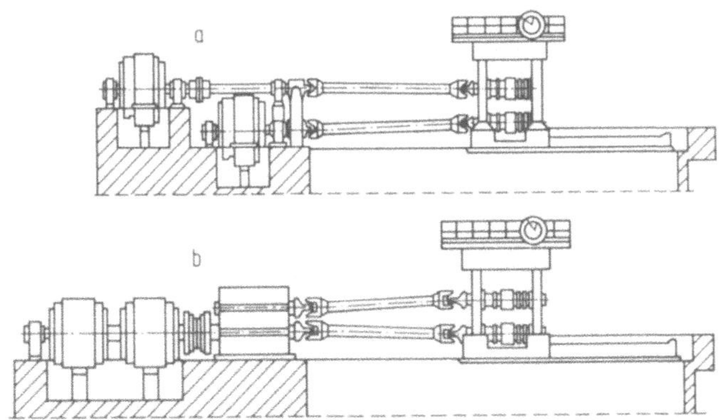

Abb.5.8. Reversier-Duo-Blockstraße [4]
a Zwillingsantrieb (twin-drive); b Doppelmotor mit Kammerwalzgerüst

Auf Brammenstraßen wird aus gegossenen Rohbrammen Vormaterial für
Blech- und Bandstraßen erzeugt. Es werden ausschließlich Duo-Straßen
mit Zwillingsantrieb verwendet, Abb.5.9.

Zum Auswalzen schwerer Rohbrammen auf Vorbrammen bevorzugt man ein
Universal-Brammenwalzwerk, bei dem ein zusätzliches Vertikal-Stauchgerüst vorhanden ist.

Für die Höhe des Ausstoßes einerseits und die möglichen Reparaturzei-
ten andererseits sind neben der natürlichen Leistungsbegrenzung die
Steuervorgänge von ausschlaggebender Bedeutung. Eine möglichst geringe Folgezeit, zweckmäßige Stichabnahme und Wahl des Walzprogrammes
(Qualität, Abmessungen) sollen dabei eine optimale Leistung ergeben.

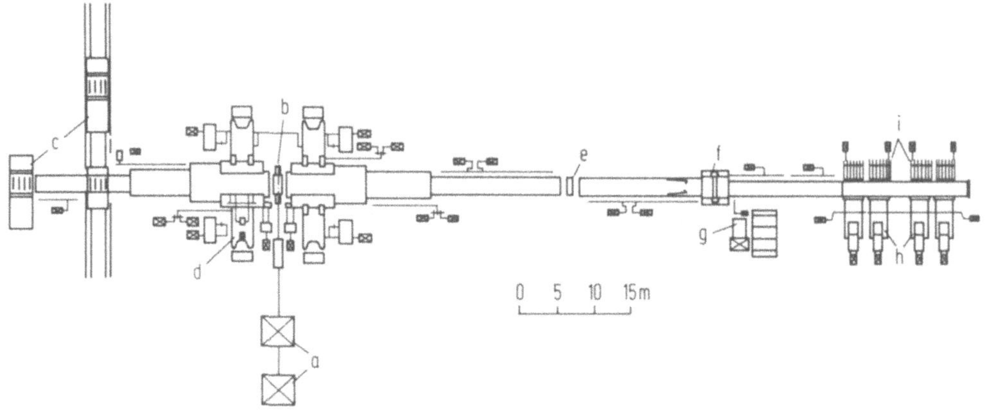

Abb.5.9. Brammenstraße [4]
a Walzmotor (Zwillingsantrieb); b Brammenwalzgerüst; c Brammenkipper;
d Kant- und Verschiebeeinrichtung; e Flämmaschine; f Brammenschere;
g Schrottendenverladung; h Abschiebevorrichtung; i Stapelvorrichtung.

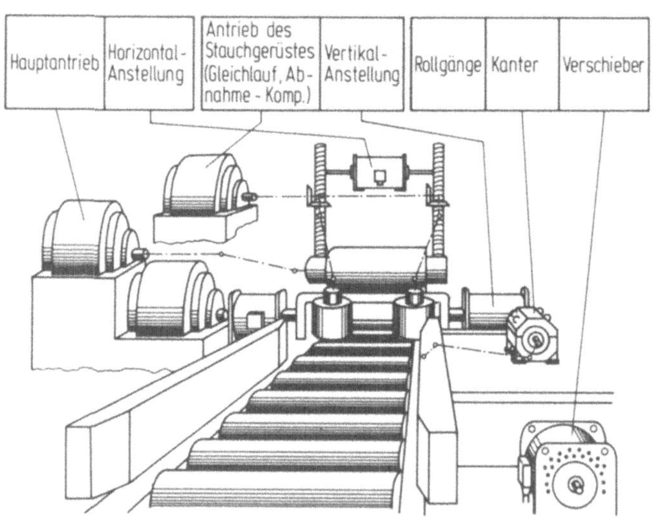

Abb.5.10. Antriebe einer Universal-Brammenstraße [114]

Früher waren diese Vorgänge weitgehend von der Reaktionsgeschwindig-
keit der Walzmannschaft abhängig. In jüngster Zeit sind die Anlagen
des Walzwerkes mit einem Prozeßrechner gekoppelt, um höchste Leistungen

zu erzielen und geringste Störzeiten zu erhalten. Zu den Automatisierungsmöglichkeiten beim Walzvorgang zählen dabei die Drehzahlregelung
des Hauptantriebes und die Walzenanstellung (Abb.5.10).

5.3.1 Steuerungstechnik an einer Blockstraße

Bei älteren Straßen, deren Programme selten umgestellt werden, wo die
Einstellwerte für die Steuerungen und Regelungen hinreichend genau er-
mittelt sind, wird heute noch eine Programmsteuerung mit getaktetem
Walzablauf eingesetzt.

Durch die Automatik soll eine hohe Leistung und gleichmäßige Güte erreicht werden, außerdem kann die Anlage unter wirtschaftlicher Nutzung
der Energie bis an die Grenze der theoretischen Belastungsfähigkeit
ausgenutzt werden, weil nach einem vorbestimmten Stichplan gefahren
werden muß. Die Einstellungen der einzelnen Bewegungen können genauer
und schneller erfolgen. Trotz der weitgehenden Automatisierung muß man
immer noch von Hand fahren können [114,115,116,117].

Bei der Optimierung des Geschwindigkeitsprogrammes für den Hauptantrieb sind verschiedene Punkte zu beachten. Je nachdem, ob man die Instandhaltung in den Vordergrund stellt, kommt es zu unterschiedlichen
Drehzahlläufen, wie sie in Abb.5.11 dargestellt sind.

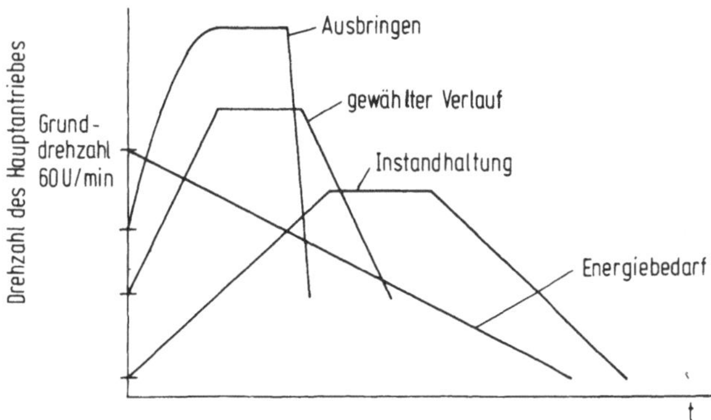

Abb.5.11. Drehzahlverlauf eines Stiches über der Zeit. Gewählter Verlauf und optimale Kennlinien von den Standpunkten des Ausbringens, der
Instandhaltung und des Stromverbrauchs [116]

Mit dem Anstellen der Hauptantriebe wird der Hauptantrieb auf Anstich-
drehzahl gebracht. Über Kraftmeßdosen wird das Fassen des Blockes ge-

meldet, ferner leiten sie die Beschleunigung des Hauptantriebes auf
die programmierte Walzdrehzahl. Die Verschieber öffnen dabei auf den
Wert, der der zu erwartenden Breitung des Blockes entspricht.

Das Abbremsen der Walzen im richtigen Augenblick, geschieht durch Messen des Blockendes vom Walzspalt während des Stiches. Der Abstand wird
dabei mit Photozellen und einem Impulsgeber auf der Welle des Hauptantriebes in einem Rechenwerk ermittelt, welches auch den Sollwert für
die geregelte Drehzahl ausgibt.

Die Verschieber werden über eine reine Lageregelung bedient. Zusätzlich haben die Verschieber eine Sprungautomatik, d.h. sie verstellen
sich symmetrisch zur Walzachse.

Zusammenspiel der Antriebe

Es ist nun nicht damit getan, daß die einzelnen Antriebe automatisiert
gesteuert werden, sondern erst das Zusammenspiel aller Antriebe ergibt
eine automatisierte Straße. Es muß z.B. genau vorher festgelegt werden,
wann die Rollgänge anlaufen, wann die Anstellungen verfahren werden
müssen, wann die Verschieber schließen dürfen usw. Aus diesen Überlegungen kann dann abgeleitet werden, wo Photozellen zur Überwachung des
Blockverlaufes anzuordnen sind.

5.3.2 Prozeßrechnereinsatz an einer Universal-Brammenstraße

Im folgenden wird die Arbeitsweise an einer Brammenstraße mit Programmsteuerung erläutert. In Speichern sind ca. 400 Walzprogramme (Stich-
pläne) abgelegt. Mit der Programmsteuerung kann die Straße halbautomatisch gefahren werden. Es werden die Sollwerte für horizontale und
vertikale Anstellung, sowie die Drehzahlverhältnisse der beiden Hauptantriebe vorgegeben. Ein vollautomatischer Betrieb müßte zusätzlich
die Drehzahl der Hauptantriebe, die Verschieber, Kanter und Rollgänge
steuern [114,118].

Die Straße wird überwiegend halbautomatisch gefahren, da die Führung
der Hauptantriebe und der Rollgänge durch den Steuermann einen schnel-
leren Walzablauf gewährleistet, gegenüber vollautomatischem Betrieb.

Ein wesentlicher Nachteil einer festverdrahteten Programmsteuerung
ist ihre Starrheit, weil jeder nach einem vorgegebenen Stichplan zu
walzende Block auf stets dieselbe Weise behandelt wird, auch wenn seine Verformungseigenschaften stark von den üblichen abweichen. Aus diesem Grunde ist man bestrebt, durch den Einsatz eines Prozeßrechners
die tatsächlichen Eigenschaften des jeweiligen Walzgutes berücksichtigen zu können.

5.3.3 Schnelligkeitsoptimale Regelung der Oberwalzenanstellung einer Blockstraße

Heute wird der elektrische Antrieb der Walzenanstellung bei Blockbram-
menstraßen, gegenüber früherer Handsteuerung, durch automatisch arbeitende Regeleinrichtungen gesteuert. Hierbei handelt es sich um Lageregelungen, die für Stellwege zwischen wenigen Millimetern und ca.
2000mm einwandfrei arbeiten müssen, dabei muß im Interesse einer hohen
Walzleistung auf eine möglichst große Verstellgeschwindigkeit Wert gelegt werden. Außerdem wird ein überschwingfreier Einlauf in den Sollwert gefordert. Die Einlaufgeschwindigkeit soll nur Bruchteile eines
Millimeters betragen. In Abb.5.12 ist der grundsätzliche Aufbau einer
Lageregelung dargestellt. Die drehzahlgeregelten Antriebe neu zu er-
stellender Blockstraßen werden heute generell mit Thyristoren ausgerüstet, von denen die Antriebe direkt gespeist werden [119].

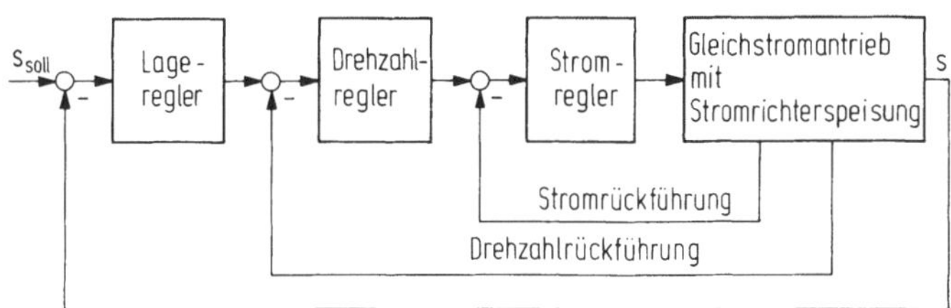

Abb.5.12. Grundsätzlicher Aufbau des zu untersuchenden Lageregelkreises
[120]

Bei neu konzipierten Regelungen der Oberwalzenanstellung kann wegen
der sehr schnellen Thyristorsteuerung insbesondere davon ausgegangen
werden, daß der dem Anstellungs- und dem Drehzahlregelkreis unterla-
gerte Ankerstromregelkreis des Antriebs sehr schnell ist. Hierzu wird
in [120] die Theorie eines in der Praxis bewährten Verfahrens zur
schnelligkeitsoptimalen Lageregelung behandelt.

Infolge der Umstellung des Stahlgießens vom konventionellen Kokillenguß auf das Stranggußverfahren, mit dem sich schon sehr viele Stahlqualitäten beherrschen lassen, wird neuerdings ein geringes Gewicht
auf die Erstellung neuer Blockwalzgerüste gelegt, ein größeres dagegen auf die Automatisierung älterer Anlagen. Aus Kostengründen wird
man aber die bestehenden Leonardsätze für die Oberwalzenanstellung
beibehalten.

Bei der schnelligkeitsoptimalen Auslegung solcher Anlagen treten gegenüber direkt thyristorgespeisten Antrieben zwei bedeutsame Unterschiede in Erscheinung. Beschränktheit der Übererregbarkeit und große
Zeitkonstante des Generatorfeldes, sowie andere Einflüsse führen dazu,
daß die bereits vorhandenen theoretischen Erkenntnisse auf solche Anlagen nicht unmittelbar übertragbar sind. In [119] werden deshalb
theoretische Untersuchungen zur Lösung dieser Problemstellung durchgeführt.

In Abb.5.13 ist die Struktur des Gesamtregelkreises für die Oberwalzenanstellung dargestellt. Man erkennt, daß dem übergeordneten Regelkreis für die Anstellung s, ein Regelkreis für die Motordrehzahl n
und diesem wiederum ein Regelkreis für den Ankerstrom I_A im Leonardkreis unterlagert ist. Dabei gibt der Lageregler (Blöcke 1 und 2) den
Drehzahlsollwert vor, der Drehzahlregler (Blöcke 3 und 4) den Stromsollwert. Block 6 stellt eine angenäherte Erfassung der kleinen Totzeit der Gittersteuerung der Thyristorschaltung dar, mit der die Generatorfeldspannung erzeugt wird.

Die weiteren Blöcke des Strukturbildes dienen der Beschreibung des
Leonardkreises und den Einflüssen des Reibungsmomentes M_R sowie der
Getriebelosen, wobei $M_R = f(n)$ entweder vereinfacht als Signumfunktion
oder aufwendiger unter Berücksichtigung des Unterschiedes zwischen
Haft- und Bewegungsreibung angesetzt werden kann.

Von den drei Zeitkonstanten T_6, T_7 und T_9 der Blöcke 6, 7 und 9 ist
T_7 als Feldzeitkonstante die bei weitem größte. Zur Überprüfung der
in [119] behandelten theoretischen Überlegungen wurden gegebene Daten einer bestehenden, zu automatisierenden Anlage zugrunde gelegt und
auf einem Analogrechner simuliert.

Die Analogrechnersimulation ermöglichte die Ermittlung der Ausregelzeiten T_A von bestimmten Anstellungsabweichungen in Abhängigkeit von
deren Wert.

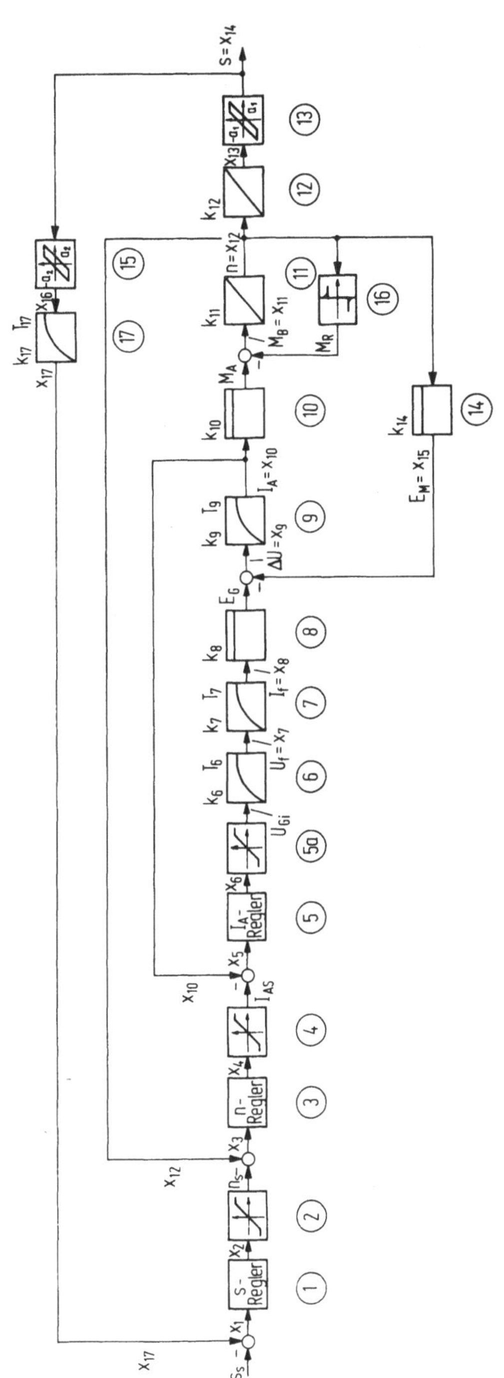

Abb.5.13. Struktur des
Gesamtregelkreises [119]

In Abb.5.14 ist diese Funktion mit der Kurve a dargestellt. Z.B. dauert die Ausregelung einer Abweichung von s_Δ = 400mm bei der schnelligkeitsoptimalen Reglerausregelung 4s. Von Anfangsabweichungen an, von denen ab die Drehzahl n_{zul} erreicht wird, wird der Zusammenhang zwischen T_A und S_S linear.

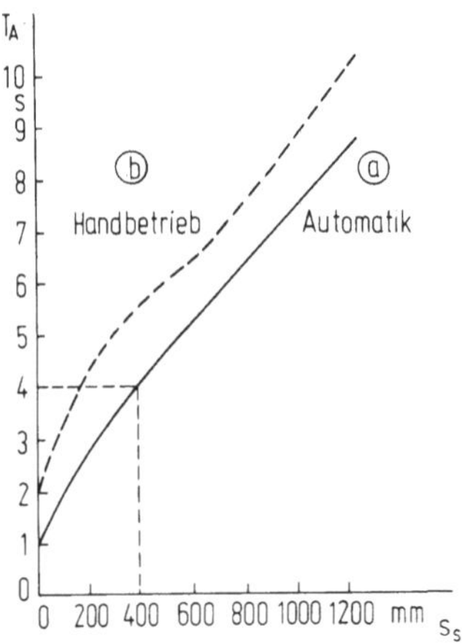

Abb.5.14. Stellzeiten bei Handbetrieb und bei Automatik [119]

Vergleichsweise wurde in Abb.5.14 mit b eine Kurve eingetragen, die sich im Mittel aus Messungen an der handgesteuerten Anlage ergab, wobei die Generatorfeldspannung durch das Bedienungspersonal eingestellt wurde. Sie liegt um etwa 1,5s höher als die schnelligkeitsoptimale Kurve.

5.4 Grob- und Mittelblechwalzwerke

Auf Grob- und Mittelblechstraßen wird entweder das von der Brammenstraße kommende Halbzeug (Vorbramme) weiter ausgewalzt, oder es werden Rohbrammen in einer Hitze weiterverarbeitet. Der Bereich der Mittelbleche liegt etwa zwischen drei bis fünf Millimetern und darüber liegt der der Grobbleche. Die moderne Auslegung des Walzhauptgerüstes als Quartogerüst wird durch die steigenden Anforderungen an Qualität und Toleranz des Fertigproduktes bestimmt. Die dünnen Arbeitswalzen sollen dabei eine gute Streckung bewirken, wobei die dicken Stützwalzen die Durchbiegung der Arbeitswalzen verhindern sollen. In den meisten Fällen werden die Arbeitswalzen angetrieben, deren kleinster Durchmesser durch das zu übertragende Moment bestimmt wird. Der Antrieb erfolgt durch

twin-drive oder über Kammwalzgerüste. In Abb.5.15 ist z.B. ein Quarto-
Grob- und Mittelblechwalzwerk dargestellt.

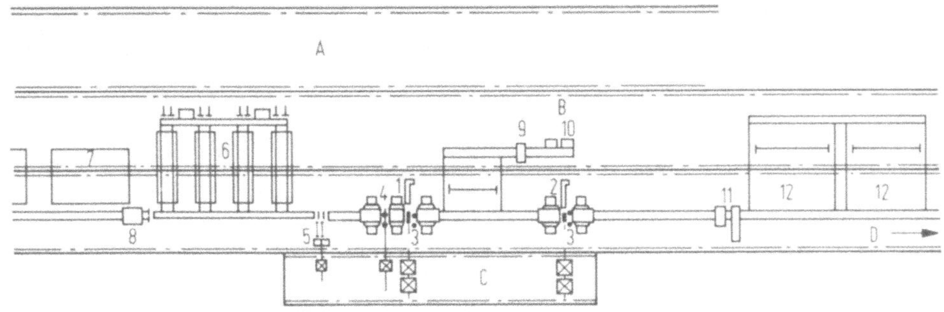

Abb.5.15. Quarto-Grob- und Mittelblechwalzwerk für größere Produktion [4]
A Brammenlager und Putzerei; B Walzwerk; C Motorenhalle; D Adjustage;
1 Quarto-Vorgerüst; 2 Quarto-Fertiggerüst; 3 leichtes Vertikal-Stauchgerüst; 4 schweres Vertikal-Stauchgerüst; 5 Doppel-Suo-Endzunderungs-
gerüst; 6 Stoföfen; 7 Tieföfen; 8 fahrbarer Brammenkipper; 9 Brammenschere; 10 Brammenstapler; 11 Warmblech-Richtmaschinen; 12 Warmlager.

Bei Anordnung von zwei Gerüsten spricht man von einer Tandemstraße. Im
Tandembetrieb werden hier z.B. auf der Vorstraße die Vorbrammen gebrei-
tet und anschließend auf der Fertigstraße auf die verlangte Dicke und
Länge ausgewalzt. Durch die weniger beanspruchten Walzenoberflächen
des Fertiggerüstes wird bei zweigerüstigen Straßen neben der höheren
Leistung auch eine bessere Blechoberfläche erzielt.

An heutigen Grobblechstraßen läuft der Walzvorgang, wie Walzenanstellung, Reversiervorgänge aller Walzen mit Rollgängen und teilweise Ver-
schiebebetätigung mit Hilfe eines Prozeßrechners vollautomatisch ab.
Bei Unregelmäßigkeiten kann der beobachtende Steuermann von Hand in
das Walzprogramm eingreifen.

5.4.1 Automatisierung und Rechnereinsatz an einer Grob- und Mittel-
blechstraße

Aus welchen Gründen auch immer eine Automatisierung erforderlich wird,
so müssen doch die maschinellen und elektrischen Einrichtungen moder-
nisiert werden, um die durch einen Prozeßrechnerbetrieb gegebenen Möglichkeiten voll ausnutzen zu können [121,122,123,124].

Für die Gründe einer Automatisierung sind folgende Punkte anzugeben:

- Bessere Dickengenauigkeit und Ebenheit der Walztafeln durch automatische Stichplanberechnung, engere Fertigtoleranzen.
- Bessere Genauigkeit im Ansteuern der Walztafelbreite, Randschrottersparnis durch Breitensteuerung [125].
- Ausnutzen der Grenzwerte der Walzgerüste, Sticheinsparung.
- Automatischer Transport des Walzgutes in der Straße, Erhöhung des Durchsatzes durch automatische Ablaufsteuerung.
- Optimale Arbeitsaufteilung des Walzens auf Vor- und Fertiggerüst.

In Abb.5.16 sind die Automatisierungszonen an einer Tandemstraße dargestellt. Um die Bewegungen und Positionen des Walzgutes zu erfassen, sind in der Straße Photozellen angebracht. Teilweise sind Doppelphotozellen angeordnet, um aus der zeitlichen Reihenfolge der Photozellensignale Aussagen über die Bewegungsrichtung des Walzgutes zu erhalten. Die Walzkraft auf dem Vorgerüst wird mit Dehnungstransformatoren gemessen. Die Übergabedicke an das Fertiggerüst ergibt sich aus Anstellung und Walzkraft nach dem letzten Stich. Über einen Lochkartenleser werden dem nachfolgenden System die Eingangsdaten der Vorbramme mitgeteilt.

Ein Längenmeßgerät, bestehend aus drei nebeneinander liegenden Abtastköpfen, ist hinter dem Vorgerüst angeordnet. Hiermit können auch Abweichungen der gebreiteten Vorbramme von der Rechteckform gemessen werden. Vor dem Fertiggerüst wird die Breite des Walzgutes mit einem über dem Rollgang angebrachten Breitenmeßgerät nach dem Prinzip der optischen Abtastung mit Rotakopf gemessen. Für die Temperatur sind Farbtemperatur-Meßgeräte angebracht. Eine Isotopen-Dickenmeßanlage mißt, ob die jeweilige Solldicke bei den einzelnen Walztafeln erreicht ist. Außerdem dient sie als Monitor für die Dickensteuerung.

Die für die Berechnung eines neuen Stiches erforderliche Dicke wird aber direkt im Walzspalt nach der "Gagemetermethode" (siehe Abschnitt 5.5.3) ermittelt. Durch zeitliche Veränderungen, wie Walzenverschleiß, Ausdehnungsänderungen der Walzen und des Gerüstes, weicht die berechnete Warmdicke von der tatsächlichen ab.

Durch Messung der tatsächlichen Dicke mit der Dickenmeßanlage kann aus der sich ergebenden Differenz fortlaufend die Korrektur, die "Nachführung" für die Gagemetergleichung berechnet werden.

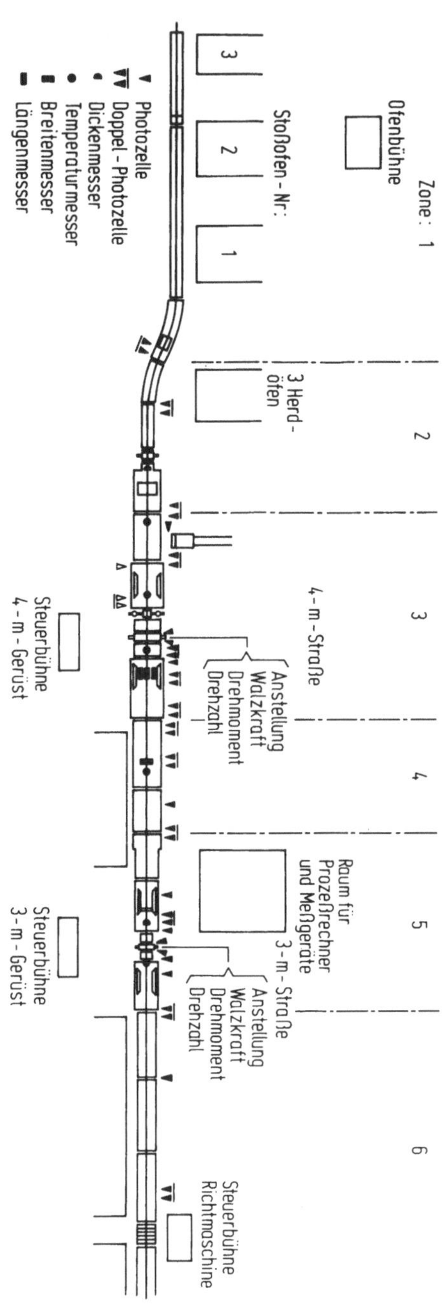

Abb.5.16. Anordnung der Automatisierungszonen und Meßstellen
[122]

Bei jedem Stich werden am Fertiggerüst Anstellung, Walzkraft und Drehmoment gemessen. Da die Walzkraft eine besonders wichtige Meßgröße ist,
sind am Gerüstständer im Fertiggerüst zwei unabhängige Meßsysteme eingesetzt, bestehend aus magnetoelastischem Kraftmeßgeber und Dehnungs-
transformator.

Mit einem Analogrechner wird aus den elektrischen Größen der Antriebe
das Drehmoment berechnet. Die Regelung der einzelnen Systeme entspricht
dem Prinzip der Kaskadenregelung mit seinem schalenförmigen Aufbau.
Das entspricht der Forderung nach einer gut zu optimierenden, schnellen und übersichtlichen Regelung. Der Ausgangswert des einen Reglers
ist der Sollwert für den nächsten untergelagerten Regelkreis. Daraus
ergibt sich, daß jede Regelschleife unabhängig von der anderen opti-
miert werden kann. Dieses Prinzip der mehrschleifigen Regelung nach
Abb.5.17 entspricht besonders den differenzierten Forderungen der
Automatisierung. Bei Handbetrieb werden z.B. Verschieber und Anstellung durch vorgegebene Sollwerte über die analoge Drehzahlregelung gefahren. Bei Automatikbetrieb sind dagegen digitale Wegregelungen notwendig. Sie bilden in diesem Falle überlagerte Regelschleifen zu den
Drehzahlregelungen, ohne jedoch in den internen Ablauf der Drehzahlregelung einzugreifen. Um eine hohe statische und dynamische Gleich-
laufgenauigkeit zwischen Walzgerüst und Arbeitsrollengängen zu erreichen, erhielten die Hilfsantriebe Motoren mit kleinem Schwungmoment
und Thyristorspeisung

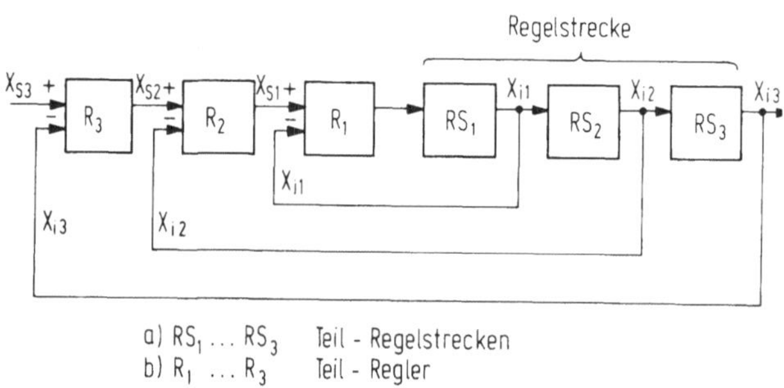

Abb.5.17. Blockschaltbild einer mehrschleifigen Regelung [121]

Struktur der Prozeßsteuerung

Die Abb.5.18 gibt die Hauptfunktionen der Prozeßsteuerung an. Die pas-
siven Funktionen sind ein in sich geschlossenes System, das im Handbetrieb auch alle Daten sammelt und anlagenspezifische Kenngrößen ermittelt.

Die aktiven Funktionen erhalten die nötige Information von den passi-
ven Funktionen [122,123,126].

Vor dem ersten Einlauf der Bramme ins Gerüst wird aus den Kennwerten
der gegebenen Anfangs- und Endabmessungen und der Werkstoffgüte ein
Stichplan vorausberechnet. Während des Walzablaufs wird entsprechend
den Rückmeldungen aus dem Prozeß Walzkraft, Temperatur, Drehmoment,
Breite und Dicke ständig nachgestellt. Durch Adaption werden die Mo-
dellgleichungen fortlaufend verbessert.

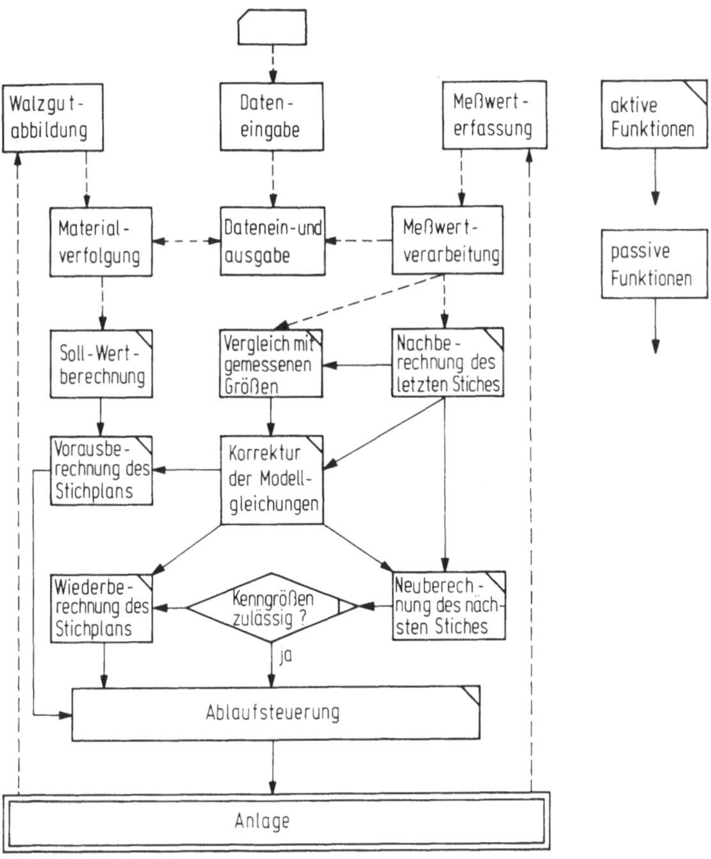

Abb.5.18. Schema der Prozeßsteuerung und -regelung [122]

Mit der Ablaufsteuerung werden alle vorhandenen Antriebe, Hilfsantriebe und sonstige Regelkreise der Straße mit Sollwerten versorgt, sie
veranlaßt also die Walzgutbewegung und bestimmt den Walzablauf.

Durch die Fähigkeit des Rechners, sich den Verformungskennwerten des
gerade zu walzenden Bleches anzupassen, erfolgt mit dem automatischen
Walzen eine wesentliche Verbesserung der Genauigkeiten der Blechabmes-
sungen bei gleichzeitiger Durchsatzsteigerung. Infolge der hohen Geschwindigkeit, mit der die Meßwerte erfaßt und verwertet werden, kann

der Rechner den Walzablauf optimal einer Walzstrategie anpassen. Hierdurch kann die Anlage belastungsmäßig erheblich besser ausgenutzt werden.

5.4.2 Regelung von Scherenlinien in Grobblechwalzwerken

In Abb.5.19 sind die wesentlichen Anlagenteile für eine mechanische Ausrüstung der Scherenlinie dargestellt.

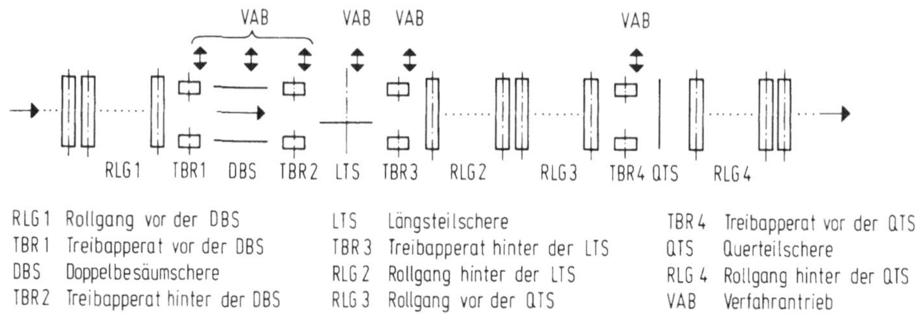

Abb.5.19. Disposition einer Scherenlinie [127]

Die Gleichstrommotoren der Treibapparate, Rollgänge, Teilscheren und Verfahrantriebe werden über Thyristor-Umkehrstromrichter gespeist. Für die Steuerung des gesamten Ablaufs, d.h. für die Befehlsvorgabe an die Steuerungen und Regelungen [127] der Antriebe, sind Indikatoren auf induktiver oder optischer Basis erforderlich. Sie erfassen ein in den Scherenbereich einfahrendes Blech und verfolgen es, bis dessen Teilstücke den Abfuhrrollgang verlassen haben.

In Abb.5.20 sind die wichtigsten Antriebe mit den zugehörigen Regelkreisen dargestellt.

Die Sollwerte, wie Schnittlänge, Blechbreite, Proben- und Schrottlänge und gegebenenfalls Temperaturbereich, sowie Längen- und Breitenzuschläge für das Schnittprogramm, werden über Rechner, Lochkarten oder über eine Tastatur in einen elektronischen Zwischenspeicher gegeben. Hieraus können während des Programmablaufs die Werte abgerufen werden.

Analoge und digitale Regelkreise, sowie eine automatische Ablaufsteuerung ermöglichen großen Durchsatz und genaues Schneiden der Bleche. In Abschnitt 6.5 ist im einzelnen ein Verfahren angegeben, das eine echte Regelung der Scherenlinie ermöglicht.

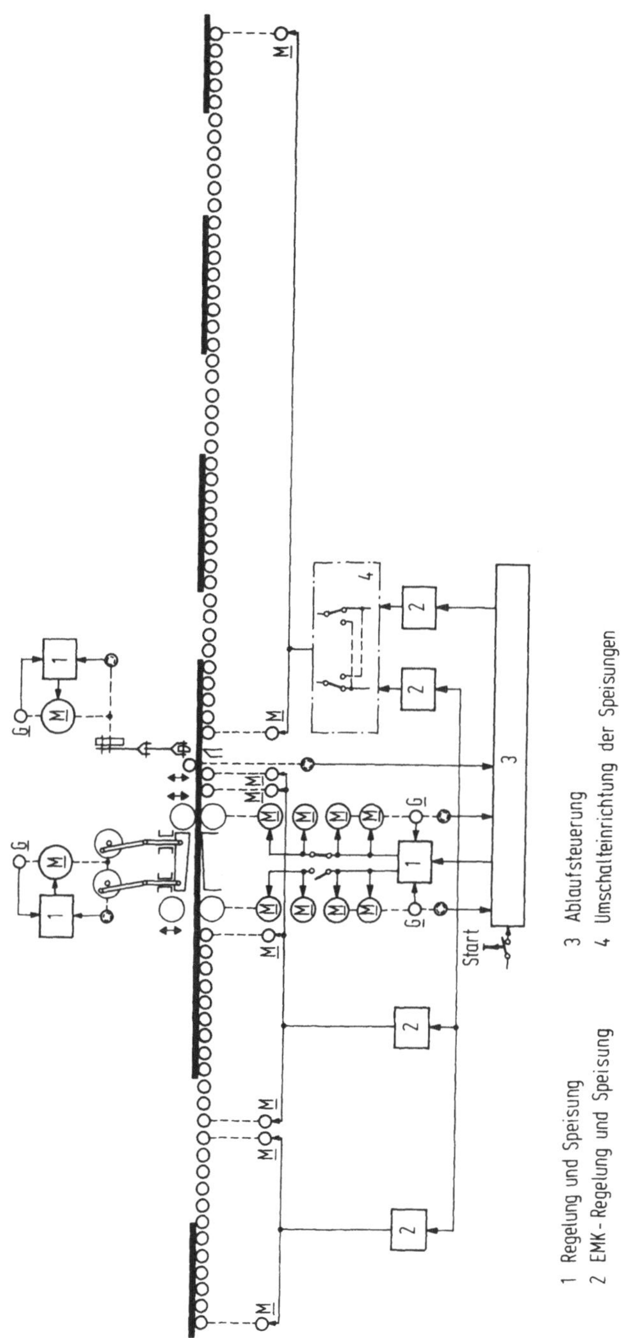

Abb.5.20. Übersichtsschaltplan der Scherenkombination [127]

5.5 Breitbandwalzwerke

Auf Breitbandstraßen wird das auf Block-Brammenstraßen hergestellte
oder von Stranggießanlagen gelieferte Halbzeug nach Passieren des
Stoßofens zu Bändern ausgewalzt und nach der Fertigwalze zu Ringen
(Coils) aufgewickelt. Neuerdings werden auch Stranggußbrammen verarbeitet. Meistens werden die auf Breitbandstraßen hergestellten Bänder im Kaltwalzwerk weiterverarbeitet.

Die Anstichdicke für Breitbandstraßen hängt vor allem von der Art der
Straße (halb- oder vollkontinuierlich) sowie von der Stahlzusammen-
setzung ab. Im allgemeinen rechnet man mit einer Enddicke der ausge-
walzten Bänder von 1,2 bis 10mm und einer Breite von 600mm und darüber. Die Breitbandherstellung erfolgt heute auf halb- oder vollkontinuierlichen Bandstraßen. Die Endstrecke ist bei beiden Straßentypen
kontinuierlich mit meistens 6 oder 7 hintereinander angeordneten Gerüsten. Der Unterschied liegt nur in den der Endstrecke vorgelager-
ten Gerüsten. Eine halbkontinuierliche Straße hat meist ein oder zwei
Vorgerüste, wobei das zweite ein Umkehrwalzwerk mit Vertikalstauch-
walze ist. Da das Fertigwalzen wieder kontinuierlich durchgeführt
wird, besteht qualitativ kein Unterschied zum vollkontinuierlichen
Walzen.

In Abb.5.21 ist eine vollkontinuierliche Breitbandstraße dargestellt.
Die Straße wird aufgegliedert in Vor-, Zwischen- und Fertigstraße.
Das Walzgut durchläuft die Straße nur in einer Richtung. Zwischen Vor-
und Fertigstraße muß ein genügend großer Rollgang sein, damit das
Band frei auslaufen kann. Vor Einlauf in die Fertigstraße erfolgt
eine Scherung und Preßwasserentzunderung. In der Fertigstraße ist
das Band in allen Quartogerüsten gleichzeitig im Walzspalt. Es werden
durch Gittersteuerung geschwindigkeitsregelbare Gleichstrommotoren
verwendet. Die Walzgeschwindigkeiten der einzelnen Gerüste müssen mit
großer Genauigkeit den Verformungsgrößen angepaßt werden, damit ohne
Zug gewalzt wird.

Alle wichtigen Antriebe, die unmittelbar am Walzprozeß teilhaben und
lagegeregelt gefahren werden bzw. bestimmte veränderliche Geschwindigkeiten haben müssen, werden als Gleichstromantriebe ausgerüstet und
über Stromrichter gespeist.

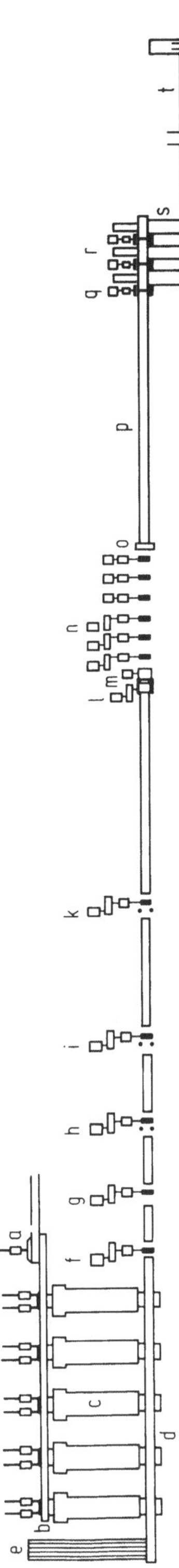

Abb.5.21. Vollkontinuierliche Bandstraße [128]
a Brammenstapel- und Aufgabevorrichtung;
b Einstoßmaschine; c Durchstoßofen; d Warmroll-
gang; e Warmbett; f 1. Gerüst der Vorstraße
(Duo); g 2. Gerüst der Vorstraße (Quarto mit
Stauchwalzen); h 1. Gerüst der Zwischenstraße
(Quarto mit Stauchwalzen); i 2. Gerüst der
Zwischenstraße (Quarto mit Stauchwalzen);
k 3. Gerüst der Zwischenstraße (Quarto mit
Stauchwalzen); l Schopfschere; m Zunderwascher;
n sechsgerüstige Fertigstraße; o berührungslose
Dicken- und Breitenmeßgeräte; p Auslauf- und
Kühlrollgang; q Treibrollen; r Unterflurhaspel;
s Kippstühle; t Bundtransport; u Bundkipper

5.5.1 Automatisierungsmöglichkeiten in Breitbandwalzwerken

Eine vollautomatisierte Bandstraße ist wesentlich auf das einwandfreie
Arbeiten zahlreicher Meß- und Gebereinheiten angewiesen, die vielen
ungünstigen Einflüssen ausgesetzt sind. Als Meßglieder werden z.B.
eingesetzt:

Stellungsmelder, Lichtschranken, infrarotempfindliche Photozellen,
Endschalter und andere Geräte sind an allen Stellen erforderlich, an
denen der Stofffluß in irgendeiner Form beeinflußt wird. Temperaturmeß-
geräte am Ein- und Auslauf der Vor- und Fertigstraße und am Haspel;
Dicken- und Breitenmeßgeräte, die von einem Rechner ansteuerbar und
abfragbar sind; Druckmeßdosen für Walzkraft und hochgenaue Meßgeräte
für die Anstellpositionen.

In Abb.5.22 sind die Regeleinrichtungen an einer Breitbandstraße dargestellt.

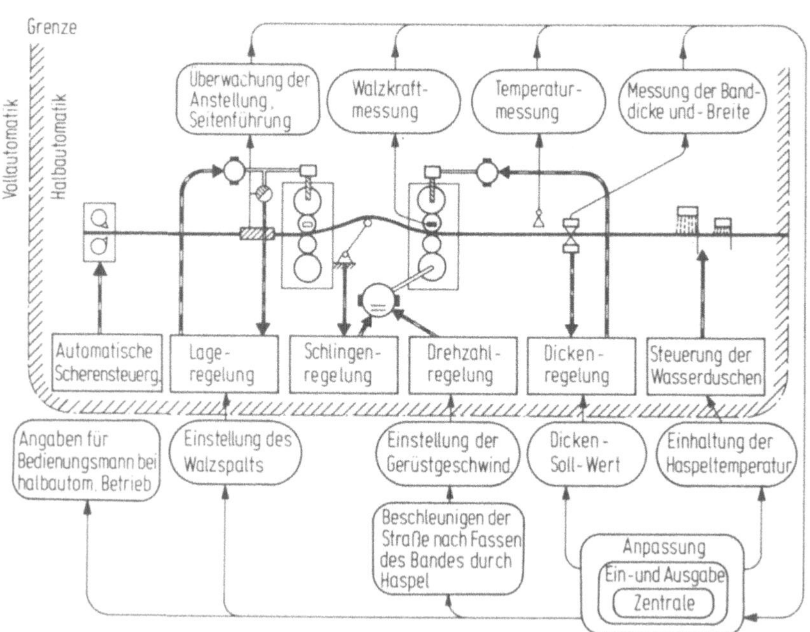

Abb.5.22. Gliederung der Automatisierung bei der Produktion von
Breitband [130]

Die Drehzahlen der einzelnen Gerüste werden durch konstante Sollwerte
geregelt. Diese werden auf Grund der Stichabnahmen in den einzelnen
Gerüsten errechnet und durch frühere gleichartige Walzungen überprüft.
Eine Schlingenheberregelung beeinflußt die Sollwerte der Drehzahlrege-

lungen. Mit digitalen Lageregelungen werden z.B. die Anstellungen,
die Seitenführungen entsprechend der Bandbreite und Treibrollen eingestellt.

Mit einer automatischen Banddickenregelung, die auf die Änderung der
Banddicke im Walzspalt anspricht, wird die Walzenanstellung vorgenommen. Durch ein Isotopendickenmeßgerät hinter dem letzten Gerüst wird
die Dickenregelung fortlaufend korrigiert. Nach dem letzten Gerüst
wird die Endwalztemperatur und Aufhaspeltemperatur geregelt. Zur Erhöhung der Produktivität ist es nicht nur erforderlich, die Leistungsfähigkeit der konventionellen Anlagen, Maschinen und Regeleinrichtungen zu verbessern, sondern auch die Sollwerte für die Regelung mit
größter Genauigkeit rechtzeitig zu ermitteln. Die dazu erforderlichen
Kenntnisse des Prozesses lassen sich zwar in umfangreichen Formelsamm-
lungen darstellen, aber nicht manuell auswerten und schnell genug als
Sollwerte der Regelung mitteilen. Damit wird der Einsatz von Prozeßrechnern unumgänglich [132].

An die elektrische Ausrüstung der Straße ist dabei die Forderung zu
stellen, daß alle Steuerungen und Regelungen Sollwerte vom Rechner
übernehmen können. Ferner muß ein Umschalten der Sollwerte von Rech-
ner- auf Handbetrieb gewährleistet sein.

In Abb.5.22 und 5.23 ist der Rechnereinsatz an einer Breitbandstraße
dargestellt.

Unter Verwendung der mit einem Datenträger eingegebenen Brammennummer
sowie der Stahlqualität, der gewünschten Endtemperatur, Anfangs- und
Endabmessungen des Walzgutes führt der Rechner die Brammen vom Stoßofen bis zum Haspel und stellt an sämtlichen Gerüsten die Anstellung
der Horizontalwalzen, die der Vertikalwalzen und der Seitenführungen
sowie die Geschwindigkeit der Fertiggerüste ein.

Vom Rechner müssen die Sollwerte wie Anstellpositionen, Walzmotordreh-
zahlen, Nachbeschleunigung und Abspritzgruppen zeitgerecht vorgegeben
werden. Hierfür ist eine genaue Materialflußverfolgung notwendig, die
Voraussetzung für ein Realzeitsystem ist.

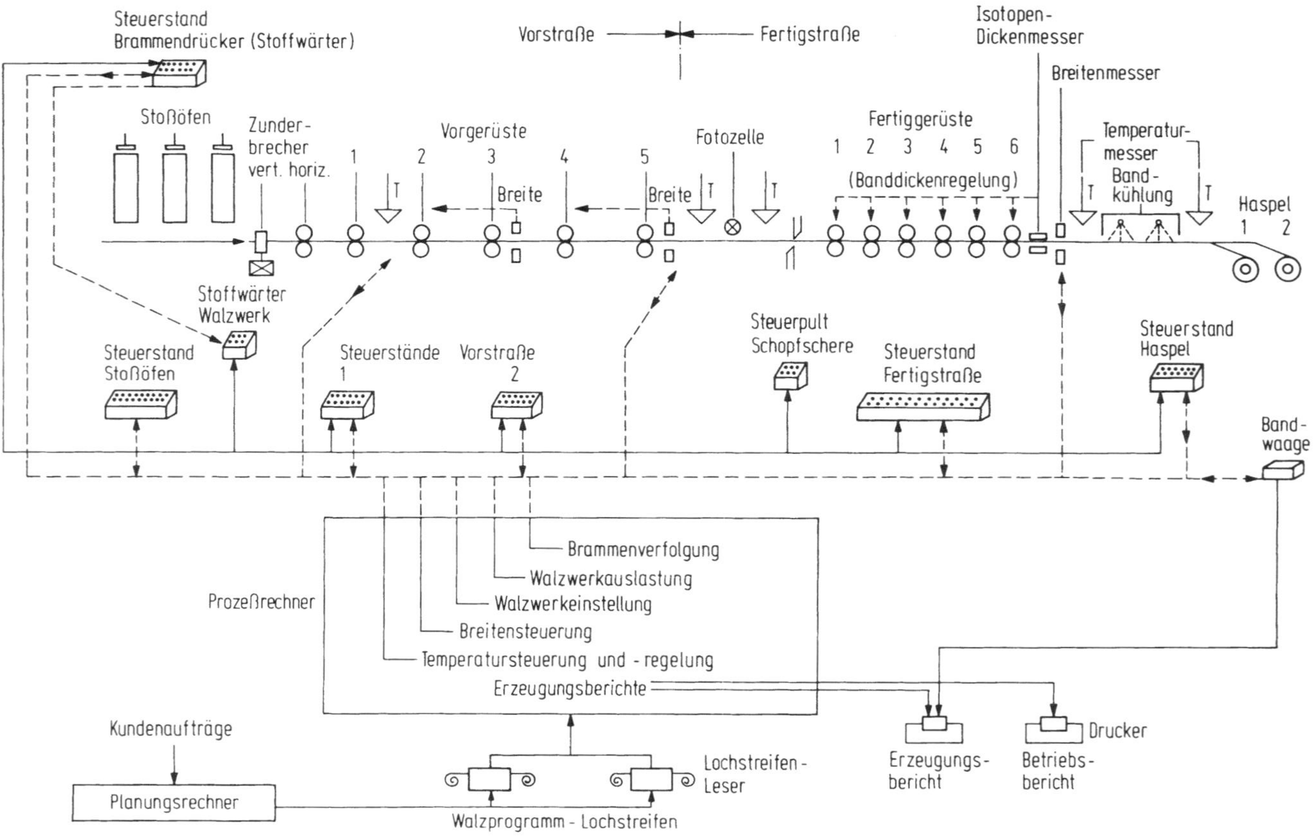

Abb. 5.23. Schema der Rechnersteuerung einer Warmbreitbandstraße mit Vorstraße [131]

Für die Vorgabe der Sollwerte sind vom Rechner folgende Funktionen durchzuführen:

Materialflußverfolgung, Sollwertberechnung für die Fertigdicke, Dickenregelung, Regelung der Endwalz- und Aufhaspeltemperatur, Breitensteuerung, Materialflußsteuerung und Umkommissionierung bei Fehlwalzungen, d.h. kann aus technischen Gründen die geforderte Enddicke nicht erreicht werden, wird automatisch eine größere Enddicke gewalzt.

Hierzu werden vom Prozeßrechner folgende Meßgrößen erfaßt:

- Betriebsspannungen aller im direkten Zugriff stehenden Regelkreise,
- Spannungen und Ströme aller Hauptantriebe,
- Geschwindigkeit und Drehrichtung von Walzen und Rollgängen,
- Walzdruckkräfte in allen Gerüsten,
- Temperaturen,
- Dicke und Breite des Walzgutes,
- Lage und Verfahrweg der Anstellungen, der Lineale und Seitenführungen,
- Signale von Kontakten und Photozellen zur Materialverfolgung, von
  der Ablaufsteuerung im Bereich Vorgerüst.

Im Rechner selbst sind folgende Informationen ständig gespeichert:

- Werkstoffwerte für verschiedene Stahlsorten,
- Leistungs- und Walzkraftkoeffizient sowie Koeffizient für den Einfluß von Temperatur, Geschwindigkeit und Bandbreite auf Leistung
  und Walzkraft,
- ferner Rechenkonstanten für den Temperaturverlauf innerhalb der
  Straße.

Dazu kommen noch Maschinendaten wie Motor-Geschwindigkeits- und Leistungscharakteristik und die Motorleistungsgrenzen für jedes Gerüst.

Ein Gerüstmodell bezeichnet die Walzspaltänderung in Abhängigkeit von der Walzkraft (Elastizität und Walzensprung).

Der Rechner wird programmiert durch ein Gleichungssystem, also ein mathematisches Modell der Anlage, nach welchem der Stichplan, d.h. die Stellung sämtlicher Sollwerte, z.B. für die Regelkreise, berechnet wird. Der Rechner kann die Einstellung der Straße außerordentlich schnell ändern, wenn das Walzgut mit veränderten Eigenschaften heran-

geführt wird. Neben der übergeordneten Steuerung des Walzwerkes übernimmt der Rechner die Ausgabe von Meßwerten und Walzergebnissen in
Form eines maschinengeschriebenen Protokolls [129-133].

Ein Prozeßrechner bietet zusammenfassend folgende Vorteile:

Enge Dickentoleranzen auch unmittelbar nach einer Walzprogrammstellung;
größere Freizügigkeit bei der Walzprogrammgestaltung;
weniger Besäumschrott durch bessere Breitensteuerung;
engere Temperaturtoleranzen;
schnelle und umfangreiche Information über die Produktion.

5.5.2 Regelung der Hauptantriebe und Schlingenheber

Für die Einhaltung der Bandabmessungen haben die elektrischen Antriebe
und ihre Regeleinrichtungen einen wesentlichen Anteil beizutragen.

Aus der Abb.5.24 kann man ersehen, daß der kontinuierlich ablaufende
Arbeitsprozeß in der Fertigstraße nur durch V_{un}, die Walzenumfangsgeschwindigkeit oder die Drehzahl des Hauptantriebes, die durch die Anstellung und Walzkraft hergestellten wirksamen Walzspalte d_n und den
zwischen den Gerüsten durch den Schlingenheber mit seinem Antrieb erzeugten Zug Z_n beeinflußt werden. Heute werden auch Regeleinrichtungen zum Beeinflussen der Bandform durch Verstellen der Walzenform
entwickelt.

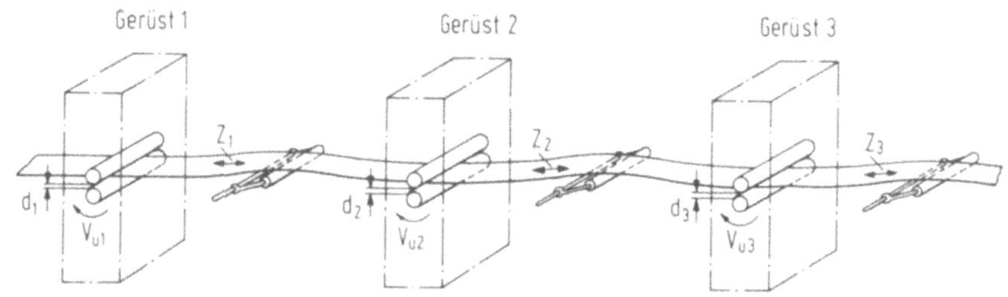

Abb.5.24. Stellgrößen an einer Breitband-Fertigstraße [134]

Die technologischen Zusammenhänge beim Walzen in einer Breitband-
Fertigstraße bestimmen den Aufbau und das Zusammenwirken der Regeleinrichtungen. Um den Bandzug konstant zu halten, wird die Schlin-
gen- und Schlingenheberegelung zusammen mit der Drehzahlregelung der
Hauptantriebe benutzt.

Drehzahlregelung der Hauptantriebe

Die zwischen den Gerüsten angeordnete Schlingenregelung setzt eine dynamisch gute Drehzahlregelung und eine betriebsmäßig anfahrbare Strom-
begrenzung voraus. Daher ist die Drehzahlregelung der Hauptantriebe
nach dem Stromleitverfahren je einer Stromregelung für die Arbeits-
und Bremsrichtung überlagert. Die Hauptantriebsmotoren mit 4 bis 10 MW
werden heute nur noch von Thyristorstromrichtern gespeist.

Da die Walzmotoren bei jedem Banddurchlauf einmal beschleunigt und
abgebremst werden müssen, wird eine Gruppe jedes Antriebes mit einer
gleich großen Bremsgruppe in unsymmetrischer Gegenparallelschaltung
betrieben.

Der Ausgang des Stromreglers, der für alle Stromrichtergruppen einer
Richtung gemeinsam ist, wirkt auf Stromausgleichsregler, so daß durch
Aussteuerkorrekturen bei den jeweiligen Stromrichtergruppen mit aus-
reichender Genauigkeit eine gleiche Belastung erzwungen wird. Eine
Wiedereinschaltautomatik verhindert in den meisten Fällen eine Unter-
brechung des Walzbetriebs bei Ausfall einer Gruppe.

Die überlagerte Drehzahlregelung erhält Sollwerte, sowohl vom vorge-
schalteten Hochlaufregler, als auch von der Schlingenregelung. Mit
dem Hochlaufregler kann der Antrieb mit einer gewählten Beschleunigung
hochgefahren werden, wodurch eine Drehzahlvorwahl im Stillstand möglich ist. Mit einer sogenannten Stillstandsüberwachung werden die
Regler gesperrt, wenn die Drehzahl Null geworden ist oder der Regelkreis durch Schalthandlungen geöffnet wird. Durch eine Anlaufüberwa-
chung wird ein Stillstehen des Motors unter Strom vermieden [134].

Schlingenheberregelung

Einen entscheidenden Einfluß auf die Breite des Bandes hat der Zug
zwischen den Gerüsten. Um den Zug konstant zu halten, wird zwischen
den Gerüsten eine Schlinge zugelassen, deren Größe geregelt wird.
Durch den Schlingenheber wird der Bandzug erzeugt, wobei dessen Stellung als Mehrgröße für die Schlingenregelung verwendet wird.

In Abb.5.25 ist der Blockschaltplan für eine Schlingenregelung und
die Regelung des Schlingenheberantriebs dargestellt.

Mit Rechenschaltungen wird das Drehmoment des Schlingenhebers und damit des Zuges zur Berücksichtigung der Geometrie gebildet.

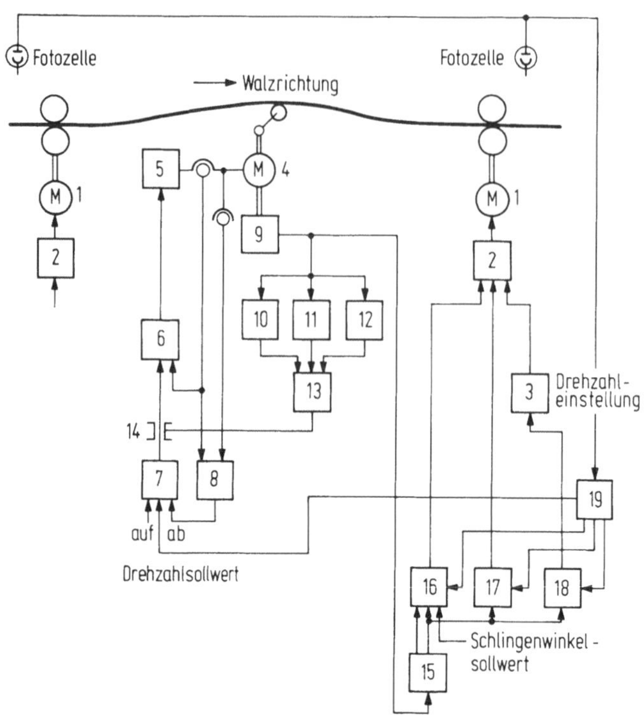

Abb.5.25. Blockschaltplan für die Schlingenregelung und die Regelung des Schlingenheberantriebs [134]
1 Hauptantriebsmotoren; 2 Drehzahlregelung für 1; 3 Sollwerteinsteller für die Drehzahl; 4 Schlingenhebermotor; 5 Stromrichter für 4; 6 Stromregler für 4; 7 Drehzahlregler für 4; 8 EMK-Bildung als Ersatzgröße für die Drehzahl; 9 Winkelgeber; 10 Rechenverstärker für Eigengewicht; 11 Rechenverstärker für Zug; 12 Rechenverstärker für Bandgewicht; 13 Addierverstärker; 14 Begrenzung des Drehzahlreglers; 15 Anpassungs-Rechenverstärker; 16 Schlingenregler; 17 Integrale Nachstellung während des Bandlaufes; 18 Dreipunktregler für Sollwertnachstellung bei Einlauf; 19 Steuerung für Schlingenheber und Schlingenregelung

Bandgewicht und Eigengewicht wird ebenfalls in einer Rechenschaltung ermittelt. Der Schlingenhebermotor hat eine Drehzahlregelung mit unterlagerter Stromregelung. Die Motor-EMK wird als Ersatzgröße für die Drehzahl des Motors benutzt. Durch Übersteuerung des Drehzahlreglers während des Banddurchlaufs wird der Stromsollwert durch die Begrenzung des Drehzahlreglers bestimmt. Durch die Summe der in den Rechenschaltungen 10, 11 und 12 ermittelten Stromanteile bzw. Drehmomentanteile wird die Begrenzung eingestellt.

Mit einem Sollwert wird die Winkellage des Schlingenhebers vorgegeben.
Der gelieferte Istwert des Schlingenhebers wird durch eine Rechenschaltung linearisiert. Der Schlingenregler wirkt auf den Drehzahlregler des vorhergehenden oder nachfolgenden Gerüstes. Während des
Bandeinlaufs wird der vorgewählte Drehzahlsollwert nachgestellt, um
Fehler der Drehzahleinstellung zu korrigieren. Über einen Integrator
17 erfolgt die Sollwertkorrektur während des Banddurchlaufes. Nach
Abschluß des Banddurchlaufs wird der Integrator wieder auf Null gesetzt. Hierdurch ist für den nächsten Bandeinlauf der im Drehzahl-
einsteller gespeicherte Wert wirksam, der während des Einlaufes des
vorhergehenden Bandes gewonnen wurde. Abb.5.26 zeigt das Zusammenwirken der Schlingenregelungen an einer Bandstraße, wobei die Darstellung gegenüber Abb.5.25 stark vereinfacht wurde. Die beschriebenen
Regeleinrichtungen bilden die Grundlage für eine weitere Automatisierung, wie die Anwendung einer Dickenregelung und eines Prozeßrechners.

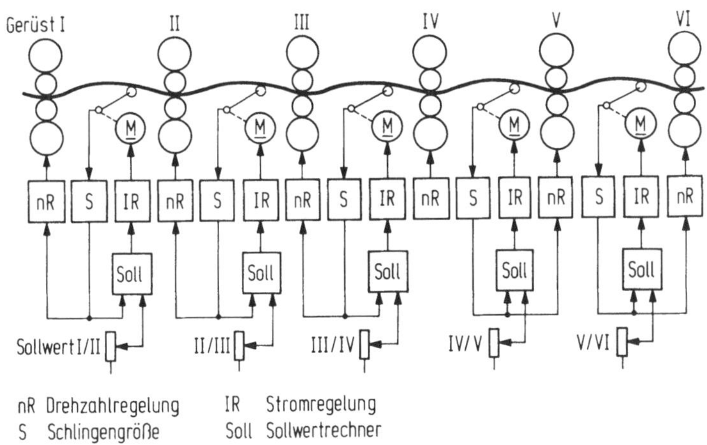

Abb.5.26. Zusammenwirken der Schlingenregelungen an einer Warmbandstraße [134]

5.5.3 Dickenregelung

Für viele Industrieerzeugnisse bilden gewalzte Bleche ein wichtiges
Ausgangsprodukt. Von der weiterverarbeitenden Industrie werden an die
Maßhaltigkeit der Bleche hohe Ansprüche gestellt. Um diesen Forderungen gerecht zu werden, setzt man in Bandwalzwerken immer mehr Dicken-
regelungen ein [133,135,136,137].

Wenn man die Regelmöglichkeit der Banddicke untersucht, muß berücksichtigt werden, daß Walzkraftänderungen auf die Bandform einen starken Einfluß haben. Um den heutigen Forderungen nach guter Bandform nachzukommen, müssen gute Dickentoleranzen mit möglichst geringem Beeinflussen der Anstellung erzielt werden. Die Störgrößen auf die Banddicke müssen deshalb möglichst klein gehalten werden. In Abb.5.27 ist der Verlauf der Banddicke dargestellt. Die quantitativ entscheidenden Störgrößen auf die Banddicke sind dabei:

Abkühlung an den Auflagestellen im Stoßofen; Zeitdifferenz, mit der Anfang und Ende in die Gerüste einlaufen; Ein- und Ausfädeln ohne Bandzug.

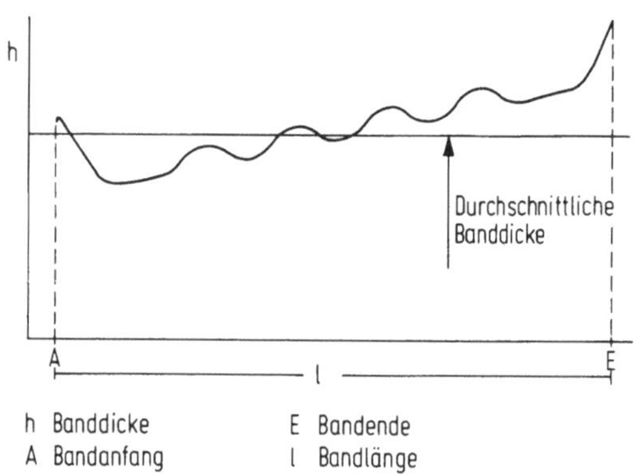

Abb.5.27. Verlauf der Banddicke [137]

Für gute Dickentoleranzen sollten diese drei Störgrößen von vorneherein so weit wie möglich verkleinert werden durch:

1. besondere Gleitschienenkonstruktionen im Stoßofen;
2. Verkleinerung des Temperaturkeils durch Nachbeschleunigen;
3. Walzen mit kleinen Bandzügen, Schlingenheberkonstruktion mit kleinem Schwungmoment, Schlingenregelung.

Für die Ausregelung von Dickenfehlern benutzt man bei Warmbandstraßen als Stellglied ausschließlich die Anstellung. Ein besonders geeignetes Meßsystem für die Dickenregelung ist ein indirektes Verfahren, das unter dem Namen Gagemeter bekannt ist (siehe 6.3.5 Messung der Banddicke) Der Vorteil des Gagemeter-Verfahrens liegt in der direkten Ermittlung der Banddicke im Walzspalt. Da Meßort und Stellort gleich sind, werden Dickenfehler besonders schnell ausgeregelt. Damit das Verfahren voll genutzt werden kann, muß für hohe Anstellgeschwindigkeit gesorgt wer-

den. Häufige Änderung der Anstellposition führt zu Bandzugänderungen.
Deshalb müssen Warmbandstraßen, die mit einer Dickenregelung ausgerüstet sind, auch eine hochwertige Schlingenregelung haben.

Banddicken-Regeleinrichtungen

Da die Ausrüstung aller Gerüste einer Breitbandstraße mit dem Gage-
meter-Meßsystem sehr aufwendig ist, zeigt Abb.5.28 eine Banddickenregelung einer Breitbandstraße.

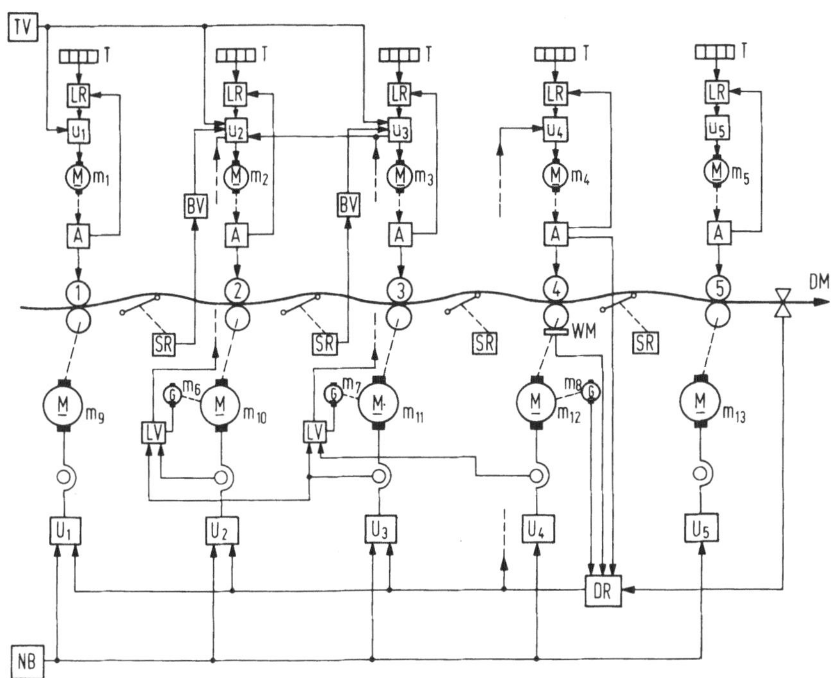

Abb.5.28. Übersicht über die Banddicken-Regeleinrichtungen an einer
Breitbandstraße mit fünf Gerüsten [137]
A Anstellung; BV Bandenden-Vorsteuerung; DM Dickenmeßgerät; DR Gage-
meter-Dickenregelung; LR Lageregelung; LV Lastverteilungsregelung;
m_1 bis m_5 Anstellmotor; m_6 bis m_8 Tachometermaschine; m_9 bis m_{13} Walzmotor; NB Nachbeschleunigung; SR Schlingenregelung (Leitgerüst: Ge-
rüst 4); T Sollwerttastatur für Lageregelung; TV Temperaturkeil-Vorsteuerung; WM Walzkraft-Meßeinrichtung; u_1 bis u_5 Drehzahlregler für
die Anstellmotoren; U_1 bis U_5 Drehzahlregler für die Walzmotoren

Für enge Toleranzen der Fertigdicke ist hier eine Dickenregelung am
letzten Gerüst sehr wichtig. Durch Forderung nach guter Bandform, muß

auch der Dickenänderung an vorderen Gerüsten entgegengewirkt werden.
Das geschieht durch eine Dickenregelung am vorletzten Gerüst, die
durch eine Temperaturkeil- und Bandendenvorsteuerung unterstützt wird.
Hierdurch ergibt sich auch ein kleiner Restdickenfehler am letzten Gerüst. Die Temperaturkeil-Vorsteuerung verkleinert den infolge der Abkühlung des Bandes in der Straße verursachten Dickenkeil durch Verstellen der Anstellungen aller Gerüste vor dem vorletzten Gerüst. Die
Bandenden-Vorsteuerung verringert die Dickenzunahme, die beim Ausfädeln des Bandes aus einem Gerüst durch den Wegfall des Bandzuges entsteht. Diese Zunahmen werden an den beiden letzten Gerüsten durch die
Dickenregelung erfaßt und beseitigt.

Die zusätzliche Lastverteilungsregelung am vierten Gerüst verhindert
starke Belastungszunahmen und sorgt dafür, daß Belastungsänderungen
des Walzmotors an diesem Gerüst über die Anstellungen der vorderen
Gerüste gleichmäßig verteilt werden. Hierdurch wird ebenfalls die
Temperaturkeil-Vorsteuerung unterstützt. Ein Isotopendickenmeßgerät
dient zur Korrektur der Dickenregelung. Außerdem ist die Straße mit
einer Nachbeschleunigungseinrichtung für die Hauptantriebe zum Vermindern des Temperaturkeils und mit Schlingenregelungen zwischen allen
Gerüsten ausgestattet. Als Leitgerüst für die Schlingenregelung wurde
das 4. Gerüst gewählt. Auf das letzte Gerüst arbeitet die Schlingenregelung zwischen den Gerüsten 4 und 5 und die übrigen wirken in Rück-
wärtsrichtung auf die Drehzahlen der Walzmotoren an den Gerüsten 1
bis 3. Zur Entlastung der Schlingenregelung am 4. Gerüst erhalten die
Drehzahlregelungen der Walzmotoren 1 bis 3 vom Ausgang der Banddickenregelung über einen Integrator Zusatzsollwerte. An allen Gerüsten haben die Anstellungen analoge Lageregelungen. Hierdurch werden eventuelle Änderungen während des Walzens nach dem Banddurchlauf wieder
rückgängig gemacht. Die Sollwertvorgabe für die Anstellungen wird digital über Tastaturen vorgenommen. Jede Anstellung läuft selbsttätig
auf den Sollwert ein.

6. Kaltwalzbetriebe

6.1 Allgemeines zum Kaltwalzen

Das Kaltwalzen als eine der letzten Stufen der Formgebung innerhalb
der Eisen-Hüttentechnik wurde durch folgende Kriterien entscheidend
beeinflußt:

- Beim Warmwalzen setzt bei einer bestimmten Dicke des Bandes eine zu
  rasche Abkühlung ein.
- Die entstehende Zunderschicht ruft große Reibkräfte zwischen Walze
  und Walzgut hervor und zerstört gleichzeitig die Oberfläche der
  Walzen.
- Beim Kaltwalzen läßt sich nach Entfernung des Zunders eine glatte,
  blanke und porenfreie Oberfläche erzielen.
- Festigkeitseigenschaften der Bänder und Bleche lassen sich so steuern, daß sie den verschiedenen Verwendungszwecken entsprechen.

Die Herstellung von versandfertigen Bändern und Blechtafeln aus Warm-
band erfolgt im allgemeinen in folgenden Bearbeitungsstufen:

Beizen, Kaltwalzen, Glühen, Dressieren und Veredeln der Bänder, Verzinken, Lackieren, Längs- und Querteilen, Stapeln und Wiegen.

Beispiele des Materialflusses zeigen die Abb.6.1 und 6.2.

Durch verschiedene Legierungszusätze läßt sich das Angebot für Band-
stähle und Bleche erweitern. Den größten Anteil an kaltgewalzten Bändern und Blechen nehmen unlegierte C-Stähle ein. Der C-Gehalt bestimmt den späteren Verwendungszweck [128].

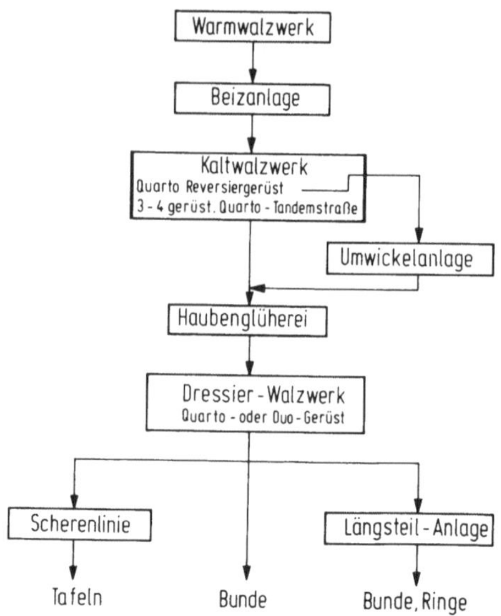

Abb.6.1. Materialflußbild [128]

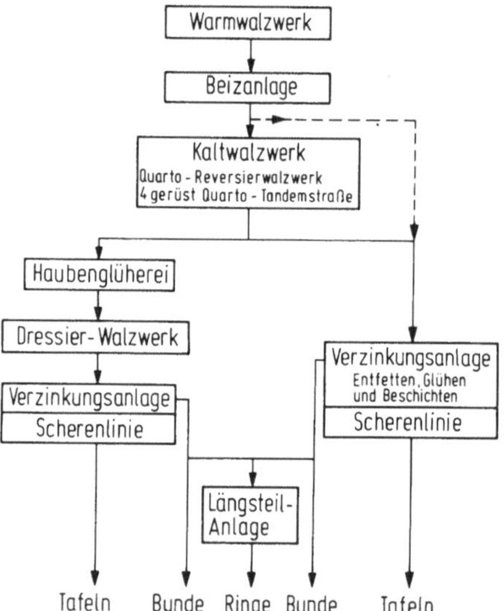

Abb.6.2. Materialflußbild [128]

6.2 Entzunderung des warmgewalzten Bandes (Beizlinien)

Vor dem Kaltwalzen muß die Oberfläche des warmgewalzten Bandes gereinigt werden. Der harte und spröde Zunder würde die feingeschliffenen
und polierten Walzenoberflächen zerstören und wegen der großen Härte
in die Oberfläche eingewalzt werden.

Zunder besteht aus verschieden dicken Schichten von FeO, Fe_3O_4 und
Fe_2O_3; davon ist FeO dem Eisen am nächsten und am leichtesten lösbar.
Durch verdünnte Mineralsäure, die aus Salz- oder Schwefelsäure besteht, erfolgt die Entfernung der Zunderschicht. Bei Salzsäure ist
die Beizzeit etwas kürzer; Salzsäure hat ca. 1 bis 1,5 Minuten Ein-
wirkzeit. Die Anwendung von Salzsäure ermöglicht mit höherer Bandgeschwindigkeit oder mit kürzeren Beizstrecken zu arbeiten. Eine andere Möglichkeit der Entzunderung ist durch Sandstrahlen oder in
Knickwalzwerken gegeben. Jedoch ist die mechanische Entzunderung in
ihrer Entwicklung noch nicht soweit und kann die auf chemischem Wege
erzielten Oberflächenreinheiten nicht erreichen.

Abb.6.3 zeigt den prinzipiellen Aufbau einer Beizanlage. Kontinuierlich im Durchlauf vollzieht sich der Bearbeitungsprozeß. Im Bearbei-
tungsteil muß die Bandgeschwindigkeit konstant sein, da hier die Güte
des Bandes beeinflußt wird.

Damit ein endloser Durchlaufbetrieb des Bandes möglich ist, wird am
Anfang der Einlaufgruppe die Bunde zusammengeschweißt und am Ende
wieder getrennt. Vor und hinter dem Behandlungsteil sind Bandspeicher
zur Überbrückung der Bundwechselzeit vorhanden. Die Ab- und Aufwickel-
gruppen, die vor bzw. hinter dem Bandspeicher stehen, sind für wesentlich höhere Geschwindigkeiten ausgelegt als der Behandlungsteil. Sie
sollen den Bandspeicher für den nächsten Bundwechsel wieder aktivie-
ren. Beim einfachsten Anlagenaufbau wird das Band jedes Bundes neu
eingefädelt und läuft danach bis zum Bundende kontinuierlich ab
[4,128,138,139].

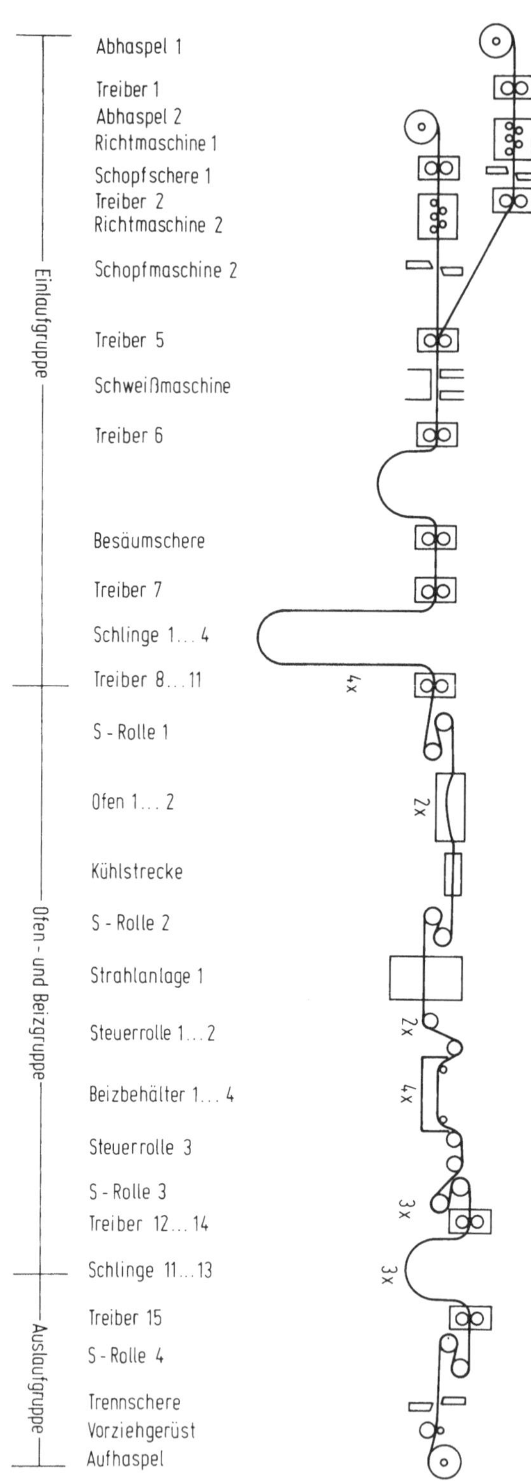

Abb.6.3. Übersichtsschema einer Beizlinie [138]

6.2.1 Forderungen an die Antriebe von Bandanlagen

Folgende Forderungen werden an die elektrische Ausrüstung gestellt:

- Die Bandgeschwindigkeit muß in weiten Grenzen konstant sein.
- Beschleunigungs- und Verzögerungsvorgänge sollen schnell, jedoch nicht stoßend ablaufen.
- Die Antriebe müssen guten Gleichlauf halten.
- Das Band ist anlagemittig zu transportieren.
- Der Zug ist von den Haspel-S-Rollen- und den Schlingenwagenantrieben aufzubringen.

Die Auslegungsdaten der Antriebe werden durch die härtesten Belastungen bestimmt. Großen Einfluß haben hierbei die Belastungsspiele, Zeitdauer und die Häufigkeit des Anfahrens und Bremsens sowie der Drehrichtungswechsel. Auch treten in der Arbeitsphase bei Beschleunigungs- und Verzögerungsvorgängen Überlastungen auf. Diese Zusatzmomente, die sich den Arbeitsmomenten überlagern, dürfen die Bandzüge der Haspeln oder das Arbeitsmoment der Richtmaschinen nicht verfälschen.

Abb.6.4 zeigt ein Belastungsspiel für Ab- und Aufhaspel. Zu den mechanischen Lastspieldaten, Drehmoment und Drehzahl, ist der Verlauf der elektrischen Größen oder der Gleichstrommaschine dargestellt, Ankerstrom I_a, EMK E, Ankerspannung U_a und der magnetische Fluß Φ.

Der Haspelantrieb (siehe Abschnitt 6.3.4) hat folgende Aufgaben:

- Der Bandzug muß unabhängig vom Bunddurchmesser und Beschleunigungsvorgängen konstant sein.
- Die Bandgeschwindigkeit ist trotz des veränderlichen Bunddurchmessers konstant zu halten.

Eine Drehmomentumkehrung ist abhängig von den zu beschleunigenden Schwungmassen und vom eingestellten Bandzug und kann während der Brems- oder Beschleunigungsphase notwendig werden. In beiden Fällen wird der Ankerstrom umgekehrt. In Abb.6.5 tritt eine Drehmoment- und Stromumkehr nur bei reduziertem Bandzug auf.

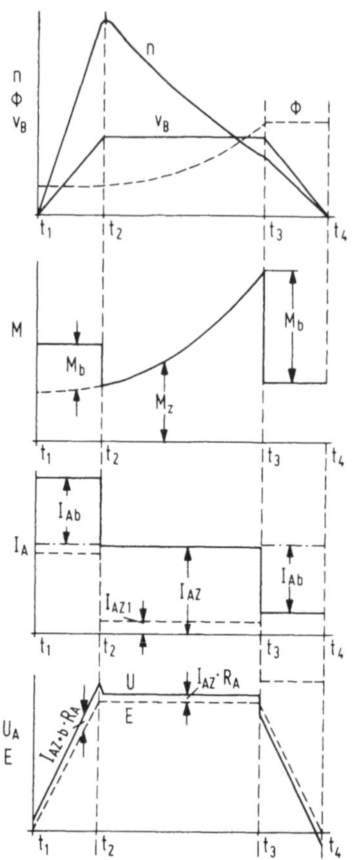

Abb.6.4. Belastungsspiel für einen Aufhaspelantrieb mit mechanischen
und elektrischen Kenndaten [139]

V_B Bandgeschwindigkeit; n Drehzahl; M Moment; I_A Ankerstrom;
U_A Ankerspannung; E EMK; ϕ Erregerfluß.

Indizes: b Beschleunigungsanteil; Z Anteil für Bandzug; Z_1 Anteil für
reduzierten Bandzug (S-förmiger Verschliff wurde vernachlässigt)

6.2.2 Regeleinrichtungen in Bandbearbeitungsanlagen

Zu den wesentlichen Einflußgrößen, die bestimmend für die Bandquali-
tät sind, gehören die Bandgeschwindigkeits-, Bandzug-, Bandlauf- und
die Banddurchhangsregelung.

Die Bandgeschwindigkeit wird direkt über die Drehzahl oder über die
Ankerspannung der Gleichstrommaschine geregelt. Ein Tachogenerator,
der an der Motorwelle sitzt, liefert den Istwert bei der Drehzahl-

regelung. Diese Regelung wird eingesetzt, wenn Antriebs- und Bandgeschwindigkeit konstant sind und das Band schlupffrei transportiert
wird.

Ist das Verhältnis Drehzahl zu Bandgeschwindigkeit nicht mehr konstant
(Haspelantrieb), so wird eine Geschwindigkeitsregelung eingesetzt. Den
Istwert liefert ein Tachogenerator, der vom Band angetrieben wird [139].

Die indirekte Bandgeschwindigkeitsregelung wird im Zusammenhang mit
dem Haspelantrieb erläutert (siehe Abschnitt 6.3.4).

Die Bandzugsregelungen werden im Zusammenhang mit dem Haspelantrieb
beschrieben (siehe Abschnitt 6.3.4).

Besonders wichtig für einen günstigen Bandlauf ist der Bandzug und
die entsprechenden Korrektureinrichtungen. Zur Verbesserung der Zuggenauigkeit ist der indirekten Zugregelung noch eine direkte überlagert, die im Bandlauf eingebaut ist.

Die Erfassung des Banddurchhangs erfolgt im Beizbehälter oder im
Horizontalglühofen ohne Antriebsrollen, während der Bandzug vor dem
Horizontalglühofen mit Transportrollen vorgegeben und mit einer Tän-
zerrolle oder Zugmessung erfaßt wird.

In Speicherschlingen mit freiem Banddurchgang wird der Bandzug durch
das Eigengewicht des Bandes bestimmt. Mit optischen, kapazitiven oder
induktiven Gebern wird der Banddurchhang, die Stellung des Schlingen-
wagens oder die Stellung der Tänzerrolle erfaßt. Die Schlingen- oder
Lagererfassung wirkt als Korrekturwert auf den Geschwindigkeitssollwert. Der Geschwindigkeitssollwert wird von einem Hauptleitwertgeber
(siehe Abschnitt 6.2.3) in Abhängigkeit vom Banddurchhang im Ofen für
alle am Band laufenden Antriebe vorgegeben. Für den Ein- und Auslaufteil bekommen die Leitwertgeber vom Schlingenregler [147] Daten, die
die Einhangtiefe des Bandes in der Schlingengrube regeln. Die durch-
hängenden Bandschlaufen bringen Geschwindigkeits- und Zugentkopplung,
was für Glühprozesse mit sehr geringem Bandzug vorteilhaft ist
(Abb.6.3). Zum Mittigführen und kantengeraden Aufwickeln verwendet
man Bandkanten- und Bandmittenregelungen [138,139].

6.2.3 Leitwertgeber

Die Arbeitsgeschwindigkeit einer Beizlinie oder eines Walzwerkes werden von den Leitwertgebern bestimmt. Da das Band keine Ausgleichskräfte übertragen darf, werden die Antriebe in den einzelnen Abschnitten beim Anfahren oder Bremsen auf konstanten Bandzug geregelt. Die Beschleunigung wird entsprechend dem Bandzug mit Handstellern vorgegeben.

6.2.4 Regelung des Synchronlaufs zweier Antriebe

Zur Durchführung einer Bandkontrolle oder Überwachung des Inhalts eines Bandspeichers wird der absolute Synchronlauf zweier Antriebe gefordert. Abb.6.5 zeigt die schematische Darstellung eines Synchronlaufs zweier Antriebe.

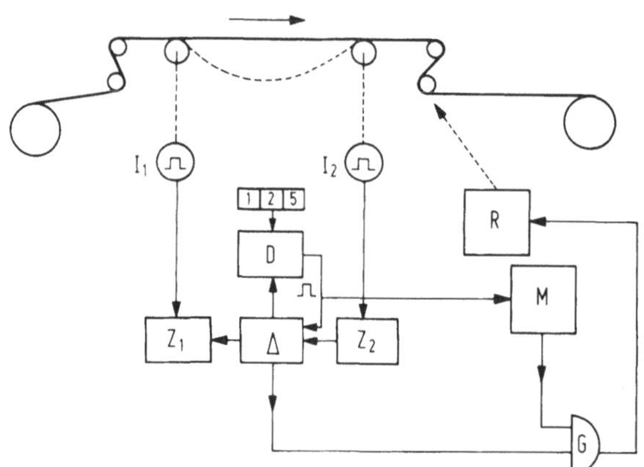

Abb.6.5. Synchronlauf zweier Antriebe [141]. I_1, I_2 Impulsgeber; Z_1, Z_2 Zähler; Δ Differenz-Zähler; D Vergleicher; M Speicher; G Und-Tor; R Antrieb und Regeleinrichtungen

Das Band muß zugfrei zwischen den beiden Spannrollenpaaren geführt werden. Man bildet dazu eine kleine Schlinge, deren Größe konstant gehalten werden muß, um so einen absoluten Gleichlauf der beiden Spannrollenpaare zu erzielen.

Funktionsweise: Nach Einfädeln des Bandes wird die Schlinge mit Hilfe des Antriebs auf eine bestimmte Größe gebracht. Durch die Impulsgeber an den beiden Spannrollenpaaren wird die Länge des ein- und austretenden Bandes gemessen und die Differenz, die der Differenzzähler

erfaßt, mit einem Sollwert verglichen. Entspricht die Differenz dem
Sollwert, so ist die Schlinge gebildet und der Differenzzähler wird
mit einem Impuls auf Null gesetzt. Der Aushang des Differenzzählers
beeinflußt das Spannrollenpaar und regelt ihn auf synchronen Lauf [141].

6.3 Kaltwalzen

Die gebeizten Warmbänder mit Dicken von 1 bis 6mm werden im Kaltwalzwerk solange verformt, bis sie ihre Enddicke erreicht haben oder die
Formänderungsfähigkeit durch die entstehende Verfestigung erschöpft
ist (Abb.6.6).

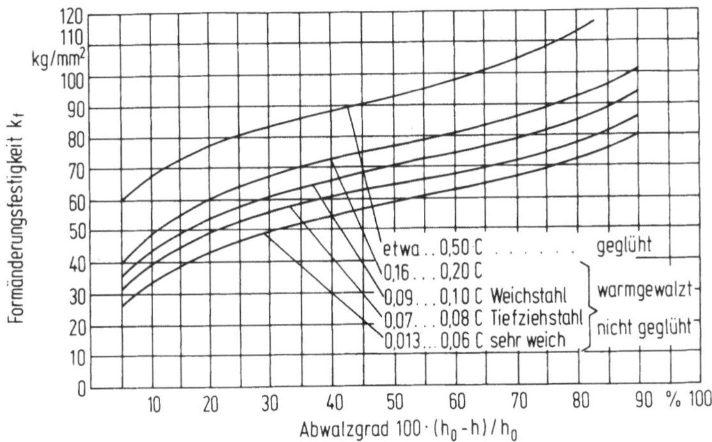

Abb.6.6. Anstieg der Formänderungsfestigkeit K_F von C-Stahl [4]

Eine rekristallisierende Glühung erfolgt nach dem letzten Stich oder
nach Erschöpfung der Formänderungsfähigkeit. Die Glühung hat die Aufgabe, durch Kornneubildung ein gleichmäßiges Gefüge zu erzielen und
die Kaltverfestigung zu beseitigen. Nach der Schlußglühung wird das
Band nochmals gewalzt (dressiert), um die Streckgrenzdehnung beim
nachfolgenden Tiefziehen zu unterdrücken [128].

6.3.1 Bauarten von Kaltwalzwerken

Bestimmend für die Bauart eines Walzgerüstes sind Art des Walzgutes
und dessen Dicke vor und nach dem Walzen und die Walzgeschwindigkeit.

Es wird grundsätzlich ein kleiner Durchmesser der Arbeitswalzen angestrebt, weil dadurch die Walzkraft sinkt [4] und die Meßgenauigkeit
über die Länge und Breite verbessert wird. Man unterscheidet grundsätzlich zwei Arten von Kaltwalzwerken, die verschiedene walztechni-
sche Aufgaben haben:

a) Reduzierwalzwerke
b) Nachwalzwerke (Dressierwalzwerke)

6.3.2 Reduzierwalzwerke

6.3.2.1 Umkehr-Kaltwalzwerke

Das Quarto-Umkehr-Kaltwalzwerk besteht aus dem Walzgerüst und aus
zwei Haspeln. Nur beim ersten Stich wird das Band von einer besonde-
ren Haspel, der Bremshaspel, unter Zug abgewickelt (Abb.6.7).

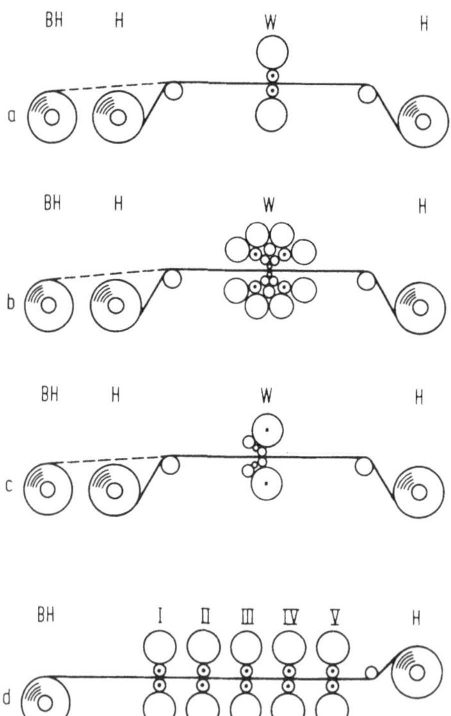

Abb.6.7. Arten von Reduzier-
Kaltwalzwerken [142]
a Quarto-Umkehr-Kaltwalzwerk;
b Sendzimir-Kaltwalzwerk;
c Mehrrollen-Kaltwalzwerk
Typ MKW; d Tandem-Kaltwalzwerk;
W Walzgerüst; H Haspel;
BH Bremshaspel für den ersten
Stich; I...V Walzgerüst der
Tandemstraße

Eine Spezialausführung ist das Sendzimir-Kaltwalzwerk (Abb.6.7).
Das Walzgerüst wird statt als Duo- oder Quarto- als Vielrollengerüst

ausgeführt. Bei diesem Gerüst werden die Stützwalzen angetrieben und
nicht die Arbeitswalzen. Dies bringt den Vorteil, daß die Arbeitswalzen mit äußerst kleinem Durchmesser ausgeführt werden können (siehe
Abschnitt 6.3.1).

Das MKW-Gerüst ist auch ein Mehrrollengerüst, bei dem ebenfalls die
Stützwalzen angetrieben werden (Abb.6.7). Deshalb werden auch hier
kleinere Arbeitswalzen verwandt als bei einem Quartogerüst [142].

Erfassung der Regelgrößen für die Antriebe

Damit die Antriebe entsprechend den Anforderungen geregelt werden können, müssen die elektrischen Grundgrößen, die Momente und die Bandzugs-
kraft erfaßt werden. Spannung und Strom können direkt gemessen werden.
Die Drehzahlen des Walzmotors und der beiden Haspeln werden mit Tacho-
maschinen erfaßt.

Der Fluß wird im Luftspalt der Antriebe durch eingebaute Hallsonden
gemessen. Als günstig hat sich erwiesen, zwei Hallsonden hintereinan-
dergeschaltet anzuordnen. Man erhält somit eine höhere Ausgangsspan-
nung und eine Mittelung der starken Induktionsschwankungen im Luftspalt, die durch die Läufernutung entstehen. Beim Einbau der Sonden
ist eine Korrektureinrichtung vorzusehen, die eventuelle Streufeld-
einflüsse bei Maschinen mit Kompensationswicklungen durch Verschieben
der Sonden eliminieren kann.

Die Ermittlung des elektrischen Momentes $M_{el} = C \cdot I \cdot \Phi$ ist durch verschiedene Verfahren möglich. Häufig wird der magnetische Fluß in einen
proportiönalen Strom gewandelt und einer Hallsonde zugeführt, die im
Feld eines Stromjochs liegt, das vom Ankerstrom erzeugt wird. Die
Hallspannung der Stromjochsonde ist dann dem Produkt $I \cdot \Phi$ und damit
dem elektrischen Moment proportional.

Für die Spindelmomente sind noch zusätzliche Beschleunigungsmomente
zu berücksichtigen, die durch die trägen Massen aller bewegten Teile
hervorgerufen werden. Die Beschleunigung wird durch Differenzierung
der Drehzahl gewonnen. Für das Spindelmoment folgt:

$$M_{sp} = M_{el} \pm M_b = M_{el} \pm \frac{G \cdot D^2}{C} \cdot \frac{du}{dt}$$

Da der Walzenantrieb nur im motorischen Betrieb gefahren wird, ergibt sich die Gleichung

$$M_{sp} = M_{el} - M_b$$

Für die Bildung der Haspelmomente muß ein veränderliches Schwungmoment berücksichtigt werden (siehe Abschnitt 6.3.4).

Die Bandzugkraft erhält man, indem das Spindelmoment durch den Band-
radius dividiert wird.

Im folgenden wird zur Berechnung des Schwungmomentes eine Rechenschaltung benutzt, die aus einem vollelektronischen Bausteinprogramm aufgebaut ist.

Drehzahlregelung von Zwillingsantrieben

Bei Zwillingsantrieben werden Ober- und Unterwalze getrennt angetrieben. Dadurch erzielt man eine Lastverteilung zwischen Ober- und Unterwalze, die nicht von der Antriebsseite, sondern von den Erfordernis-
sen im Walzspalt bestimmt wird (Abb.6.8).

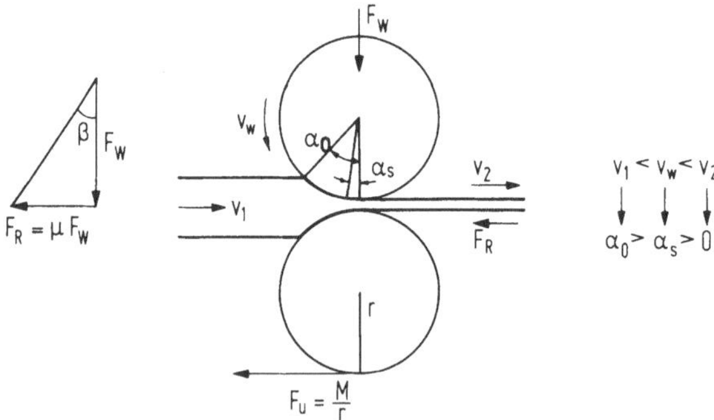

Abb.6.8. Verhältnisse im Walzspalt [143]. F_W Walzkraft; F_R Reibungskraft; F_U Walzenumfangskraft; M Walzmoment; β Reibungswinkel; μ Rei-
bungskoeffizient; V_1 Eintrittsgeschwindigkeit; V_2 Austrittsgeschwin-
digkeit; V_W Walzenumfangsgeschwindigkeit; r Walzenradius; $α_s$ Fließ-
scheidenwinkel; $α_0$ Greifwinkel

$$\mu = \tan \beta = \frac{F_R}{F_W}$$

Ohne Bandzug gilt:

$$\alpha_s = 1/2\alpha_0(1 - \frac{\alpha_0}{2\beta})$$

Durchziehbedingung: $\alpha_s > 0$ also $\alpha_0 < 2\beta$
Mit Bandzug gelten andere Werte, aber gleiche Tendenzen.

Die Antriebe werden von einer gemeinsamen Sammelschiene gespeist, während die Felder der beiden Walzmotoren eine getrennte Speisung erhalten. Der Obermotor wird drehzahlgeregelt und bestimmt damit die Walzgeschwindigkeit (Abb.6.9).

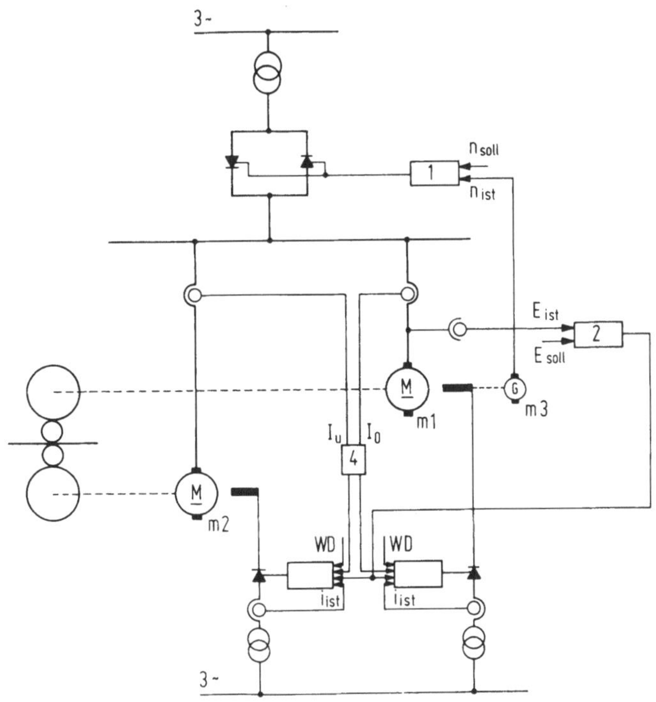

Abb.6.9. Zwillingsabtrieb mit Sammelschienenspeisung [143]
m_1 Obermotor; m_2 Untermotor; m_3 Tachometergenerator; 1 Drehzahlregler; 2 EMK-Regler; 3 Feldstromregler; 4 Ankerstromausgleich; n_{ist}, n_{soll} Drehzahl-Istwert bzw. -Sollwert; E_{ist}, E_{soll} EMK-Istwert bzw. -Sollwert; i_{ist} Feldstrom-Istwert; WD Walzendurchmesser-Einstellung

Als Istwertgeber wird ein Tachogenerator verwendet. Beide Antriebe liegen an der gleichen Spannung und haben die gleichen Drehzahl-Lastkennlinien, deren Neigung durch die getrennte Feldspeisung beeinflußbar ist.

Auch ermöglicht die Regelung den Einsatz unterschiedlicher Walzendurch-
messer. Die Drehzahl und Drehmomente können einfach angepaßt werden,
indem man die Felder der Walzmotoren entsprechend den Walzendurchmes-
sern einstellt. Falls die Einstellung vom Walzer nicht oder ungenau
vorgenommen wird, sorgt ein Ankerstromausgleich für die Anpassung der
Flüsse an die Durchmesser.

Regelung der Antriebe bei einem Umkehr-Kaltwalzwerk

An die elektrischen Ausrüstungen werden folgende Forderungen gestellt:

- Die eingestellten Bandzüge müssen in jeder Arbeitsphase konstant
  gehalten werden.
- Der Bandzug soll ein weiten Grenzen einstellbar sein; Hochlauf- und
  Bremszeit müssen so kurz wie möglich gehalten werden.

Die Leistung des Walzmotors wird von der Dickenabnahme im Walzspalt,
der Bandbreite, der Materialfestigkeit und der Walzgeschwindigkeit
bestimmt. Hauptsächlich werden Nebenschlußmotoren verwendet, die über
einen gewissen Drehzahlbereich gleiche Leistung haben und für die eine
Drehzahlregelung vorgesehen ist. Sie wirkt auf die Ankerspannung, die
ihrerseits beim Überschreiten eines Schwellwertes selbsttätig das Feld
schwächt [144]. Beschleunigt oder verzögert wird das Walzwerk, indem
man den Sollwertgeber für den Walzmotor entsprechend verstellt. Für
die Beschleunigungs- und Verzögerungszeit sind die Schwungmomente der
Walzen und Haspeln von großer Bedeutung, die bei der Regelung berücksichtigt werden müssen (Abb.6.10).

In der Beschleunigungs- und Verzögerungsperiode wird der Sollwert um
den entsprechenden Wert automatisch verändert, damit ein konstanter
Zug gegeben ist. Bei einem zeitlinearen Hochfahren kann der Sollwert
der Haspel um einen konstanten Betrag verstellt werden, da die Zusatzmomente der Haspel ebenfalls konstant wird. Der Drehzahl-Sollwertge-
ber bestimmt die Geschwindigkeit des Walzmotors und wird zur Bestimmung der Zusatzsollwerte herangezogen. Durch definiertes Verschlei-
fen am Anfang und am Ende der Beschleunigungsperiode erreicht man,
daß die Beschleunigungsmomente aller Antriebe einen endlichen Anstieg
haben (Abb.6.10 und 6.11). Durch diese Maßnahme wirken geringfügige
Zeitfehler, die bei der Vorsteuerung der Haspelmotoren auftreten können, sich weniger kritisch auf den Bandzug aus. In Abb.6.12 wird ein

Prinzipschaltbild eines Umkehr-Kalt-Walzwerkes mit den einzelnen Regelkreisen gezeigt [142].

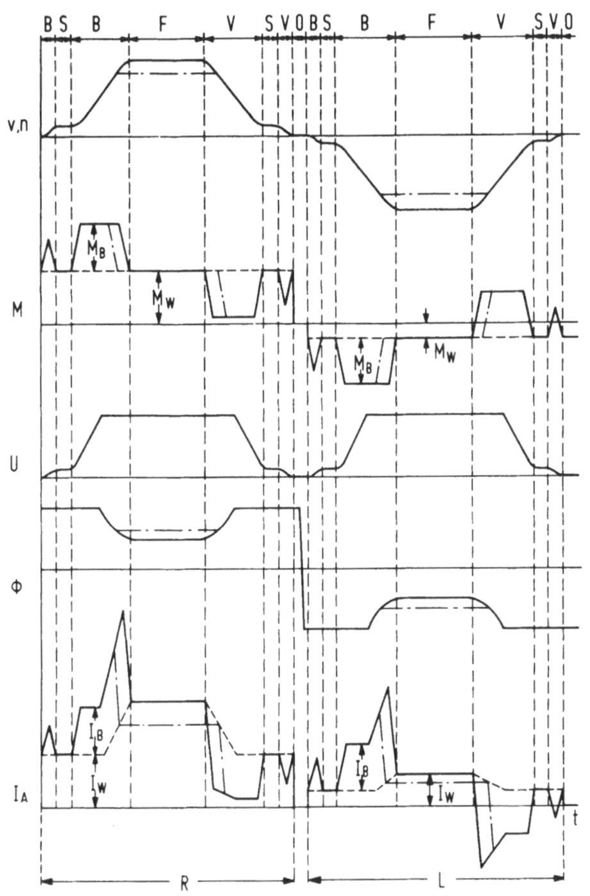

Abb.6.10. Verhalten eines Walzmotors mit Feldschwächung [142]
S Schleichgeschwindigkeit; B Beschleunigen; F Fahren mit Betriebs-
geschwindigkeit; V verzögern; O Stillstand; R Rechtslauf (Stich mit
hoher Walzlast); L Linkslauf (Stich mit geringer Walzlast);
-·- Stiche mit gleicher Walzlast, aber bei Teilgeschwindigkeit;
v Walzgeschwindigkeit; n Walzendrehzahl; M Drehmoment; M_W Walzmoment;
M_B Beschleunigungsmoment; U Ankerspannung; Φ Felderregung; I_A Ankerstrom; I_W Ankerstrom bedingt durch Walzmoment; I_B Ankerstrom bedingt
durch Beschleunigungsmoment

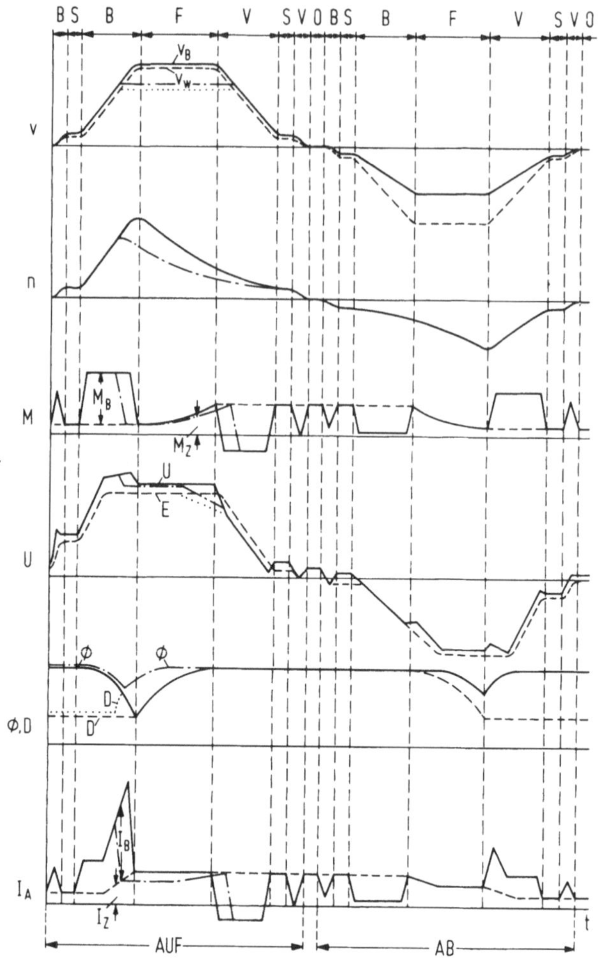

Abb.6.11. Verhalten eines Haspelantriebes mit Drehmomentregelung [142]

Zu Abb.6.12.: I_A Ankerstromregler; I_E Feldstromregler; n Drehzahlregler; E EMK-Regler; St Impulssteuerung; $\emptyset$ Bunddurchmesser-Regler;
F_{soll} Bandzugsollwert; n_{soll} Drehzahl-Sollwert; G Tachometermaschine

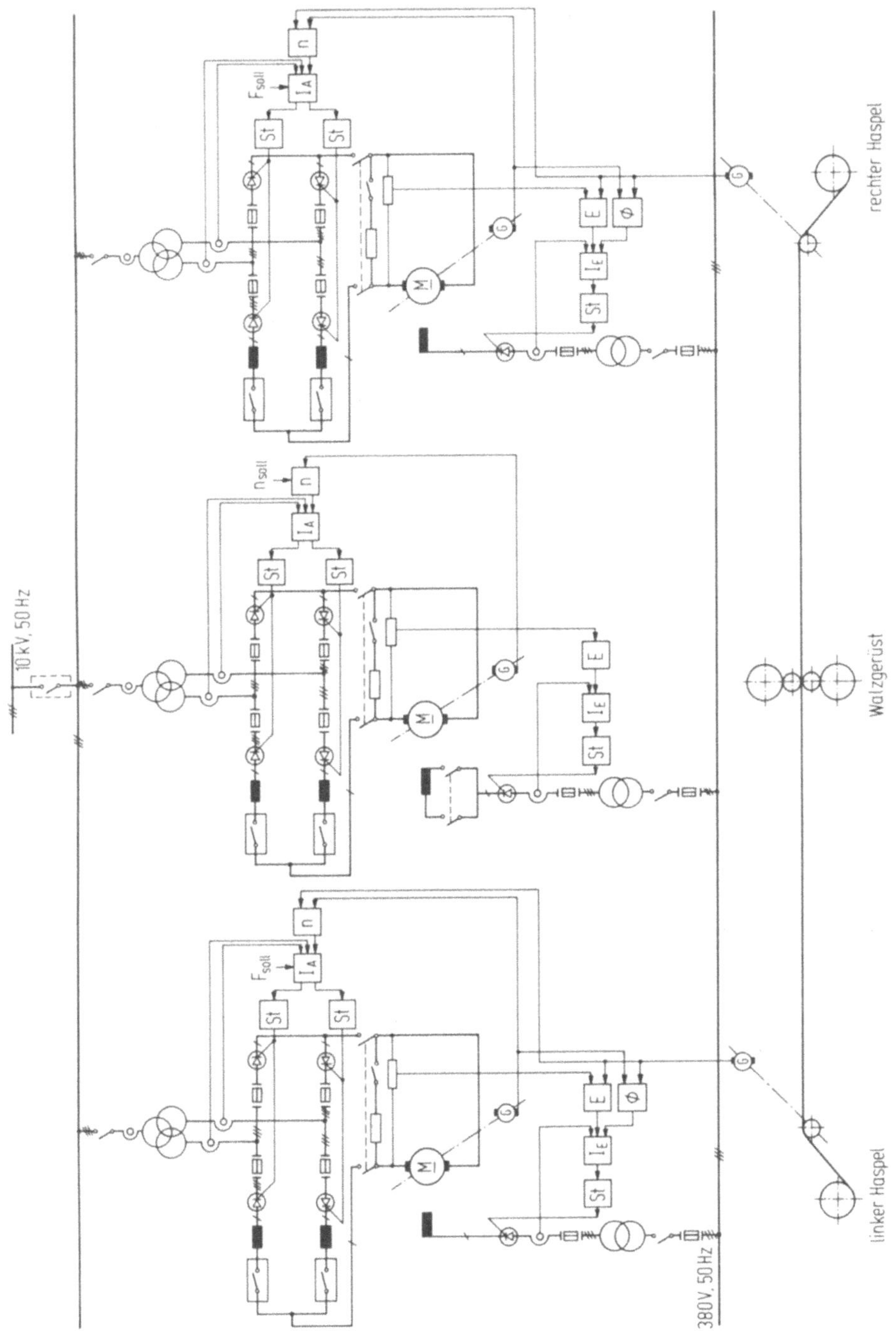

Abb.6.12. Umkehr-Kaltwalzwerk mit Thyristorspeisung [142]

Tandem-Kaltwalzwerk

Tandem-Kaltwalzwerke werden für hohe Produktionen verwendet, bei denen
in einem Durchgang die gewünschte Enddicke erreicht wird. Für jeden
Stich wird ein besonderes Walzenpaar benutzt, was eine günstige Auswirkung auf die Oberflächengüte hat. Tandem-Kaltwalzwerke bestehen
aus zwei bis sechs Gerüsten (Abb.6.7).

Damit ein einwandfreies Walzen möglich ist, muß durch Abstimmung der
Drehzahlen vermieden werden, daß unzulässige Zug- und Druckspannungen
im Walzgut auftreten. Vermeiden der Längskräfte durch Schlingen, die
zwischen den Gerüsten auf konstante Größe geregelt werden, ist nur bei
dünnem Walzgut möglich [140,145]. Deshalb ist es notwendig, den Zug
direkt oder indirekt zwischen den Walzgerüsten zu bestimmen, um die
Antriebe der Motoren entsprechend regeln zu können. Grundsätzlich bestehen hier die gleichen Probleme wie bei den Umkehrwalzwerken.

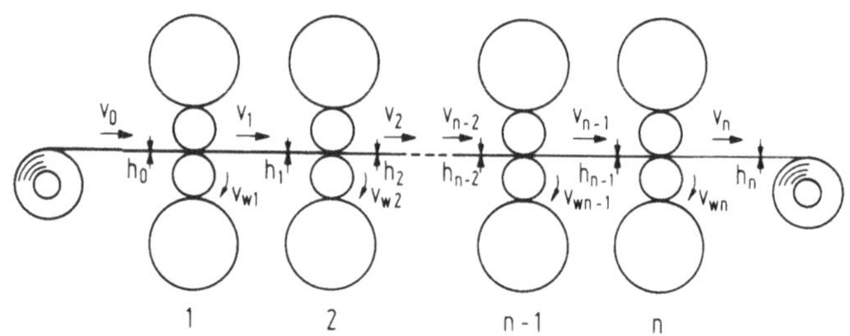

Abb.6.13. Massenfluß [142]. v_0 Bandgeschwindigkeit vor Gerüst 1;
$v_{1,2}$ Bandgeschwindigkeit hinter Gerüst 1 bzw. 2; v_{n-2} Bandgeschwindigkeit vor dem vorletzten Gerüst; $v_{n-1,n}$ Bandgeschwindigkeit hinter dem
vorletzten bzw. letzten Gerüst; $v_{w1,2}$ Walzgeschwindigkeit im ersten
bzw. zweiten Gerüst; $v_{wn-1,n}$ Walzgeschwindigkeit im vorletzten bzw.
letzten Gerüst; h_0 Banddicke vor dem ersten Gerüst; $h_{1,2}$ Banddicke
hinter dem ersten bzw. zweiten Gerüst; h_{n-2} Banddicke vor dem vorletzten Gerüst; $h_{n-1,n}$ Banddicke hinter dem vorletzten bzw. letzten Gerüst

Das Produkt aus Banddicke und Bandgeschwindigkeit ist hinter jedem Gerüst gleich groß und konstant (Abb.6.13) [142,146]. Es gilt:

$$h_0 v_0 = h_1 v_1 = h_2 v_2 = h_n v_n \qquad \text{und damit}$$

$$h_n = h_1 \cdot \frac{v_1}{v_0}$$

v Bandgeschwindigkeit   h Banddicke

Die Walzenumfangsgeschwindigkeit v_W liegt zwischen der ein- und aus-
laufenden Bandgeschwindigkeit. Wenn die kleine Voreilung als konstant
angenommen wird gilt mit $v_W = \pi \cdot d \cdot n$

$$h_n = h_1 \cdot \frac{n_1}{n_n}$$

d Durchmesser der Walzen   n Drehzahl der Walzen

Aus dieser Gleichung geht hervor, daß die gesamte Dickenabnahme des
Walzgutes von den Drehzahlen der Antriebe abhängig ist.

Bandzugregelung zwischen den Gerüsten

a) Regelung durch Anstellung der Walzen

Eine Bandzugregelung ist notwendig, da die Dickenabnahme von den Drehzahlen der einzelnen Gerüste abhängig ist und sich dadurch unter Umständen unzuverlässige Zug- und Druckspannungen zwischen den einzelnen Gerüsten, die vom Walzgut übertragen werden, aufbauen.

Ein Beitrag in [149] beschreibt die direkte Messung des Bandzuges und
seine Regelung durch die Drehzahl (Abb.6.14). Eine Drehzahlregelung
hat jedoch den Nachteil, daß sie eine Dickenänderung zur Folge hat.

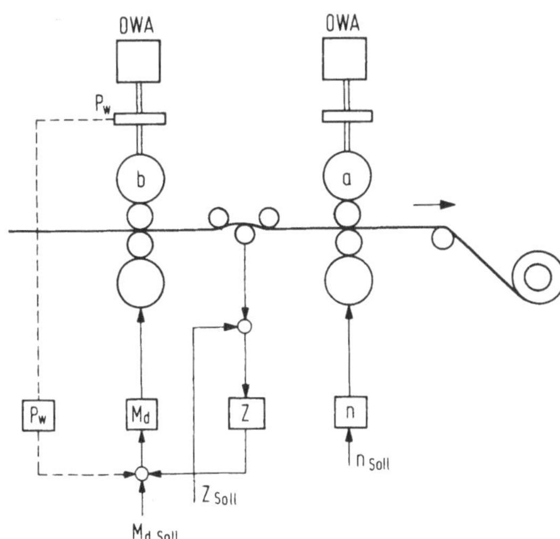

Abb.6.14. Mehrgerüstige Kaltwalzwerke [149]. OWA Oberwalzenanstellung;
Z Zug; P_W Leistung; M_d Drehmoment; n Drehzahl; Index a Gerüst a; Index
b Gerüst b

Als freie Größe wird deshalb die Walzkraft als Stellglied benutzt und
durch Ändern der Walzenanstellung beeinflußt. Ist der Bandzug zu groß,
wird die Walzkraft durch Zustellen der Anstellung vergrößert. Durch
die erhöhte Walzkraft wird die Einlaufgeschwindigkeit kleiner, was ein
Sinken des Bandzuges bedeutet. Der Anteil des bisherigen Bandzugs an
der Walzarbeit wird bei gleicher Abnahme von der erhöhten Walzkraft
übernommen. Der auslaufende Bandzug wird dadurch kaum verändert [142].

b Regelung durch eine Zug-Druck-Automatik

Da die Messung der Walzkraft sehr aufwendig ist und die Meßgenauigkeit nicht immer ausreicht, wird mit Hilfe der Walzmotorströme während
der Anstichperiode auf die Zug- und Druckspannung im Walzgut geschlossen.

Der Motorstrom eines Gerüstes wird nach dem Einlauf des Walzgutes nur
von der Walzkraft bestimmt. Erreicht das Walzgut das nächste Gerüst,
wird sich der Motorstrom je nach Längskraft im Walzgut ändern. Der
Strom wird größer, wenn die Drehzahl des folgenden Gerüstes zu niedrig
lag, und kleiner im umgekehrten Fall.

Aus dem Verhalten der Motorströme werden mit Hilfe der Zug-Druck-Auto-
matik geeignete Stellbefehle für die Drehzahleinstellung ermittelt.
Als Stellgröße dient die Drehzahl des jeweils folgenden Gerüstet, weil
sich nur so rückwirkungsfrei eingreifen läßt.

6.3.3 Nachwalzwerke

Die Nachwalzwerke (Dressierwalzwerke) haben die Aufgabe, das auf Fertigdicke gewalzte Band, nachdem es in einem Glühverfahren rekristalli-
siert wurde, nachzuwalzen. Dadurch wird die Oberfläche verbessert und
die gewünschte Härte erzielt. Der Dickenunterschied des ein- und aus-
laufenden Bandes ist sehr gering; deshalb mißt man die der Dickenabnahme proportionale Bandlängung.

Die Walzmotoren werden genauso geregelt wie die der Umkehr-Kaltwalz-
antriebe. Bei zweigerüstigen Straßen wird der Bandzug zwischen den
Gerüsten mit einer direkten Bandzugregelung auf einen konstanten Wert
gehalten.

Messung der Bandlängung

Beim Dressieren wird anstelle der Banddicke die Längenzunahme des Bandes gemessen.

Die Längung errechnet sich aus $\Delta L = (L_2 - L_1)/L_2$

ΔL Bandlängung
L_1 Bandlänge vor dem Gerüst
L_2 Bandlänge hinter dem Gerüst

Die Bandlängen werden vor und hinter dem Gerüst an den Umlenkrollen gemessen und entsprechend über die Impulsgeber umgeformt (Abb.6.15).

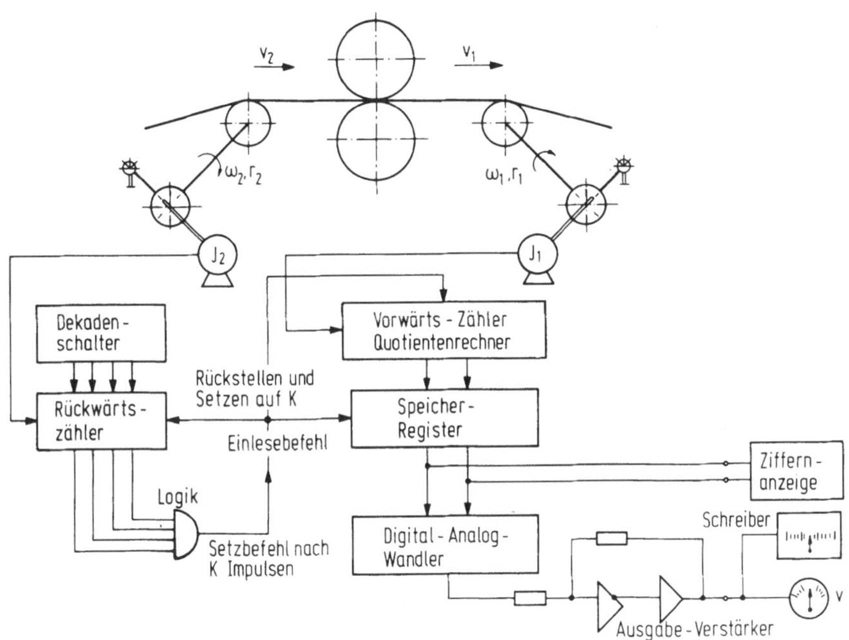

Abb.6.15. Dressiergradmessung [149]

Daraus ergibt sich die Gleichung $\Delta L = 1 - (I_1/I_2)\ K$

I_1 Impulszahl vor dem Gerüst
I_2 Impulszahl hinter dem Gerüst
K Durchmesserverhältnis der Umlenkrollen

Der Rückwärtszähler wird vom Impulsgeber I_2 angeregt und zählt die eingestellte Bezugszahl auf Null zurück. Bei null wird der Befehl zum

Auslesen der eingezählten Impulszahl I_1 gegeben, die im Vorwärtszähler erfaßt ist. Gleichzeitig mit dem Einlesebefehl kommt der Befehl "Rückstellen" auf den Korrekturwert.

Das Resultat, das im Speicherregister steht, wird mit einer Ziffernanzeige oder über einen Digital-Analog-Wandler angezeigt [149,150].

6.3.4 Haspelantriebe

Der Antrieb der Haspel bestimmt in bedeutendem Maße die Produktivität und Qualität der Produktion und hat den Zug des aufzuwickelnden Bandes konstant zu halten. Die Drehzahl der Antriebe ist durch den Walzmotor vorgegeben und wird durch folgende Faktoren bestimmt:

- Walzgeschwindigkeit,
- Durchmesser des Bundes,
- Dickenabnahme im Walzspalt.

Das Drehmoment ist abhängig vom Bunddurchmesser und ist durch Verstellen des elektrischen Feldes zu berücksichtigen. Der größte Bunddurchmesser entspricht der Grunddrehzahl und der kleinste der höchsten Feldschwächedrehzahl. Im normalen Betrieb wird dem Haspel eine Voreilung gegenüber der Walzenumfangsgeschwindigkeit gegeben.

Bei gegebener Walzgeschwindigkeit hängt die Leistung des Haspelantriebs von dem maximalen Bandzug ab, die beim größten Bunddurchmesser gegeben ist.

Für den Zughaspel gilt $P_N = F_Z \cdot V_B / \eta_g$

  P_N Nennleistung

  F_Z Bandzug

  V_B Bandgeschwindigkeit

  η_g Wirkungsgrad

Für die Wellenleistung eines Bremshaspels steht der Wirkungsgrad η_g im Zähler, und die maximale Bandgeschwindigkeit ist um eine maximale Nacheilung kleiner als die Walzenumfangsgeschwindigkeit.

Für das Drehmoment gilt: $M_N = F_Z \cdot D/2$

M_N Nennmoment
D Bunddurchmesser

Zwischen den mechanischen und den elektrischen Größen ergibt sich folgender Zusammenhang:

$$V_B \sim EMK$$
$$D \sim \Phi$$
$$F_Z \sim I_A$$

EMK induzierte elektromotorische Kraft
Φ magnetischer Fluß
I_A Ankerstrom

Der Zughaspelantrieb nimmt elektrische Leistung auf und gibt mechanische ab, während der Bremshaspel mechanische Leistung aufnimmt und
elektrische Leistung an das Netz abgibt. Bei Drehrichtungswechsel wech-
selt die Wirkungsweise (Motor/Generator) und damit auch die Richtung
des Ankerstroms [4,139,142,148,150,151].

Regelungsprinzip des Haspelantriebs

Die Haspelregelung soll ohne direkte Messung des Zugs für konstanten
Zug beim Aufhaspeln von bandförmigen Materialien sorgen. Die Regelung
besteht aus der Geschwindigkeitsregelung und der unterlagerten Stromregelung mit gesteuerter Stromgrenze [151].

Durch auftretenden Bandzug läuft der Haspel an seiner Stromgrenze,
wodurch der Geschwindigkeitsregler übersteuert wird. Die genaue Bestimmung der Stromgrenze ist die Hauptaufgabe der Haspelregelung, die
entsprechend dem gewünschten Bandzug verändert werden muß.

Die Antriebe werden wegen der hohen Stellverhältnisse für den Bunddurchmesser stets im Feldschwächebereich betrieben. Zwei Arbeitsver-
fahren sind anerkannt [139,150,152]:

- die durchmesserabhängige Feldschwächung,
- die EMK-abhängige Feldschwächung.

Direkte Bandzugregelung

Bei der direkten Regelung des Bandzugs werden anstelle der Umlenkrollen
Bandzugmeßgeräte als Istwertgeber vorgesehen. Zur Erzielung größerer
Zuggenauigkeit ist es sinnvoll, der direkten Zugregelung noch eine in-
direkte Bandzugregelung zu überlagern [142].

Bundrechner für den Durchmesser einer Haspel

Die Bestimmung des Bunddurchmessers eines aus einem Kaltwalzgerüst auf
eine Haspel auflaufenden Stahlbandes, das man unter anderem z.B. zur
Berechnung des momentanen Trägheitsmomentes der Haspel benötigt, wird
mit Hilfe eines sogenannten Bundrechners durchgeführt.

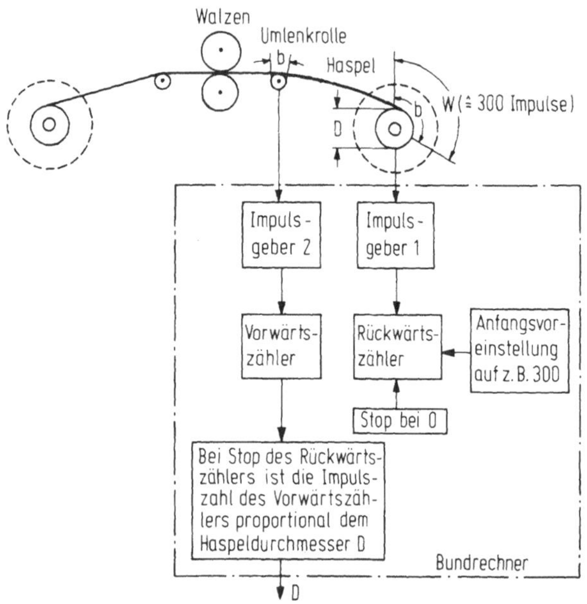

Abb.6.16. Prinzip des Bundrechners [161]

Hierbei werden zwei Impulsgeber verwendet, die mit einer Umlenkrolle
bzw. der Haspel gekoppelt sind. Mit dem an der Haspel angebrachten
Impulsgeber (Abb.6.16) ist ein Rückwärtszähler verbunden, der auf
einen bestimmten Anfangswert z.B. 300 gesetzt und durch 300 Impulse
auf Null zurückgezählt wird. Da dieser Impulsgeber mit der Haspel verbunden ist, entspricht diesen angenommenen 300 Impulsen ein konstanter
Winkel W. Gleichzeitig mit der Rückwärtszählung werden die Impulse des
zweiten Gebers, der in der Umlenkrolle für das Stahlband angebracht

ist, von einem Vorwärtszähler gezählt. Ist der Rückwärtszähler auf
Null zurückgezählt, so steht im Vorwärtszähler eine Impulszahl, die
proportional dem Bogen b über dem bekannten Winkel W ist. Bogen und
Winkel hängen mit dem Durchmesser D über die Beziehung $D = 180^{o} \cdot b/W^{o} \cdot \pi$
zusammen und gestatten die sofortige Ermittlung von D aus dem Zähler-
stand des Vorwärtszählers.

6.3.5 Betrachtung zur Banddickenregelung

Aufgabe der Kaltwalzwerke ist es, bei fest eingestelltem Walzspalt
ein Band unabhängig von seiner Beschaffenheit auf konstante Dicke aus-
zuwalzen. In der Praxis ist dies nicht möglich, da das Walzgerüst
nicht unendlich steif ist. Einzelne Bauelemente des Gerüstes verformen
sich unter Druck elastisch durch den unterschiedlichen Formänderungs-
widerstand des einlaufenden Materials. Das Profil des Bandquerschnitts
wird durch die Ballenform der Arbeitswalzen und durch das Profil des
einlaufenden Materials bestimmt. Um trotzdem Bänder mit möglichst gleicher Banddicke zu walzen, müssen verschiedene Einstellwerte während
eines Stiches geändert werden.

Folgende Änderungen sind vorzunehmen:

- Anstellung der Oberwalzen
- Bandzug und Bandgeschwindigkeit

Die Dicke dünner Bänder kann durch Zug- und Geschwindigkeitsänderungen bei kleinem Stellbereich beeinflußt werden.

In Längsrichtung eines Bandes können Dickenfehler durch entsprechende
Regeleinrichtungen selbsttätig ausgeregelt werden.

Bei Dickenfehlern in Querrichtung wird ein Verfahren angewandt, das
es gestattet, den Dickenunterschied über die Bandbreite innerhalb der
geforderten Grenzen trägheitslos zu regeln [153]. Es wird die Walz-
ballenform mit Hilfe von Hydraulikzylindern eingestellt, die zwischen
den Zapfen der Arbeits- oder Stützwalzen angeordnet sind (Abb.6.17).
Die von den Zylindern ausgeübten Kräfte bewirken eine Biegung der
Arbeits- oder Stützwalzen, um dem Dickenunterschied über die Bandbreite entgegenzuwirken [153,154,155].

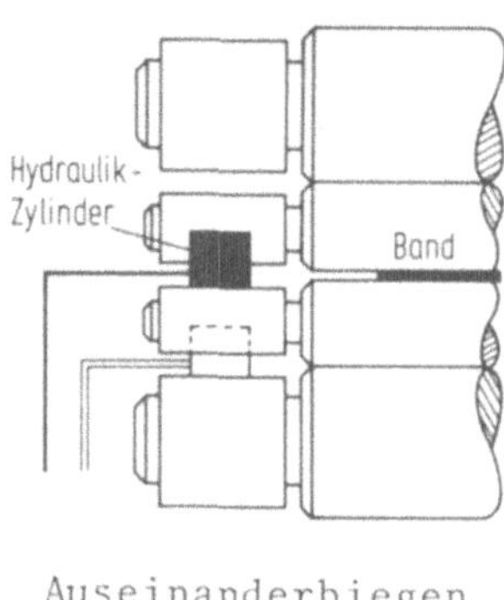

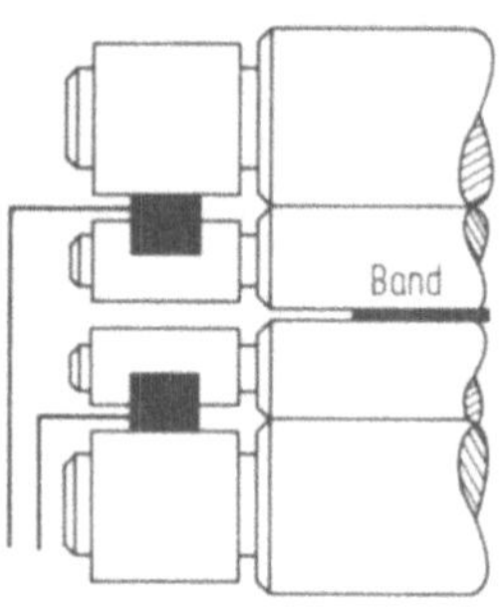

Auseinanderbiegen   Zusammenbiegen
der Walzenzapfen   der Walzenzapfen

Abb.6.17. Hydraulikeinrichtung zur Biegung der Arbeitswalzen (schematisch) [155]

Messung der Banddicke

Die bei dickengeregeltem Kaltwalzgut erforderliche Messung der Banddicke als Regelgröße wird in vielen Anlagen mit Hilfe von Meßgeräten auf der Basis von Röntgenstrahlen durchgeführt. Da diese Geräte immer nur in gewissem Abstand vom Walzspalt angebracht werden können, ist die Messung der interessierenden Banddicke im Walzspalt stets mit einer durch die Transportzeit zwischen Walzspalt und Meßstelle bedingten Totzeit behaftet, die sich dynamisch ungünstig auswirkt.

Daher wurde mit Hilfe der sogenannten Gagemeter-Methode unter Benutzung eines Rechengerätes ein Meßverfahren zur verzögerungsfreien Banddickenmessung im Walzspalt geschaffen. Es benutzt die Tatsache, daß bei bekannter Federkonstante c des Walzgerüstes dessen Auffederung aus der Walzkraft P berechnet werden kann. Die Auffederung A ist durch $A = P/c$ gegeben. P wird durch Druckmeßdosen im Ständer für die Oberwalze gemessen und A ist damit berechenbar. Die Auffederung A wird dann zu der bekannten eingestellten Anstellung S_0 des Walzspaltes addiert (Abb.6.18).

Die Banddicke wird also aus $S = S_0 + P/c$ berechnet.

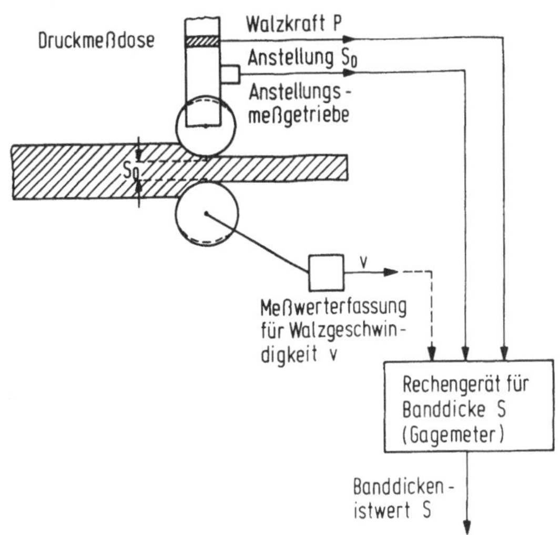

Abb.6.18. Prinzip des Gagemeters [161]

Banddickenregelung an einem Quarto-Umkehr-Gerüst

In einem eingerüstigen Reversier-Kaltwalzwerk sind die Meßfühler vor
und hinter dem Gerüst angebracht. Je nach Walzenrichtung werden die
Meßfühler hinter dem Gerüst eingeschaltet. Die Istwertgewinnung beruht
auf der Dickenmessung des Walzgutes. Sie ist mit einer Totzeit behaftet, die möglichst klein gehalten werden soll. Alle elektrischen
Größen der Dickenmeßgeräte sind proportional der Soll- und Istdicke
des Bandes. Eine Regelung kann über die Anstellung der Oberwalzen
oder wahlweise über die Walzgeschwindigkeit (ΔV) oder den Abhaspel-
zug (ΔP) erfolgen. Beim Entwurf des Regelkreises ist die Stellgröße
festzulegen, Abb.6.19 [4,154].

Regelung über Zug- oder Geschwindigkeitszusatz

Um die Empfindlichkeit des Gesamtsystems zu erhöhen, wird zusätzlich
eine vom Material abhängige Zug- oder Geschwindigkeitsregelung für die
Banddicke angewandt. Durch das proportionale und integrale Verhalten
des Reglers für den Zusatzwert (Abb.6.19 rechts) kann im statischen
Zustand der Wert Null für die Dickenabweichung erreicht werden, so
daß die Toleranzgeschwindigkeit der Genauigkeit des Dickenmeßgerätes
entspricht. Dadurch läßt sich über die Oberwalzenanstellung das Aus-

regeln von Dickenfehlern auch unter der Ansprechschwelle ermöglichen.
Der Regler für den Zusatzwert ist nur für diesen Bereich wirksam.

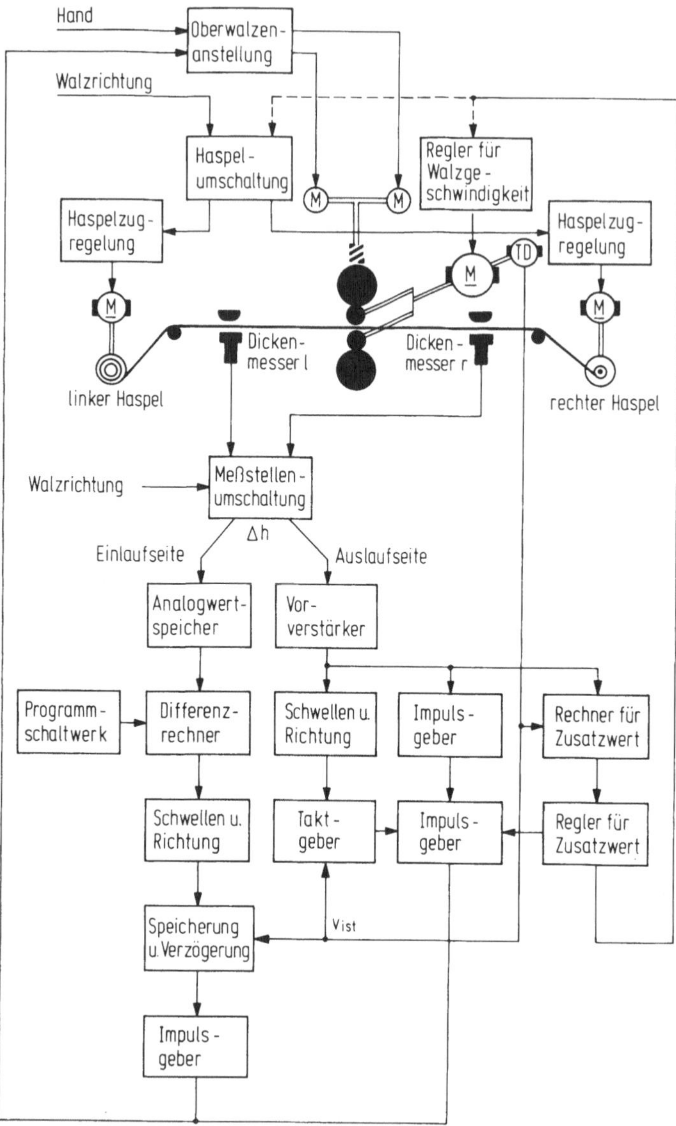

Abb.6.19. Blockschaltplan mit Funktions- und Geräteeinheiten einer
Banddickenregelung für eingerüstige Kaltwalzwerke in beliebiger Ausführung. Quarto-Umkehr-Gerüst

Damit ein schnelleres Ausregeln bei Abweichungen möglich ist, wird ein
Rechner (Abb.6.19) benutzt, der die Walzgeschwindigkeit selbsttätig
an den Reglerkreis anpaßt [154].

6.3.6 Betrachtung zur Planheit

Ein ideales Kaltband soll über die Länge und Breite gleiche Dicke haben und vollkommen plan sein. Diese Wünsche können grundsätzlich nicht
ganz erfüllt werden, da das Profil des Warmbandes auf das Kaltband
übertragen wird. Der Dickenunterschied des Warmbandes, der in der Warm-
walztechnik unvermeidbar ist, ruft beim Kaltwalzen unterschiedliche
Streckungen der Mitten- und Randzonen hervor und führt zur Welligkeit
des Bandes (Abb.6.20).

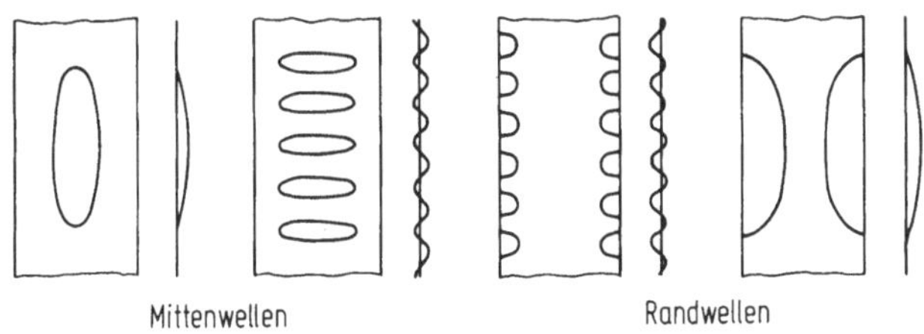

Abb.6.20. Planheitsfehler, durch Biegeeinrichtungen nicht ausstreck-
bar [155]

Damit die Mitten- und Randwelligkeit vermieden wird, muß eine Kontrolle der Streckung über die Bandbreite während des Walzprozesses vorgenommen werden. Diese Fehler werden beseitigt, indem man den örtlichen
Bandzug an mehreren Stellen über die Bandbreite mißt und durch Biegung der Arbeitswalzen entsprechend regelt [153,155,156].

6.3.7 Automatisierung von Kaltwalzwerken

Alle Anlagenverbesserungen durch die Automatisierungseinrichtungen
sind auf das Ziel des maximalen Gewinns gerichtet. Sie sind dort wirtschaftlich, wo das Bedienungspersonal nicht in der Lage ist, alle wesentlichen Einflußgrößen ausreichend zu berücksichtigen.

Die Frage On-line- oder Off-line-Betrieb beim Einsatz eines Rechners
ist von dem Zeitverhalten des Prozesses, der Personalfrage und von
den Investitionskosten abhängig [157].

Eine Automatisierung von Walzwerksanlagen hat nur dann Erfolg, wenn
die Forderungen an die Anlage und an die Meß- und Regeltechnik bekannt
sind. Dabei sollten alle Teile der Gesamtanlage harmonisch aufeinander

abgestimmt sein, damit sich die Prozeßeinrichtungen mit dem übergeordneten System der Betriebsautomatisierung eng verbinden lassen. Geeignete Rechner und elektronische Systeme müssen zuverlässig und so aufgebaut sein, daß von einem zentralen Steuerpult der Prozeß überwacht
werden kann [158].

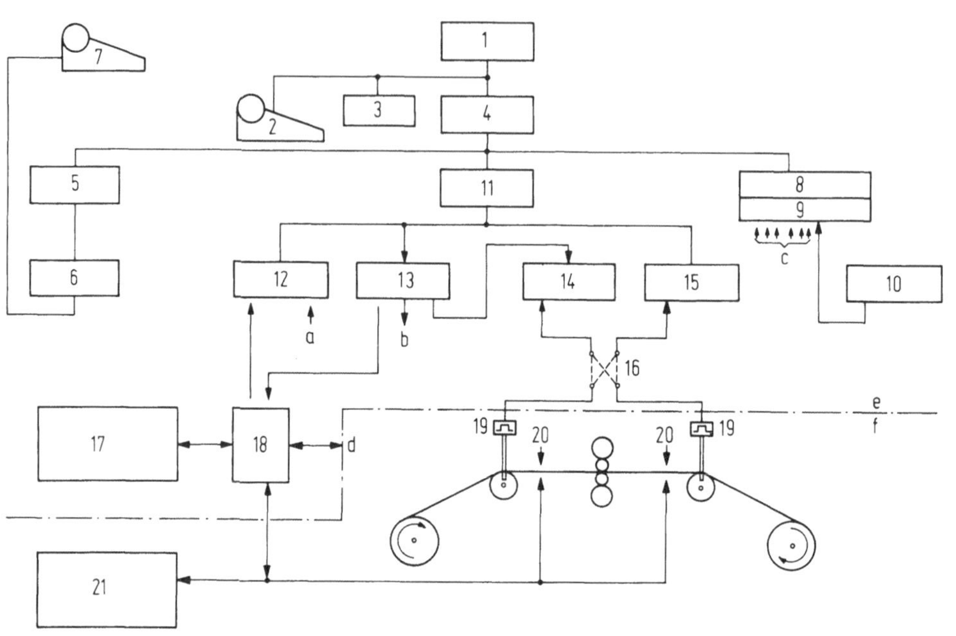

Abb.6.21. Prinzipielles Gesamtschema des Prozeßkontrollsystems [159]
1 Rechner; 2 Fernschreiber; 3 Lochstreifenleser; 4 Prozeßdatenkanal
DP 1101; 5 Ausgabeverteiler DP 1007; 6 Schreibmaschinensteuerung DP 1008
7 Schreibmaschine; 8 Register: Herkunft der Unterbrechungssignale;
9 Vorrang-Unterbrechungseinheit DP 1010; 10 Zeitgeber DP 1011; 11 Un-
terverteiler DP 1002; 12 Schnelle Digitaleingabe mit Alarmzyklus DP 1005
13 Digitalausgabe DP 1006; 14 Rückwärtsimpulszähler DP 1006/Z; 15 Im-
pulszähler DP 1012; 16 Elektronischer Umschalter; 17 Bedienungspult
im Kontrollraum; 18 Relaisschrank; 19 Impulsgeber; 20 Dickenmeßgeräte;
21 Bedienungspult beim Walzwerk; a Von den Bedienungspulten; b zu den
Bedienungspulten; c Unterbrechungssignale; d Prozeß; e im Kontrollraum;
f beim Walzwerk

Mit Hilfe eines modularen Prozeßsteuersystems, das die Aufgabe eines
On-line-Prozeßrechners erfüllt, kann der gesamte Walzablauf gesteuert
werden. Das System kann durch seinen modularen Aufbau jedem zu automatisierenden Prozeß einfach angepaßt werden (Abb.6.21).

Der Rechner bestimmt bei sämtlichen Stichen die Brems- und Beschleu-
nigungszeitpunkte und überwacht eine Reihe von wichtigen Größen im
Alarmzyklus. Vom Bedienungspult im Kontrollraum können alle Daten
eines Walzprogramms protokolliert werden [159].

6.4 Wärmebehandlungsanlagen

Durch den Kaltwalzprozeß erfolgt eine Strukturänderung des Werkstoffes und damit eine Verschlechterung der physikalisch-technologischen
Weiterverarbeitungseigenschaften. Mit einer anschließenden Wärmebehandlung, die eine Kornneubildung hervorruft, wird dieser Zustand
aufgehoben und das Formänderungsvermögen zurückgewonnen, sowie differenzierte Eigenschaften für den späteren Einsatz erzielt. Dem Einsatz
von wirtschaftlich arbeitenden Glühanlagen kommt eine große Bedeutung
zu. Die Forderungen nach gewünschten Werkstoffeigenschaften und me-
tallisch sauberen, zunderfreien Oberflächen sind in einer Schutzgas-
atmosphäre zu erzielen. Nach der Beschickung erfolgt die Einteilung
der Glühanlagen und zwar in satzweise und durchlaufend arbeitende
Anlagen [128].

6.4.1 Satzweise arbeitende Öfen

Im Kaltwalzwerk arbeiten mit satzweiser Beschickung die Haubenöfen
und die Topföfen. Der Betrieb dieser Öfen erfolgt in künstlicher
Ofenatmosphäre, um eine chemische Reaktion zwischen Wärmegut und
Außenluft zu vermeiden.

Die Beheizungseinrichtungen werden mit Gas, Heizöl oder elektrischem
Strom betrieben. Die Brenner für Gas bzw. Öl sind außerhalb des Glüh-
raums am Umfang angeordnet, damit kein Abgas in den Glühraum eindrin-
gen kann [128].

Haubenöfen

Die Haubenöfen wurden früher und werden auch teilweise noch heute als
Mehrstapelöfen ausgeführt. Diese Bauart hat den Nachteil der niedrigen
Glühleistung und der hohen Einsatzgewichte der Chargen.

Etwa um 1960 wurde deshalb in den USA das "Open-Coil"-Verfahren entwickelt, welches in Einstapelöfen durchgeführt wird. Dieses System
hat den Vorteil, daß ein Abstand zwischen jeder Wicklung durch Um-
wickeln des Bundes geschaffen wird, damit das Schutzgas mit der ganzen Oberfläche in Berührung kommt. Beim Glühen und Abkühlen kann ein
inniger Wärmeaustausch und bei geeigneter Gaszusammensetzung ein
Stoffaustausch zwischen Gas und Glühgut stattfinden.

<u>Temperaturregelung und Prozeßüberwachung an einem Haubenglühofen</u>

Damit die Rekristallisationstemperatur schnell erreicht und ein
schneller Temperaturausgleich innerhalb des Bundes erfolgt, wird eine
Temperaturregelung eingesetzt.

In Abb.6.22 wird die Regelstrecke und der unmittelbar beheizte Hauben-
ofen mit Brennluftvorwärmung schematisch gezeigt.

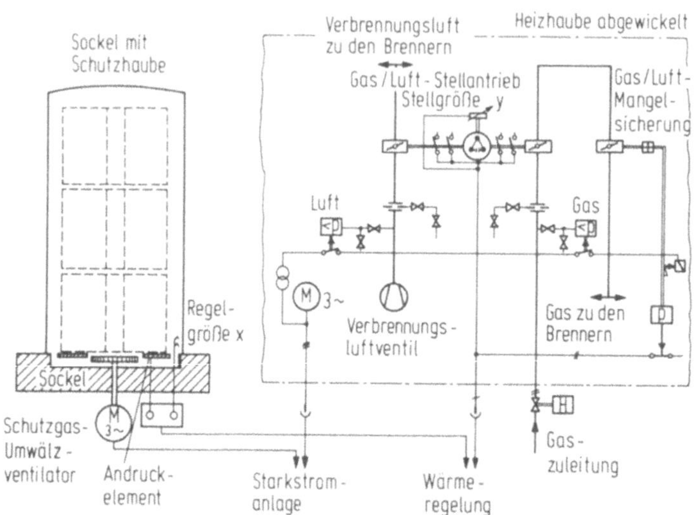

Abb.6.22. Elektrische Ausrüstung eines Haubenglühofens [160]

Die Schutzgastemperatur ist die Regelgröße x, während die gekuppelten
Gas- und Luftdrosselklappen elektrisch regelbar und damit die Stellglieder y sind. Da keine einflußreichen Störungen in der Regelstrecke
auftreten, wird mit Hilfe eines PI-Reglers eine angemessene Regelgüte
erzielt.

Zur Übernahme des Glühens wird ein kleiner Prozeßrechner eingesetzt,
der die Meßwerte und Daten des Ofens periodisch abfragt und speichert.
Die Auswertung dieser Werte kann auf einer zentralen Datenverarbeitungsanlage erfolgen.

Die Grenzüberwachung erfolgt durch ein festgelegtes Rechnerprogramm,
das aus den Eingangsmeßwerten sofort die Abweichungen von der Normal-
glühkurve errechnet und protokolliert [160].

<u>Topföfen</u>

In Abb.6.23 ist der prinzipielle Aufbau einer gasbeheizten Topfofen-
anlage mit vier Kammern, bei der je eine Glüh- und Vorwärmkammer eine
Ofeneinheit bilden, dargestellt. Das Glühgut in der Vorwärmkammer wird
mit den Abgasen der Glühkammer vorgeheizt und später in die entleerte
Glühkammer übergesetzt. Der fertiggeglühte Topf wird zum Abkühlen in
eine Kühlgrube gebracht. Der Topfofen wird hauptsächlich zum Glühen
von Schmalbunden verwendet.

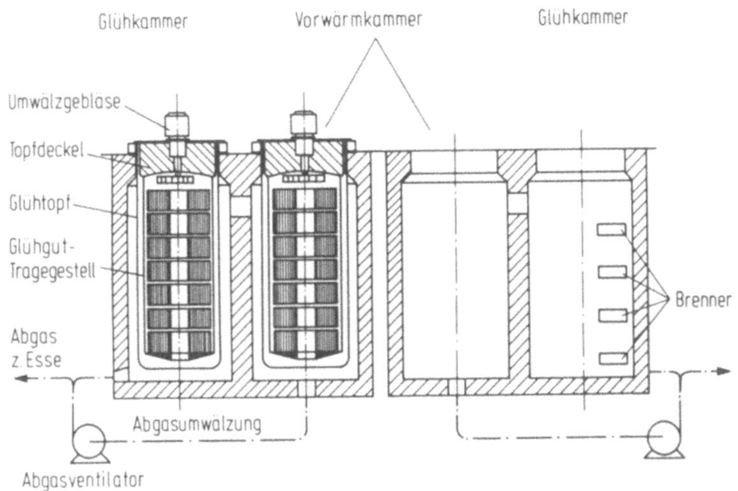

Abb.6.23. Topfglühofen [128]

<u>6.4.2 Durchlaufend arbeitende Öfen</u>

Durchlaufend arbeitende Öfen haben bei der Herstellung von kaltgewalzten Blechen und Bändern eine breite Anwendung gefunden. Die wichtigsten Bauarten sind die Rollenherdöfen für Bandbunde und die Durchzieh-
öfen mit waagerechtem und senkrechtem Bandlauf.

Damit die Wärmebehandlung unter Schutzgas erfolgen kann, um bestimmte
Eigenschaften zu erzielen, werden Schleusen am Ofenein- und Ofenaus-
gang angebracht. Die Beheizung erfolgt entweder durch Gas-Strahlheiz-
rohre oder elektrisch.

6.5 Scherenlinie

6.5.1 Einführung und Problemstellung

In modernen Anlagen der Papier- und Stahlindustrie zerteilen rotieren-
de Scheren das schnellaufende Material auf die gewünschten Längen.
Diese Scheren bestehen zum Beispiel aus zwei übereinander angeordneten Stahlzylindern, die entlang einer Mantellinie je ein Schermesser
tragen (Abb.6.24).

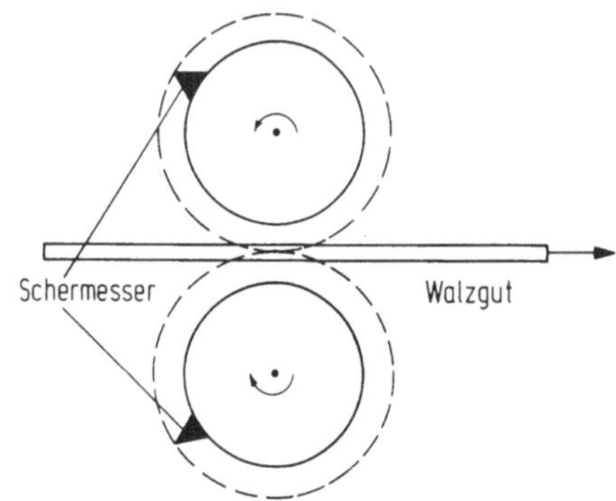

Abb.6.24. Prinzip der rotierenden Schere [162]

Beide Zylinder sind durch ein Getriebe starr gekuppelt. Sie drehen
sich mit entgegengesetzt gleicher Drehzahl und scheren das zwischen
ihnen durchlaufende Walzgut bei jeder Umdrehung einmal ab, und zwar
dann, wenn sich die beiden Messer im unteren Totpunkt des Obermessers
treffen.

Um ein einwandfreies Schneiden zu gewährleisten, müssen gleichzeitig
zwei Randbedingungen erfüllt werden:

- Das Walzgut soll auf genau vorgegebene Längen zerteilt werden können, d.h. die Schermesser müssen zu einem bestimmten, durch die
  Walzgutgeschwindigkeit und -länge vorgegebenen Zeitpunkt, zusammen-
  treffen (Ortsbedingung).
- Weder das auflaufende noch das ablaufende Walzgut darf durch die
  Schere gestaucht werden. Dazu ist erforderlich, daß die Geschwindigkeit v_s der Schermesser im Schnittzeitpunkt t_s gleich der Geschwindigkeit v_w des Walzgutes ist (Geschwindigkeitsbedingung).

Die Schermessergeschwindigkeit, also die Momentandrehzahl muß deshalb
zwischen zwei Schnitten ganz gestimmten Gesetzen gehorchen. Falls die

Schnittlinie größer als der Scherenumfang ist, wird die Schere nach
dem vorausgegangenen Schnitt zunächst abgebremst, unter Umständen sogar ganz still gesetzt (Start - Stop - Betrieb) und dann kurz vor dem
nächsten Schnitt wieder beschleunigt (untersynchroner Betrieb).

Im folgenden wird ein Verfahren angegeben, das eine echte Regelung
auf die vorgegebenen Randwerte ermöglicht. Dieses Verfahren erlaubt
ferner einen stetigen Übergang vom Start - Stop- über den untersyn-
chronen Durchlaufbetrieb bis zum übersynchronen Betrieb. Bei dem gewählten Drehzahlverlauf ist überdies das geringst mögliche Effektivmoment des Antriebs erforderlich.

6.5.2 Der optimale Drehzahlverlauf

Zunächst muß das Problem mathematisch formuliert werden. Für den Drehzahlverlauf zwischen zwei Schnitten bestehen keinerlei Vorschriften.
Nur muß der Zielpunkt zum Schnittzeitpunkt mit vorgegebener Geschwindigkeit exakt erreicht werden.

Es gilt also:

$$\int_{0}^{t_s} v_s(t)\, dt = 1_s$$

Das. ist bei den unterschiedlichsten Drehzahlverläufen möglich (Abb.6.25).

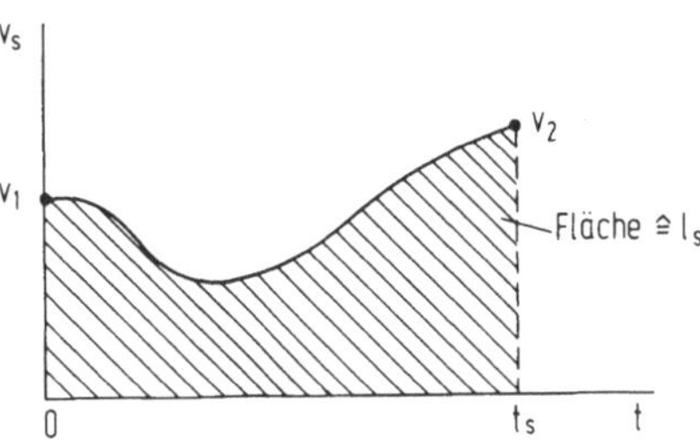

Abb.6.25. Beispiel für einen Scherengeschwindigkeitsverlauf [162]

Ausgehend von der allgemeinen Erkenntnis, daß bei parabelförmigem
Drehzahlverlauf im Antriebsmotor die geringsten thermischen Verluste
entstehen, werden kontinuierlich aus dem Momentanzustand des Systems
(Scherenstellung und -geschwindigkeit, Walzgutstellung und -geschwin-
digkeit) die drei Parameter a des zukünftigen parabelförmigen Soll-
Drehzahlverlaufs berechnet und daraus eine Steuerfunktion gebildet.

In [162] werden die einzelnen Rechnungen durchgeführt. Es ergibt sich:

Der optimale Geschwindigkeitsverlauf ist über die Zeit eine Parabel

$$v_{s,opt} = a_0 + a_1 t + a_2 t^2.$$

Die optimale Steuerfunktion u_{opt}, die den gewünschten Geschwindigkeitsverlauf $v_{s,opt}$ erzeugt, hängt außer von $v_{s,opt}$ noch von der Regelstrekke ab

$$u_{opt} = b_0 + b_1 t + b_2 t^2.$$

6.5.3 Ein kontinuierlich arbeitender Randwertregler

An die Schnittgenauigkeit von rotierenden Scheren werden so hohe Forderungen gestellt, daß ein getasteter oder gesteuerter Betrieb, wie er in [162] beschrieben wird, praktisch ausscheidet. Es würden nämlich beträchtliche Längen- wie auch Geschwindigkeitsfehler auftreten, da Störungen folgender Art unvermeidbar sind:

- Streckenstruktur idealisiert,
- Streckenparameter zeitvariant (Spannungs- und Temperaturschwankungen),
- Störgrößen in Form von Reibung und mechanischen Schwingungen zwischen Motor und Last,
- Walzgeschwindigkeit nicht konstant.

Unabhängig von der Struktur der Regelstrecke ist bei einem parabelförmigen Drehzahlverlauf das erforderliche Effektivmoment des Antriebsmotors minimal. Ein solcher Verlauf wird durch eine parabelförmige Steuerfunktion in mehr oder weniger guter Näherung erreicht. Die Aufgabe eines Reglers besteht nun darin, die Steuerparabel über deren Parameter ständig so zu modifizieren, daß aufgetretene Fehler kompensiert und so die Randbedingungen erfüllt werden.

Die optimale Steuerfunktion für die Strecke ist also eine Parabel mit zeitvarianten Koeffizienten

$$u_{opt} = b_0(t) + b_1(t)\, t + b_2(t)\, t^2,$$

die nun nicht mehr durch einfache Integration erzeugt werden kann,
sondern durch Multiplikation der Zeitfunktionen $b_i(t)$ mit t (Abb.6.26).

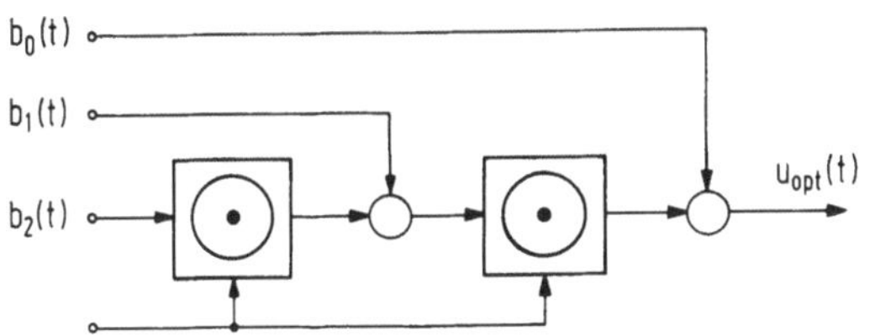

Abb.6.26. Funktionsgenerator für u_{opt}

Der Momentanwert der Funktion $u_{opt}(t)$ hängt nur von den Momentanwer-
ten der Funktionen $b_i(t)$ und der Zeit t ab, nicht jedoch von den Ver-
gangenheitswerten der Koeffizienten; Fehler integrieren sich also
nicht auf.

Die Koeffizienten $b_i(t)$ müssen vom Rechengerät aus den Randwerten kontinuierlich so bestimmt werden, daß Orts- und Geschwindigkeitsbedingung im Schnittzeitpunkt erfüllt sind. Die b_i hängen je nach Regelstrecke in einer bestimmten Weise von den a_i, den Parametern der Soll-
geschwindigkeitsparabel, ab.

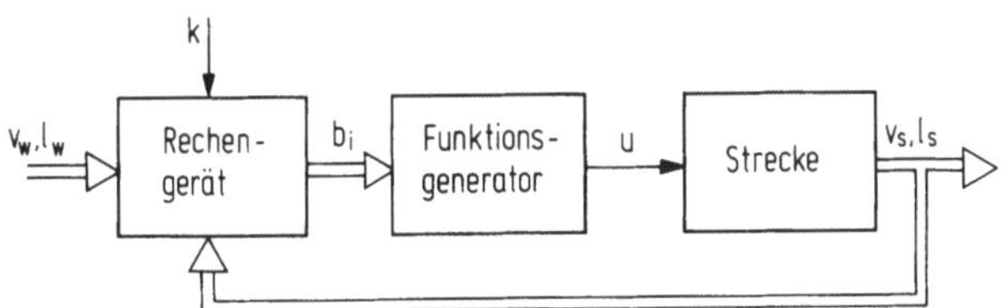

Abb.6.27. Prinzip der Randwertregelung [162]

Der Schnittzeitpunkt wird durch folgende Beziehung in jedem Augenblick vorausberechnet:

$$t_s = t + \frac{l_w}{v_w}$$

Dabei ist l_w der Walzgutweg, der bis zur Schneidestelle noch zurück-
zulegen ist.

Der Wert von t_s wird unter der Voraussetzung konstanter Walzgutgeschwindigkeit bestimmt. Falls diese Annahme nicht erfüllt ist, ergibt
sich zu Beginn eines Scherenumlaufs ein Fehler, der jedoch immer klei-

ner und schließlich zu Null wird, je mehr sich t dem Wert von t_s nähert. Geschwindigkeitsänderungen des Walzgutes werden also berücksichtigt und ausgeregelt.

Geschwindigkeit und Stellung von Schere und Walzgut sind Meßgrößen. Der Randwertregler ist also ein analoges Rechengerät, das kontinuierlich ein Gleichungssystem mit drei Unbekannten lösen kann, dessen Koeffizienten selbst wiederum Zeitfunktionen sind (Abb.6.27).

6.6 Bandverzinkungsanlagen

Die kaltgewalzten, geglühten und dressierten Stahlbänder erhalten je nach Verwendungszweck einen Oberflächenschutz durch Verzinken. Das Aufbringen der Zinkschicht geschieht in einem kontinuierlichen Arbeitsfluß und zwar in elektrolytischen Verzinkungsanlagen. Die in Abb.6.28 schematisch dargestellte Anlage besteht aus dem Vorbehandlungsteil, der elektrolytischen Abscheidungsstufe mit nachgeschaltetem Spülen und Trocknen und aus dem Einlauf- und Auslaufteil.

Die Bewegung des Elektrolyten, der Zinksulfat und weitere anorganische Zusätze enthält, ist wichtig, da ein ständiges Angebot an Zinkionen die Stromdichte erhöht. Außerdem werden durch die Bewegung Anodenschlamm und Wasserstoffblasen entfernt, da sie die Gefahr der ungleichen Zinkabscheidung und der Wasserstoffversprödung darstellen. Durch die Bewegung wird im Bad eine gleichmäßige Temperatur erzielt und die Überlauf- und Verdampfungsverluste ersetzt [128,163].

Regelung der Zinkauflage mit Hilfe des Düsen-Abstreifverfahrens

Die Forderung an eine gleichmäßige Oberfläche und an eine genaue Zinkauflage über die Bandbreite und Bandlänge war der Grund für die Entwicklung des Düsen-Abstreifverfahrens.

Bei diesem Verfahren wird Luft als Medium angewandt, da hierbei Probleme der Durchflußregelung und der Korrosion vermieden werden konnten (Abb.6.29).

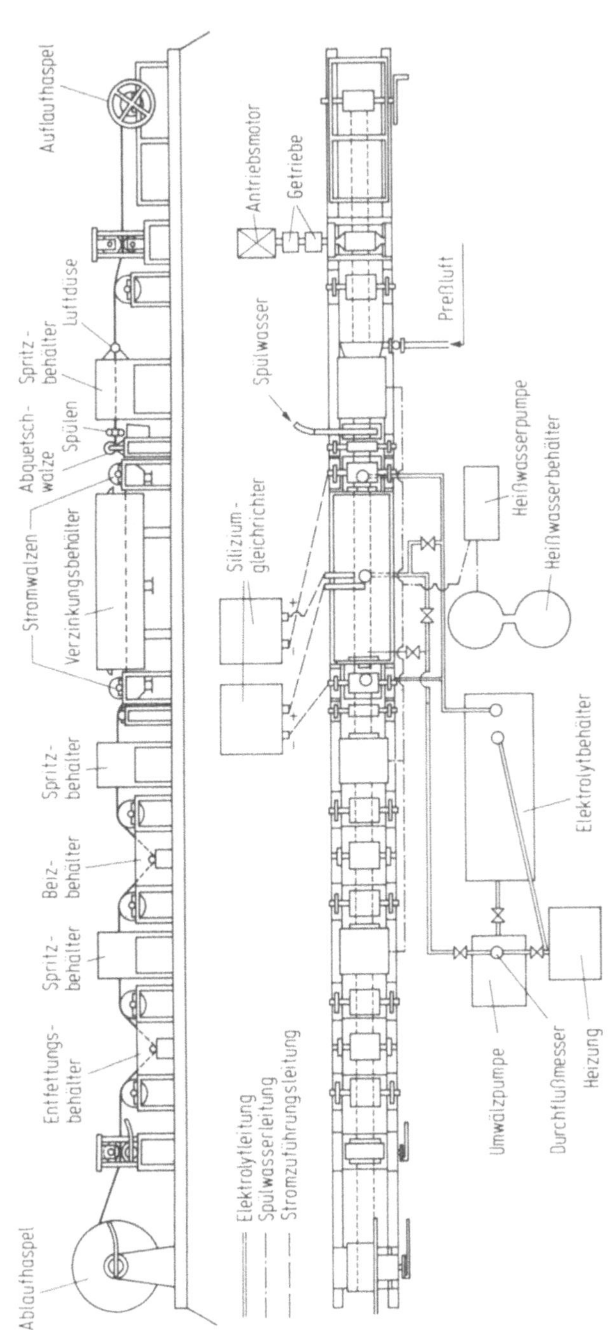

Abb.6.28. Aufbau einer Bandrerzinkungsanlage [163]

Die Stabilisierungsrolle sorgt für die Fixierung des Bandes und bestimmt die gewünschte Stellung zwischen den beiden Düsen (Abb.6.30).

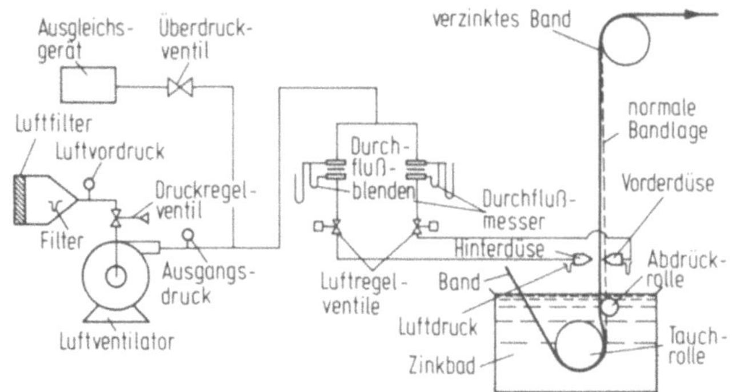

Abb.6.29. Schema der Durchflußregelung [164]

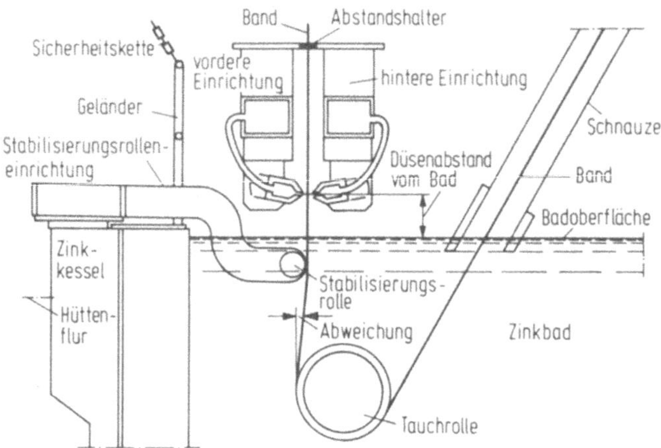

Abb.6.30. Anordnung der Abstreifdüsen und Bandführung [164]

Die Regelung der Zinkauflage ergibt sich im wesentlichen aus folgender
Gleichung: Auflagegewicht = C_1 + C_2 + C_3 + C_4

C_2 Luftdurchfluß
C_3 Bandgeschwindigkeit
C_4 Düsenabstand

Die Konstante C_1 beinhaltet Abweichungen im Düseneinsatz, in der Zinkbadtemperatur und in der Oberflächenrauheit.

Die Entwicklung geht dahin, daß die Konstanten einem Rechner zugeführt
werden, um aus diesen Konstanten das gewünschte Auflagegewicht zu bestimmen [164].

Literatur

1 Beer, H., Zischkale, W.: Über den Einfluß der Kokseigenschaften
   auf die Betriebsergebnisse des Hochofens. Stahl u. Eisen 88 (1968)
   845/852

2 Gmelin-Durer: Metallurgie des Eisens, Bd.3a, 4.Aufl. Weinheim:
   Verlag Chemie 1971

3 Gmelin-Durer: Metallurgie des Eisens, Bd.2a, 4.Aufl. Weinheim:
   Verlag Chemie 1968

4 Hütte: Taschenbuch für Eisenhüttenleute (Eisenhütte), 5.Aufl. Berlin: Verlag W. Ernst & Sohn 1961

5 Gmelin-Durer: Metallurgie des Eisens, Bd.2b, 4.Aufl. Weinheim:
   Verlag Chemie 1968

6 Simonis, W.: Mathematische Beschreibung der Hochtemperaturverko-
   kung von Kokskohle im Horizontalkammerofen bei Schüttbetrieb.
   Glückauf Forschungshefte 29 (1968) 103/109

7 Gmelin-Durer: Metallurgie des Eisens, Bd.1a, 4.Aufl. Weinheim:
   Verlag Chemie 1964

8 Oberhäuser, A., Uhe, H.: Maschinen- und elektrotechnische Aufgaben in Sinteranlagen. Stahl u. Eisen 87 (1967) 1472/1477

9 IFAC Survey Paper 30: Automatic Control in the Iron and Steel
   Industries. 4.Congress Warschau 16. - 21.6.1969

10 Friedewald, W.: Stand der Automatisierung von Eisenerz-Bandsinter-
   anlagen. Stahl u. Eisen 88 (1968) 867/870

11 Erpelding, M., Nick, D., Trost, A., Cappel, F., Nikl, S.: Regelung
   des Feuchtigkeitsgehaltes einer Sintermischung mit einer Neutronen-
   Oberflächensonde. Stahl u. Eisen 87 (1967) 1417/1422

12 Dreher, P.: Prozeßrechner zum Führen einer Sinteranlage. Siemens-
   Zeitschrift 44 (1970) 3/7

13 Lang, J., Bergmann, B., Kestenbach, E.: Beitrag zur selbsttätigen
   Regelung einer Sinterbandgeschwindigkeit und des Sinterbrennstof-
   fes bei der Verarbeitung von Minetterzen. Stahl u. Eisen 90 (1970)
   398/404

14 Kapfer, E.: Inkrementmodell, ein Verfahren zur Optimierung techni-
   scher Prozesse. Regelungstechnik 15 (1967) 9/14; 163/166

15 Cappel, F., Nikl, S., Kronmüller, H.: Selbsttätige Regelung des
   Brennstoffgehaltes einer Sintermischung. Stahl u. Eisen 84 (1964)
   1304/1313

16 Cappel, F.: Maßnahmen zur Steigerung der Sinterfestigkeit. Stahl
   u. Eisen 84 (1964) 1062/1070

17 Lask, G.W., Jauch, R.: Der Einfluß des Rückgutes auf Sinterleistung
   und Sintergüte. Stahl u. Eisen 90 (1970) 80/85

18 Cappel, F., Kronmüller, H.: Ansätze für ein mathematisches Modell
    des Sintervorgangs. Stahl u. Eisen 85 (1965) 297/307

19 Friedl, R., Ussar, M.: Die optimale Steuerung der Energieversor-
    gung eines Hüttenwerkes. Stahl u. Eisen (1971) 256/261

20 Ussar, M., Tichy, H.: Anwendung der linearen Programmierung auf
    die Energieplanung gemischter Hüttenwerke, besonders zur Optimie-
    rung der Brennstoffverteilung. Archiv Eisenhüttenwesen 39 (1968)
    605/610

21 Britz, H.: Die Bedeutung der Wobbezahl für wärmetechnische Rege-
    lungen. Stahl u. Eisen 89 (1969) 185/191

22 Meyer, P.: Zu Fragen der Optimierung von Energieerzeugung und Ener-
    gieeinsatz. Stahl u. Eisen 88 (1968) 1291/1296

23 Heischkeil, W.: Die hüttenmännische Energiewirtschaft im techni-
    schen Fortschritt. Stahl u. Eisen 91 (1971) 250/256

24 Ross, H., Kaiser, W.: Stromwirtschaft eines großen gemischten
    Hüttenwerkes - Steuerung und Abrechnung -. Stahl u. Eisen 90 (1970)
    336/341

25 Hoyoux, R., Hurtgen, J., van den Hove, Ch.: Aufstellung der Ener-
    giebilanzen bei der Cockerill-Ougreé-Providence mit Hilfe eines
    Analogrechners. Centre Nation. Rech. Métallurg. (1968) 31/37

26 Meyer, H., Wünderich, H.: Elektronische Datenverarbeitung im Dien-
    ste der Rohrleitungsplanung. Techn. Mitt. Krupp 26 Werksberichte
    (1968) 53/56

27 Altenhein, H.J.: Ausgleichswert und Zeitkonstante einer Gasdruck-
    regelstrecke. Regelungstechnik 10 (1962) 496/498

28 Profos, P.: Eine Regelung von Dampfanlagen. Berlin, Göttingen,
    Heidelberg: Springer 1962

29 Steinbuch, K., Rupprecht, W.: Nachrichtentechnik, eine einführende
    Darstellung. Berlin, Heidelberg, New York: Springer 1967

30 Schwaigeren, S.: Rohrleitungen - Theorie und Praxis. Berlin,
    Heidelberg, New York: Springer 1967

31 Becher, U.: Gasverteilungstechnik. Bergakademie Freiberg 1962

32 Gerthsen, C.: Physik, 9.Aufl. Berlin, Heidelberg, New York:
    Springer 1966

33 Schilbach, R., Pandik, M., Weber, W.: Prozeduren zur Realisierung
    linearer DDC-Algorithmen. Regelungstechnik 16 (1968) 337/384

34 Reck, W.: Dynamische Untersuchungen an einem Gasrohrnetz. Diplom-
    arbeit am Lehrstuhl für Regelungs- und Steuerungssysteme der
    Universität Karlsruhe 1962

35 Grothe, H., u.a.: Lexikon der Hüttentechnik, 4.Aufl. Stuttgart:
    Deutsche Verlagsanstalt 1963

36 Harders, F.: Rationalisierungsmöglichkeiten in der Stahlindustrie
    unter großwirtschaftlichen Gesichtspunkten und dem Aspekt der kom-
    menden 10 bis 20 Jahre. Stahl u. Eisen 91 (1971) 241/249

37 Dessaules, J.: Meyers Handbuch über die Technik. Mannheim: Biblio-
    graphisches Institut 1971

38 Beer, B., u.a.: Technik - kleine Enzyklopädie. Leipzig: VEB-Verlag
    1961

39 Kapfer, E., Steeb, R.: Prozeßrechner im Hochofenwerk. Siemens-
    Zeitschrift 43 (1969) 728/732

40 Weineck, H.: Die Bedeutung der Meßtechnik für die Automatisierung
    in Hüttenwerken. Stahl u. Eisen 86 (1966) 189/200

41 Fleischmann, W.: Hochofeninstrumentierung für die Prozeßautomation.
    Regelungstechn. Prax. 9 (1967) 27/32

42 Stübler, H.J.: Erforderliche Genauigkeit der Meßgeräte im On-line-
    Prozeßrechner-Betrieb. Klepzig Fachber. 79 (1971) 188/190

43 Kling, R.: Automatisieren der Hochofenbeschickung. AEG-Mitt. 57
    (1967) 271/275

44 Kapfer, E., Steeb, R., Winzer, S.: Hochofenführung mit Prozeßrech-
    nern. Siemens-Zeitschrift 42 (1968) 668/671

45 Greiner, H.: Möglichkeiten zur Automatisierung der Hochofenbeschik-
    kung. AEG-Mitt. 55 (1965) 303/310

46 Kohlhaas, J., Montag, H.: Automatische Hochofenbeschickungsanlage
    mit Skipaufzug. Siemens-Zeitschrift 40 (1966) 531/538

47 Dederichs, H.: Moderne Verfahren und Anlagen zur HO-Beschickung.
    BBC-Nachr. 50 (1968) 175/182

48 Dederichs, H.: Automatische Bandtransport-Beschickung einer Hoch-
    ofengruppe. Fördern u. Heben 18 (1968) 429/433

49 Heckmann, H.: Vollautomatische Bandbegichtungsanlage für 5 Hoch-
    öfen. BBC-Nachr. 50 (1968) 182/188

50 Oberhäuser, A., Haack, R.: Wiegen und Dosieren von Schüttgütern
    mit Beispielen aus dem Hochofenwerk Groß Ilsede der Ilseder Hütte.
    Klepzig Fachber. 76 (1968) 563/567

51 Kollert, G.: Elektromechanische Wägeeinrichtungen in Eisenhütten-
    werken. Siemens-Zeitschrift 46 (1972) 873/878

52 Krüger, B.: Einrichtungen zum Überwachen der Teufe und Steuern
    der Begichtung an Hochöfen. Stahl u. Eisen 88 (1968) 533/540

53 Hillnhütter, F.W., Köstler, B.: Betriebserfahrungen mit einer Hoch-
    ofenteufen-Meßeinrichtung mit radioaktiven Isotopen. Stahl u.
    Eisen 88 (1968) 541/548

54 Schuy, Kl., Rheinhold, B.: Massenspektrometrische Prozeßgasanalyse
    in der Eisen- und Stahlindustrie. Stahl u. Eisen 92 (1972)
    1278/1283

55 Beier, W.: Prozeßsteuerung mit Kleinrechnern. Neue Hütte 16 (1971)
    129/134

56 Chromov, V.A., Mkrtcan, L.S., Besfamilnyj, V.V., Kaminskij, G.P.:
    Regelung des Wärmehaushalts eines Hochofens mit Hilfe eines Rech-
    ners. Stal in Deutsch 9 (1969) 1083/1088

57 Dovgaljuk, B.P., u.a.: Ein System zur Regulierung des Wärmezustan-
    des Hochofens. Stal in Deutsch 9 (1969) 225/228

58 Wiethoff: Meßtechnische Probleme bei der Automatisierung im Eisen-
    hüttenwesen. Messen Steuern Regeln 10 (1967) 441/445

59 Makarycev, V.A.: Die Automatisierung der RE-Herstellung im HO in
    den Mitgliedsstaaten des RGW sowie in der SFRJ. Stal in Deutsch
    (1969) 234/236

60 Eckermann, W.: Ein Verfahren zur Selbststeuerung des Winderhitzer-
    betriebes. Siemens-Zeitschrift 43 (1969) 539/543

61 Kessels, K.: Messung hoher Kuppeltemperaturen in Winderhitzern.
    Stahl u. Eisen 85 (1965) 942/946

62   Bork, P.: Betriebssichere und verzögerungsarme Temperaturmessung
     in Hochofen-Heißwindleitungen. Regelungstechn. Prax. u. Prozeß-
     Rechentechn. 11 (1969) 150/153

63   Schmid, H.P.: Digitale Anzeige von Kuppeltemperaturen. Conti-
     Elektroberichte (1968) 128/130

64   Pierre, K.: Mehrlochsonde zum Messen des Heißwinddurchflusses in
     HO-Düsenstöcken. Siemens Druckschrift MP 105/11 (1971)

65   Bock, G., Schwarz, H.: Instrumentierung und Automatisierung im
     Hochofenwerk. Siemens-Zeitschrift 47 (1973) 101/105

66   Zum Einfluß des Koksverbrauchs bei der Optimierung des HO-Möllers.
     Archiv für Eisenhüttenwesen 42 (1971) 229/232

67   Barounig, Fr.: Automatisierung der Hochofenprozesse. Techn. Mitt.
     AEG-Telefunken 58 (1968) 213/215

68   Steeb, R.: Prozeßrechnereinsatz im Hochofenwerk, Konzept und
     Ergebnisse. WWM-Eisenhüttentag 1969

69   Jeschar, R.: Ausgewählte Untersuchungen mit Hilfe von Modellen in
     der Eisenhüttenindustrie. Stahl u. Eisen 88 (1968) 1144/1153

70   Papamantelles, D.: Modellmäßige Erfassung und Optimierung metallur-
     gischer Reaktionen. Archiv für Eisenhüttenwesen 43 (1972) 127/134

71   Miloje, Z., u.a.: Ergebnisse der Untersuchung des kombinierten
     Modells für die Lenkung des HO-Prozesses. Archiv für Eisenhütten-
     wesen 43 (1972) 799/804

72   Rous, Vlastimil: Optimierungsmodell der Roheisenerzeugung in der
     CSSR. Neue Hütte 13 (1968) 7/10

73   Kraushaar, E., Oemigk, J.: Das Siemens-Prozeßleitsystem bei Sauer-
     stoff-Aufblaskonvertern. Siemens-Zeitschrift (1964) Nr. 3

74   Terry, F.: Messen, Regeln, Rechnen im Konverterstahlwerk. Siemens-
     Zeitschrift (1964) Nr. 4

75   Fleischmann, W.: Voraussetzungen zur Prozeßautomatisierung im
     Sauerstoffaufblasstahlwerk. Siemens-Zeitschrift (1968) Nr. 10

76   Kracke, O.: Tauchtemperaturmessung an Metallschmelzen. Siemens-
     Zeitschrift (1960) Nr. 3 (Sonderdruck aus "ATM" 290; 25/29)

77   Kracke, O.: Tauchtemperaturmessung und Meßwerterfassung. Siemens-
     Zeitschrift (1964) 486/489

78   Schiefer, P., Bretz, M.: Digitale Tauchtemperaturmessung. Stahl
     u. Eisen (1967) 383/389

79   Eckermann, W., Seidl, F.: Digitale Tauchtemperaturmeßeinrichtung.
     Siemens-Zeitschrift (1971) 643/645

80   Maatsch, J., Winkler, D., Borowski, K., Ulrich, K.-H.: Automatische
     Steuerung und Regelung der Lanzenstellung und des Drucksauerstoff-
     stromes bei den Sauerstoffaufblas-Verfahren. Stahl u. Eisen (1966)
     1205/1221

81   Fonck, K.H.: Automatisierung der Stahlherstellung. Industrie-
     Elektrik und Elektronik (1969) 437

82   Kapfer, E.: Prozeßrechner im Blasstahlwerk. Siemens-Zeitschrift
     (1969) 665/671

83   Bauer, K.-H., Hubert, A., Bock, M., Quinten, R., Weiler, M.:
     Das neue Sauerstoffaufblas-Stahlwerk der AG der Dillinger-Hütten-
     werke. Stahl u. Eisen (1970) 389/397

84 Pescatore, C.: Gedanken zum Rechnereinsatz in Blasstahlwerken.
    Regelungstechn.-Prax. u. Prozeß-Rechentechn. (1970) 180/185;
    (1971) 103

85 Wissel, H., Magyary, L.: Der Einsatz von Kleinrechenanlagen im
    technischen Bereich eines Hüttenwerkes. Stahl u. Eisen (1971)
    748/754

86 Dessau, R., Jaques, H., Limbeck, W.: Rechnereinsatz zur Daten-
    erfassung, Datenverarbeitung und Automatisierung in Stahlwerken.
    Stahl u. Eisen (1971) 754/760

87 Dreher, P., Winkler, D.: Prozeßrechnereinsatz im Sauerstoffauf-
    blasstahlwerk. Computer-Praxis (1972) 289/295; 328/333

88 Roßner, H.-O., Shahata, H., Winkler, D.: Regelung von Sauerstoff-
    verteilung und Abgaswärmestrom beim Sauerstoffaufblasverfahren
    mit Hilfe eines Prozeßrechners. Siemens-Zeitschrift (1972) 936/941

89 Winkler, D.: Prozeßrechner in Chargenprozessen, Prozeßablaufdar-
    stellung und Datenzulässigkeitsprüfung. Siemens-Zeitschrift als
    Sonderdruck aus Regelungstechnik (1971) 516/521

90 Shahata, M.: Trendmodell zur standardisierten Nachbildung, Analyse
    und Führung realer Systeme unter Verwendung von Prozeßrechnern.
    Dissertation an der TH Darmstadt 1973

91 Dörr, W., Lanzer, W.: Aussagefähigkeit der Abgasmessung zur Kenn-
    zeichnung des Schlackenzustandes beim LD-Verfahren. Stahl u.
    Eisen 93 (1973) 876

92 Terry, F., Friedewald, W.: Automatischen Ofenführung beim Siemens-
    Martin-Prozeß. Siemens-Zeitschrift als Sonderdruck aus "ATM" (1960)
    169/175

93 Groß, K., Köhler, W., Schiefer, P.: Herdraumdruckregelung am
    Siemens-Martin-Ofen. Vorgetragen auf der Regelungstechnischen
    Fachsitzung des Unterausschusses für Meß- und Regeltechnik am
    8./9.5.62 in Düsseldorf

94 Kotrovskij, M.M., Blasczuk, N.M., Jakunin, A.A., Dobrov, A.G.:
    Automatische Steuerung der Wärmeführung eines Siemens-Martin-
    Ofens. Stal in Deutsch (1969) 252/254

95 Wahl, H.: Automatisierung des Lichtbogenofen-Betriebes. Brown
    Boveri Mitteilungen (1968) 540/546

96 Lünig, H.: Prozeßsteuerung von Lichtbogenöfen. elektrowärme inter-
    national (1970) 192/196

97 Mähner, B.: Prozeßsteuerung im Elektrostahlwerk. Klepzig Fachber.
    (1971) 99/104

98 Hinkelmann, H.: Instrumentierung und Automatisierung von Strang-
    gießanlagen. Siemens-Zeitschrift (1973) 106/108

99 Brüderle, W., Schiefer, P., Weber, W.: Dynamische Probleme bei
    der Gießspiegelregelung einer Stranggießanlage. Regelungstechn.
    Prax. u. Prozeß-Rechentechn. (1972) 77/86

100 Brüderle, W., Weber, W.: Einsatz einiger Verfahren zur Parameter-
    identifikation. Regelungstechnik und Prozeß-Datenverarbeitung
    (1970) 533/540

101 Schmitz, H., Gföller, W.: Elektrische Ausrüstungen für Strang-
    gießanlagen. BBC-Nachrichten (1971) 178/186

102 Homering, G.: Antriebs- und Regelungsprobleme bei Stranggießan-
    lagen. BBC-Nachrichten (1966) 64/69

103 Becker, H.: Antriebe, Meß- und Regelungstechnik bei Stranggieß-
     anlagen. AEG-Mitt. (1968) 223/226

104 Bork, P.: Regelung der Strangoberflächentemperatur beim Strang-
     gießen von Stahl. Siemens-Zeitschrift (1971) als Sonderdruck
     aus Regelungstechn. Prax. u. Prozeß-Rechentechn. (1971) 168/170

105 Franke, D.: Ein mathematisches Modell zur Bestimmung der Ober--
     flächentemperatur gegossener Stahlstränge. Regelungstechnik u.
     Prozeß-Datenverarbeitung (1971) 285/290

106 Sass, F., Bouche, Ch. Leitner, A.: Dubbel, Taschenbuch für den
     Maschinenbau, Bd.2, 13.Aufl. Berlin, New York: Springer 1970

107 Reinhard, K.: Messen und Regeln am Industrieofen nach einem
     ausgewählten Beispiel. Werkstatt und Betrieb 90 (1957) 233/238

108 Klammer, H.: Entwicklungslinien in der Regelung hüttenmännischer
     Wärm- und Wärmebehandlungsöfen. Stahl u. Eisen 89 (1969) 165/172

109 Weineck, H.: Automatisieren, Messen und Regeln im Eisenhütten-
     wesen. VDI-Z.111 (1969) 1512/1522

110 Schink, H.: Regelung eines gasbeheizten Tiefofens. Gaswärme 20
     (1971) 308/310

111 Honervogt, H.W.: Temperaturregelung an einem Mehrzonen-Stoßofen.
     Regelungstechn. Prax. u. Prozeß-Rechentechn. 13 (1971) 91/95

112 Busse, H., Knoll, W.: Untersuchungen über das Verhalten von aus-
     gewählten wärme- und verfahrenstechnischen Regelstrecken. Stahl
     u. Eisen 88 (1968) 125/134

113 Woelk, G.: Die Anwendung eines mathematischen Modells auf die
     Regelung eines Wärmofens. Arch. Eisenhüttenwes.43 (1972) 103/107

114 Zimmermann, K.A., Weidtmann, G.: Planung einer programmgesteuer-
     ten Universal-Brammenstraße. Stahl u. Eisen 83 (1963) 504/517

115 von Hye, H., Fegerl, S.: Planung einer programmgesteuerten Block-
     straße mit automatischem Walzablauf, I. Walztechnischer Teil.
     Stahl u. Eisen 83 (1963) 489/495

116 Schnepf, O., Meinshausen, G.: Planung einer programmgesteuerten
     Blockstraße mit automatischem Walzablauf, II. Antriebs- und re-
     gelungstechnischer Teil. Stahl u. Eisen 83 (1963) 496/504

117 Nürnberg, W.: Die Entwicklung zum optimalen Walzen als Automati-
     sierungsaufgabe. Stahl u. Eisen 82 (1962) 860/868

118 Bading, W., Weher, L., Mommertz, K.H., Heidepriem, J.: Prozeß-
     rechnereinsatz an einer Universal-Brammenstraße. Stahl u. Eisen
     90 (1970) 736/748

119 Franke, D., Schiefer, P., Weber, W.: Schnelligkeitsoptimale
     Regelung der Oberwalzenanstellung einer Blockstraße. Regelungs-
     Technik 17 (1969) 197/204

120 Haberstock, F.: Entwurf und Realisierungsbedingungen schnellig-
     keitsoptimaler Lageregelungen. Elektronische Zeitschrift 88
     (1967) 172/177

121 Engel, A., Goebel, K.H., Kesthans, K.F.: Umrüstung der maschi-
     nellen und elektrischen Einrichtungen einer Grobblechstraße als
     Voraussetzung für die Automatisierung. Stahl u. Eisen 88 (1968)
     920/930

122 Wiethoff, G., Sass, D., Knorr, F., Ludwig, G.: Neuere Ergebnisse
     der Prozeßsteuerung einer Grob- und Mittelblechstraße. Stahl u.
     Eisen 90 (1970) 760/774

123 Mayer, K.E., u.a.: Automatisierung einer Tandem-Grob- und Mittel-blechstraße, Planung, Aufbau und erste Betriebsergebnisse. Stahl u. Eisen 89 (1969) 178/185

124 Naffin, W.: Prozeßrechnergesteuerte Walzenstraßen. Klepzig. Fachber. 78 (1970) 155/158

125 Wiethoff, G., Karl, W., Voss, G., Niemann, S.: Untersuchung der Abmessungsgenauigkeit des Walzgutes einer handgesteuerten Grob- und Mittelblechstraße, Grundlage für den Nachweis der Wirtschaftlichkeit einer Automatisierung des Walzprozesses. Stahl u. Eisen 88 (1968) 1073/1081

126 Fleischer, R., Seyfried, H.: Automatisierung einer Mittelblech- und Grobblechstraße. Siemens-Zeitschrift 42 (1968) 297/299

127 Koopmann, K., Ferner, H.: Regelung und Automatisierung von Scherenlinien in Grobblechwalzwerken. Siemens-Zeitschrift 46 (1972) 24/29

128 Fischer, F.: Spanlose Formgebung in Walzwerken. Berlin, New York: Walter de Gruyter 1972

129 Fiebig, E.: Automatisierung und Rechnereinsatz in Hütten- und Walzwerken. Techn. Mitt. AEG-Telefunken 58 (1968) 244/247

130 Marx, H.J.: Aufbau automatisierter Betriebssysteme mit Prozeß-rechengeräten. Stahl u. Eisen 84 (1964) 24/31

131 Claussen, F.: Automatisierte Warmbreitbandstraßen. Stahl u. Eisen 86 (1966) 1146/1150

132 Badusche, G., Jaeger, H.G., Lindemann, F., Steinheider, K.: Vollautomatisierte Warmbandstraße. Techn. Mitt. AEG-Telefunken 59 (1969) 47/52

133 Fiebig, E.: Integrierte Automatisierung eines Walzwerkes. Stahl u. Eisen 89 (1969) 160/165

134 Heindel, A.: Regeleinrichtungen für Hauptantriebe und Schlingen-heberantriebe. Siemens-Zeitschrift 40 (1966) 796/799

135 Wiethoff, G.: Meßtechnische Probleme bei der Automatisierung im Eisenhüttenwesen. Messen Steuern Regeln 10 (1967) 441/445

136 Fiebig, E.: Die Automatisierung von Warmbandstraßen. AEG-Mitt. 56 (1966) 42/48

137 Grosse, G.: Warmbanddickenregelung an einer Breitband-Fertig-straße mit fünf Gerüsten. AEG-Mitt. 56 (1966) 48/53

138 Klauenberg, H.: Elektrische Ausrüstung einer Glüh- und Beizlinie für warm- und kaltgewalzte Edelstahlbänder. BBC-Nachrichten (1970) 247/249

139 Dederichs, H.: Bandbearbeitungsanlagen im Kaltwalzwerk. BBC-Nachrichten (1971) 312/327

140 Poklekonskin, Schulz: Geschwindigkeitsmessung an schnellaufenden Walzstraßen mit Hilfe der Lasertechnik. Stahl u. Eisen 90 (1970) 897/903

141 Schnellenberg, H.: Aspekte der Automatisierung bei Bandbearbei-tungsanlagen. Brown Boveri Mitteilungen (1967) 286/291

142 Schoele, B.: Die Antriebe von Kaltwalzwerken und ihre Regelung. Techn. Mitt. AEG-Telefunken 61 (1971) 353/364

143 Schoele, B.: Regelung von Zwillingsantrieben bei Kaltwalzwerken. Techn. Mitt. AEG-Telefunken 60 (1970) 76/78

144 Fröhr, F.: Regelungsaufgaben bei Umkehrantrieben, Teil 1 und 2.
     Regelungstechn. Prax. u. Prozeßrechentechn. (1967) 35/40; 60/63

145 Heindel, A.: Regeleinrichtungen für Hauptantriebe und Schlingen-
     heberantriebe von Breitband-Fertigstraßen. Siemens-Zeitschrift 40
     (1966) 795/799

146 Hertlein, K.: Regeleinrichtungen zum zug- und druckfreien Walzen
     in Knüppel- und Feinstraßen. AEG-Mitt. 56 (1966) 54/57

147 Strebel: Schlingenregelung in kontinuierlichen Feineisen- und
     Drahtstraßen. Brown Boveri Mitt. (1967) 275/280

148 Draljuk, B.N., Tikockij, A.E.: Zweibereichsregelung eines Elektro-
     Haspel-Antriebes einer Hochleistungs-Kaltbandstraße. Messen
     Steuern Regeln 13 (1970) 263/267

149 Haamann, P.: Entwicklung der elektrischen Ausrüstung von Kalt-
     walzwerken und Bandbearbeitungsanlagen. BBC-Nachrichten 48
     (1966) 57/64

150 Tack,,J.P.: Die Entwicklung der elektrischen Regeleinrichtungen
     von Kaltwalzwerken. Brown Boveri Mitt. (1967) 263/274

151 Lenz, R.: Diplomarbeit über die Rollenschneideanlage.

152 Senger, K.: Vollelektronische Haspelregelung. Techn. Mitt. AEG-
     Telefunken 60 (1970) 383/386

153 Celikov, Poluchin, Meerovic, Siskin: Regelung des Dickenunter-
     schiedes über die Bandbreite durch Rückbiegung der Arbeitswalzen.
     Stal in Deutsch (1968) 809/815

154 Lautenschläger, H.: Banddickenregelungen für Kaltwalzwerke.
     BBC-Nachrichten (1969) 219/228

155 Pawelski, O., Schuler, V.: Versuche zum Regeln der Planheit beim
     Kaltwalzen von Band. Stahl u. Eisen 90 (1970) 1214/1222

156 Shelesnow, J.D., Jargstorf, P., Nasarow, J.J.: Einfluß des Band-
     zugs auf die Qualität des Kaltbandes während des Walzprozesses.
     Neue Hütte 13 (1968) 532/534

157 Fiebig, E.: Automatisierung und Rechnereinsatz in Hütten- und
     Walzwerken. Techn. Mitt. AEG-Telefunken 58 (1968) 244/247

158 Müller, H.G.: Erfolge und Erfolgsaussichten bei der Automatisie-
     rung von Walzwerkanlagen. Stahl u. Eisen 88 (1968) 357/364

159 Wahl, H., Fontain, M., Burri, U.: Rechnergesteuerte Kaltbandwalz-
     werke. Brown Boveri Mitt. (1971) 60/64

160 Schönert, D.: Prozeßüberwachung von Haubenglühöfen für Kaltband
     mit einem Rechner. Stahl u. Eisen 90 (1970) 271/284

161 Weber, W.: Spezialrechner in Regelungssystemen. Regelungstechn.
     Prax. u. Prozeß-Rechentechn. (1968) 84/89

162 Bender, K., Pandit, M., Weber, W.: Verlustoptimale Regelung von
     rotierenden Scheren. Regelungstechnik und Prozeß-Datenverarbei-
     tung Teil 1 (1970) 539/545; Teil 2 (1971) 8/14

163 Meuthen, B.: Untersuchung an einer kontinuierlichen elektrolyti-
     schen Verzinkungsanlage. Stahl u. Eisen 90 (1970) 594/596

164 Zwingmann, R.: Das Düsen-Arbeitsverfahren; ein neues Verfahren
     für die Regelung der Zinkauflage in Bandverzinkungsanlagen.
     Stahl u. Eisen 90 (1970) 592/594

Sachverzeichnis